ミジンコ先生の水環境ゼミ

生態学から環境問題を視る

花里孝幸

地人書館

ミジンコ先生の水環境ゼミ

目次

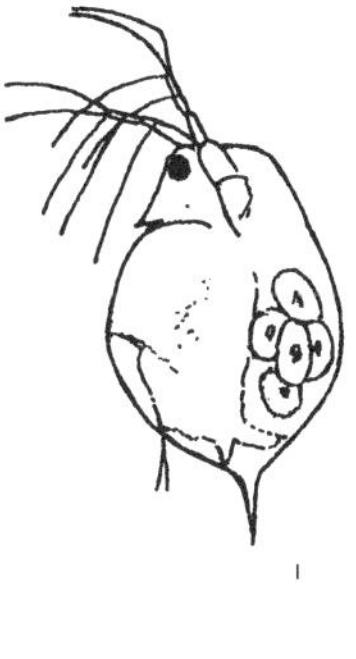

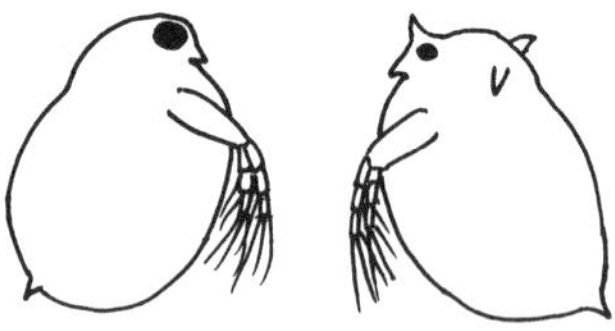

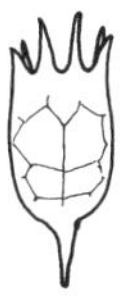

Column●ミジンコこぼれ話

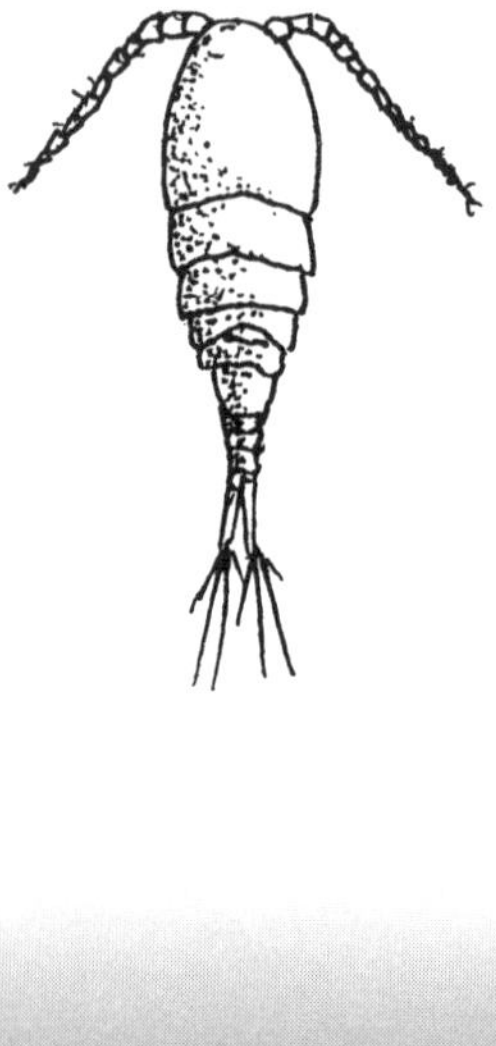

本文イラスト／花里孝幸
本文写真で無記名のもの／花里孝幸

1
時限

湖が汚れると魚が増える

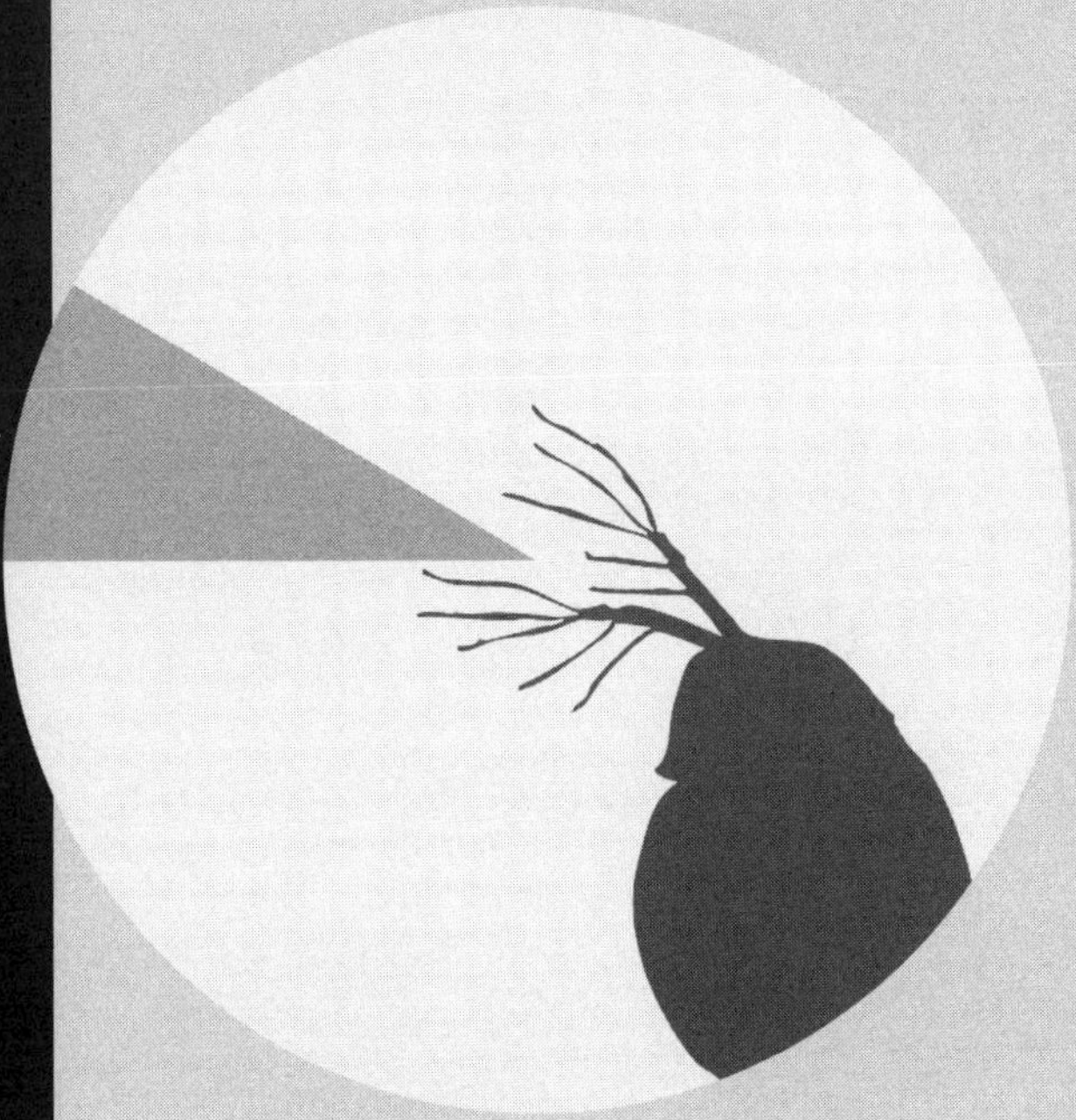

1 時限 第1話

みえない支配者たち

湖の生態系の特徴

静かな湖上に船を漕ぎ出し、そこに寝転がって空をみていると、さわやかな風が頬をなでとても気持ちがいい。……といいたいところだが、この風に乗ってくさい匂いが漂ってくる。みると船の周りには緑色のペイントを流したようなアオコが発生しており、それがカビのような匂いを発散しているのだ。憩いを求めて湖にきたのに、これでは気分もだいなしだ。なぜ、この湖はこんなになってしまったのか。これは人間のしわざである。人間が長年にわたって汚い排水を湖に流し込み、湖を富栄養化させたのが原因である。

湖の環境と生き物

長野県にある諏訪湖《すわこ》は毎年アオコが発生し、大きな社会問題となっている。諏訪湖の浄化は市民の切なる願いであり、そのための努力が続けられている。

私は長いこと国立公害研究所（現 国立環境研究所）の研究員として茨城県霞ヶ浦《かすみがうら》の生態系の研究を続けてきた。霞ヶ浦は諏訪湖と同様、アオコが発生し、富栄養化が大きな問題となっていた。その後、諏訪湖の畔にある信州大学の実験所に職を得て、霞ヶ浦と同じ富栄養湖の生態系を相手にすることになったのである。

湖は水がたまっているところであり、そこの環境は閉鎖的である（ただし、川を通してさまざまな物質の流出入があるので完全な閉鎖系ではない）。そのため、湖に生息している生き物の多くは環境が悪化してもそこから逃げ出せない。このことは、湖の環境が変わると、その影響が湖の生物群集・生態系に強く及ぶことを意味している。また逆に、生き物はその活動によって環境を変える力を持っているが、閉鎖的な湖ではその生物活動に伴う環境変化が顕著に現れやすい。したがって、湖は環境と生物群集との関わりを理解するには恰好《かっこう》の場所であり、環境学習の場として適している。

食物連鎖は植物から

さて、それではまず、湖の環境を理解するのに欠かせない生態系の基本的な話をしよう。

湖にはさまざまな生き物が生息し、生態系をつくっている。生態系を構成する生き物で最も重要なものは植物である。これは陸上の生態系でも同じだ。植物が炭素、窒素、リンなどの無機物を材料とし、太陽のエネルギーを使って植物体（すなわち有機物）をつくる。これを光合成という。

動物は無機物を食べて生きていくことはできない。植物（有機物）を食べることによって植物がためた太陽エネルギーを得ることができ、それで〝生〟を全うできる。動物を食べて暮らしている肉食動物も、植物からエネルギーをもらった植食動物（植物食の動物＝草食動物）を食べることで、間接的に植物がため込んだ太陽エネルギーを得ていることになる。

このように、生き物は他の生き物を食べることによってエネルギーを得て命をつないでいる。したがって、すべての生き物は他の生き物と食う―食われる関係にあり、そのつながりを食物連鎖と呼んでいる。そして食物連鎖は植物からはじまっているのである。

湖の生態系における、食物連鎖の起点となる光合成生物は、水中に浮遊している植物プランクトンである

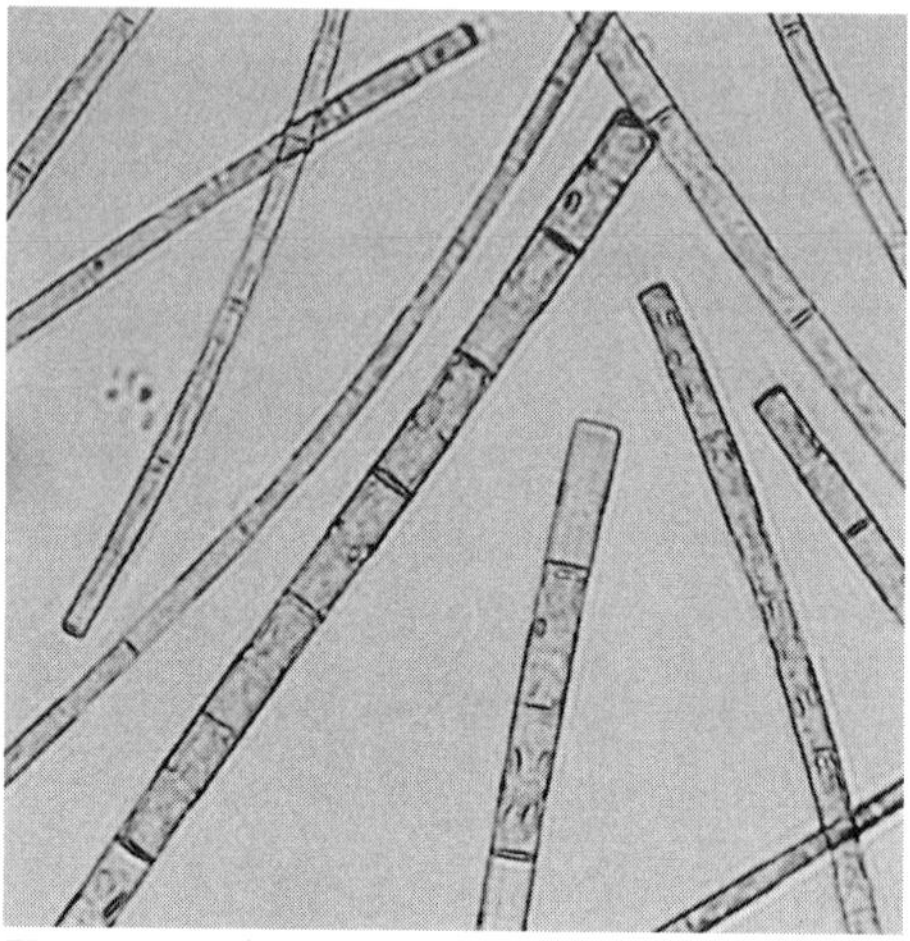

図1-1　植物プランクトン
アウラコセイラ（珪藻《けいそう》の仲間）。長方形をした細胞（長さ5～20μm）が縦につながって棒のような群体をつくっている。群体の長さは、ときには1mmにも達する（写真＝荒川尚）。

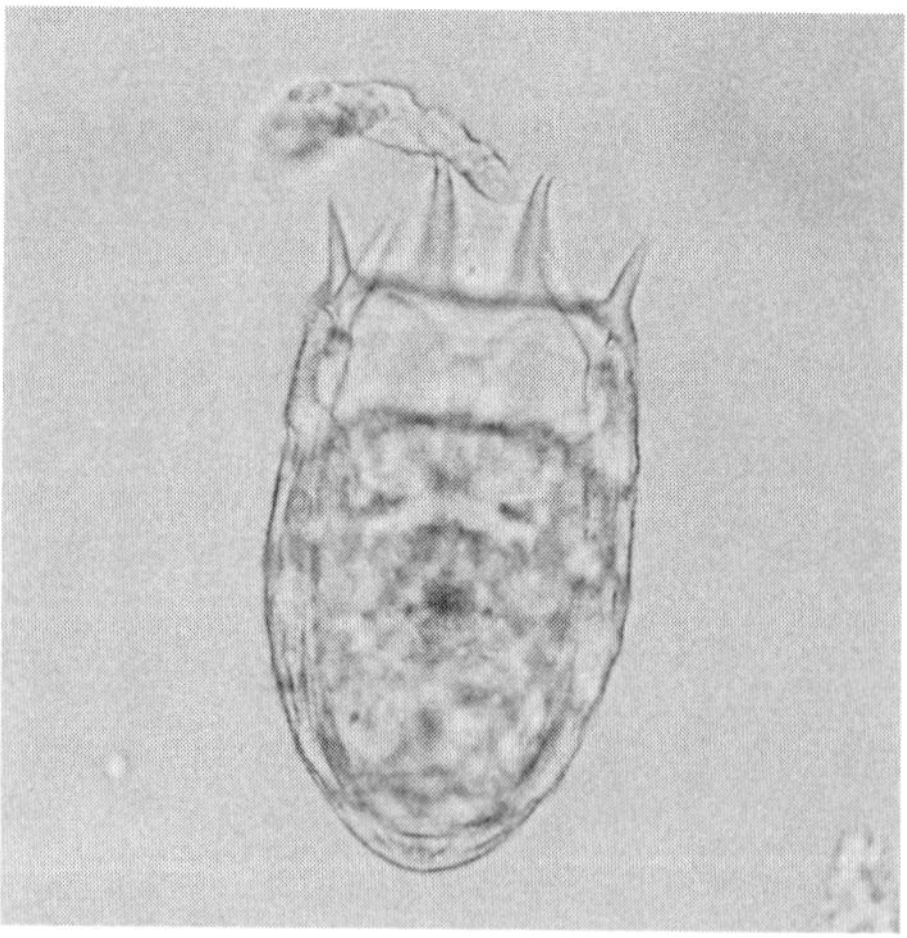

図1-2　動物プランクトン
カメノコウワムシ（ワムシの1種）。体長は約0.1mm。

（図1-1）。これは単細胞生物で、細胞の大きさはおよそ一～四〇㎛（一㎛は一〇〇〇分の一㎜）。数が非常に多く、諏訪湖では湖水一ℓに一〇億細胞ぐらいの密度にも達する。この植物プランクトンを食べるのは動物プランクトンである（図1-2）。その中で中心的な役割を担っているのがミジンコで、他にケンミジンコやワムシがいる。動物プランクトンの大きさは〇・一～三㎜ぐらいで、密度は一ℓに一〇〇〇個体ぐらいになる。彼らはプランクトン（浮遊生物）と呼ばれるが、泳げないわけではない。大型のミジンコは深い湖で

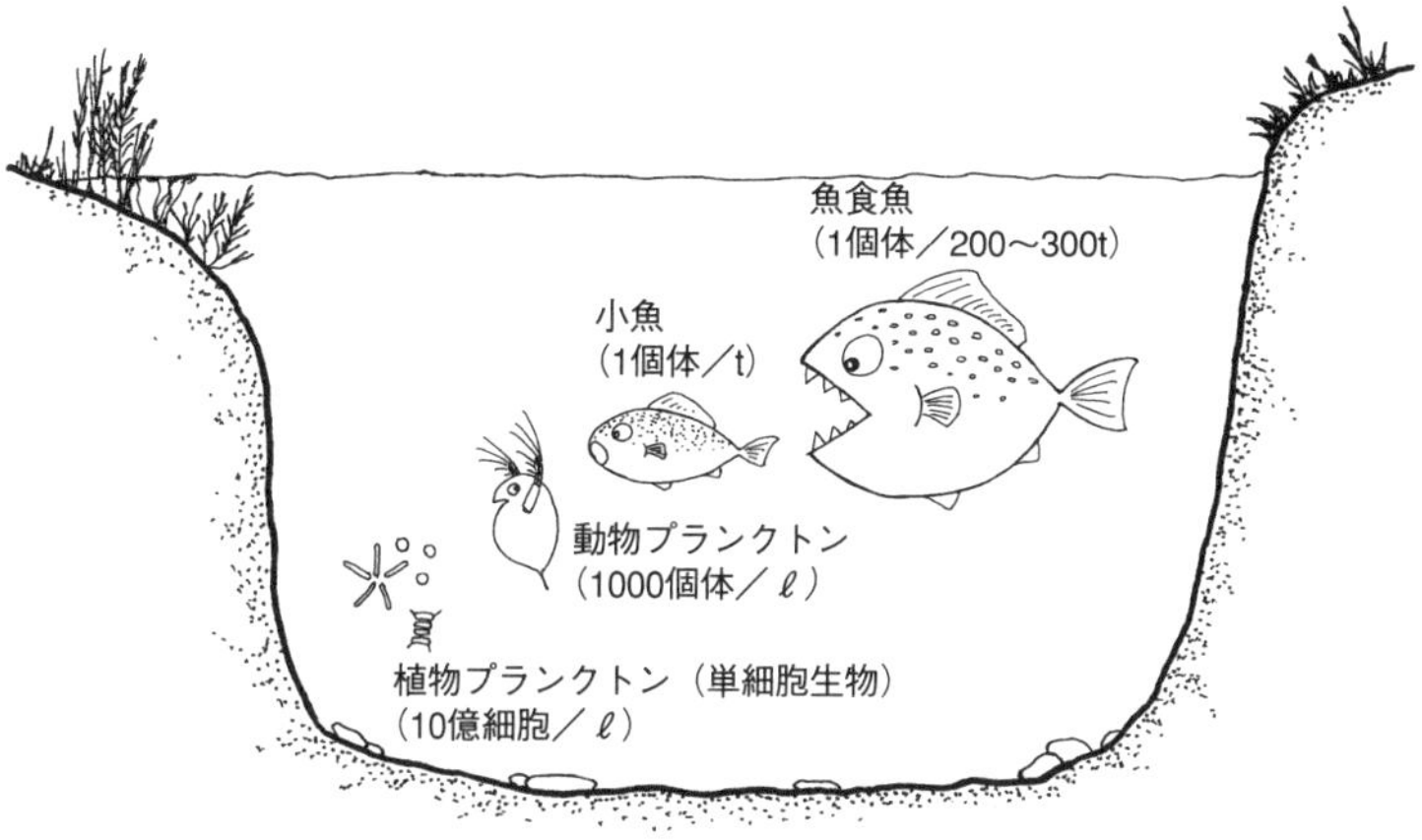

図1-3　湖の中の食物連鎖。食物連鎖の上位になるほど生物の体は大きくなり、数は少なくなる。

は一日のうちに数十mもの深さを昇り下りしている。プランクトンとは、遊泳力が弱く水の流れに逆らって自分の位置を定めることができない生物のことをいう。そのため、水が流れている河川では動物プランクトンはほとんどいない。

湖の動物プランクトンは、次にワカサギのような小魚に食われる。小魚の密度は高くても一tの湖水（風呂桶三～四杯分）に一個体もいないだろう。湖にはさらに、小魚を食べる捕食者がいる。ブラックバスやニジマスなどの魚食魚である。これらの密度は小魚よりもさらに少なく、多くても二〇〇～三〇〇tの湖水中に一個体程度だろう。二五mプールにおよそ一個体ということになる。

プランクトンがつくる環境

湖の生態系の特徴は、食物連鎖の下位にいる生き物ほど体が小さく、上位にいくほど大きくなるという点にある。植物プランクトンや動物プランクトンの体は小さくて、ほとんどのものは肉眼ではみることができない。しかし、量はとても多い。諏訪湖のような富栄養湖は透明度が低く、濁ってみえる。ところが、この湖水の濁りは大量に増えた植物プランクトンがつくっているのである。小さな小さな植物プランクトンでも、湖水の透明度を変えるほど湖の環境に大きな影響を及ぼしている。そもそも湖面を緑色に染めて水質を悪化させるアオコも、ミクロキスティスという名の植物プランクトンが大発生したものである。

また、植物プランクトンは光合成をして酸素を発生させ、水中の酸素濃度を上げる。アオコが発生している夏の諏訪湖では、表層の酸素濃度が純水での飽和酸素濃度の二倍を超えることがある。一方で、透明度が低くて光が届かない湖底近くでは植物プランクトンの光合成はおこなわれず（酸素がつくられず）、バクテリア（細菌）による水中の有機物の分解が盛んになるので酸素が消費され、酸素濃度がほとんどゼロになることがある。そして、これは貝など湖底に生息する生き物に大きなダメージを与えることになる。

湖は水がたまっただけの場所で環境は単純であるように思われがちだが、表層と深層を比較しただけでも環境が大きく異なり、複雑であることがわかるだろう。この複雑な環境が、プランクトンのはたらきでつくられるのである。

多くの人は湖に生息する生き物というと魚のことを考えるように思う。しかし実際は、顕微鏡を使わないとみることができないような小さな生き物たちが湖の環境を左右している。また、その生き物たちが食物連鎖を介して魚を支えているのだ。湖を支配している、といってもよいだろう。

Column
●ミジンコこぼれ話

ミジンコの世界は女の天下

ふだん、ミジンコの世界は雌ばかりだ。雌だけで子どもを産む。子どももみな雌だ。これは短時間に個体数を増やすのに都合がいい。ミジンコは大きな複眼を持っていて愛らしい顔をしている。やはり雌だからそう感じるのだろうか。ミジンコという名は小さな生き物ということで“微塵子”という字をあてているが、私は“美人子”という字を与えたい。

雄は環境が悪化したときにだけ産み出される。雌と交尾をして新しい環境に順応できる、新たな遺伝子組成を持った子どもをつくるのが仕事だ。雄の体は雌より小さく頼りない。そんな雄をみていると男の悲哀を感ぜずにはいられない。

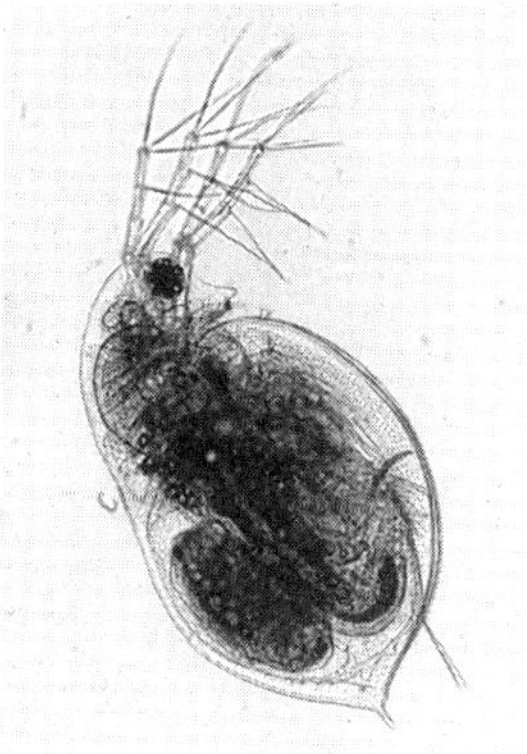

マギレミジンコ。体長約1mmの中型ミジンコ。大きな眼は複眼で、ひとつしかない。

1 時限 第2話

澄んだ川も湖を汚す

湖が汚れるしくみ

「のどかな農村地帯を流れているこの川は澄んでいて魚が多くいる。汚れのないきれいな川なのに、それが流れ込む下流の湖はアオコが発生してひどく汚れている。湖の周りの住民が湖を汚しているのだ。困ったものだ」――こんな嘆きの声が聞こえてくる。しかし、ちょっと待って。この〝きれいな川〟も湖を汚す一因になっているかもしれないんだよ。

こんなことをいうと、驚く人がいるのではないだろうか。

窒素・リンと植物の関係

湖の水質問題というと、いつも窒素とリンの話が出てくる。窒素とリンは湖を汚す原因というのだが、なぜなのだろうか。

植物や動物の体は、乾燥させて水分をとり除くと、残りの重量のおよそ半分は炭素である。つまり、水分を除くと、体を構成している元素では炭素が最も多い。そして、その他には、水素や酸素、窒素、リン、カリウム、鉄、マグネシウム、亜鉛などの元素が体をつくっている。生物は体をつくるのにこれらの元素を一定の割合で必要とする。

しかし、生物が増えるのにすべての元素が十分にあるとは限らない。植物は環境中からさまざまな元素を無機物としてとり込み、太陽のエネルギーを使って有機物（植物体）をつくっているが、その際、窒素とリンが足りなくなることが多い。だから、田畑では窒素とリンを肥料として作物に与えるのである。これは湖でも同じだ。湖に生息する主な植物は植物プランクトンで、それが窒素とリンを必要としている。植物プランクトンは窒素やリンを硝酸イオンやリン酸イオンの形でとり込むので、とくにこれらのイオンをもつ塩《えん》(注)を「栄養塩」と呼んでいる。

汚れた湖を富栄養湖と呼ぶが、富栄養湖とは読んで字の如く、栄養に富んだ湖のことである。そして、ここでいう栄養とは窒素とリン、すなわち植物の栄養のことを指す。我々人間が湖に流し込む排水に窒素やリンが大量に入っていたのが湖を汚す大きな原因である。ここで「湖を汚す」ということばを使ったが、窒素やリンは植物の栄養なので、これは栄養（いわば餌）を与えて植物プランクトンを増やしてしまった、といったほうが正しい。それが極端になるとアオコが発生する（図1-4）。アオコはラン藻《そう》と呼ばれる植物プランクトンの一グループが異常に増えた現象である。

湖で植物が増えることがなぜ悪いのだろう。

ひとつには、アオコをつくるラン藻が、カビ臭を発生させたり毒素をつくることが問題を起こしている。しかし、それだけでなく、植物が増えること、つまり有機物が増えること自体が問題を起こしているのである。生物（つまり有機物）は最終的には死んで、または食べられて糞となって、バクテリアの分解を受けることになる。その際、水中の酸素が消費され、光が届かない湖の深いところでは水中の酸素濃度が大きく低下することになる。その結果、湖底の貝類が生きていけなくなる。また、酸素がまったくなくなると、湖底から有毒の硫化水素が発生する。すなわち、湖で水質の問題を起こしているのは、窒素やリンそのものではなく、それらが流入してきたことによって増えた有機物なのである。

川と湖で異なる汚れのしくみ

さて、話を冒頭の川に戻そう。じつは、水が透きとおっていてきれいにみえる川でもかなりの量の窒素やリンを含んでいることがある。とくに農耕地を流れる川では、農地に撒《ま》いた肥料が流れ出して川の栄養塩濃度が高くなることがある。しかし、栄養塩濃度が高くても川の水は透きとおっている（図1-5）。なぜだろうか。

川の環境は湖のそれとは大きく異なる。最も大きな違いは、水が流れているか淀《よど》んでいるかという点にある。湖では栄養塩があると植物プランクトンが増えて水質を悪化させるが、川には植物プランクトンはほとんどいない。なぜなら、プランクトンは流水では生きていけないからだ。

川に生息する主な植物は付着藻類である。川底の石にヌルヌルとした緑色のものがついているのをみたことがあるだろう。これが付着藻類で、石に付着して水中の栄養塩をとり込んで増殖する。しかし、水中の栄養塩はどんどん流れていくので、付着藻類はそれを十分には利用できない。したがって、川では栄養塩が高濃度で溶け込んでいることがある（図1-6）。無機物の窒素やリン（栄養塩）は水に溶けても無色なので、そのような川の水は透明できれいにみえる。毒性もない。

この川の水が湖に入るとどうなるか。湖は水が淀んでいるため、プランクトンが中心の世界となる。すると、水中に分散している植物プランクトンが川から入ってきた栄養塩を利用して有機物をつくり（図1-6）、それが水質を悪化させることになる。したがって、透きとおってきれいな川の水も、湖を汚す原因になるこ

図1-4　汚れた湖の代表、諏訪湖に発生したアオコ。

図1-5　澄んだ川の流れ。農村地帯を流れるこの川も、じつはかなりの量の窒素やリンを含んでいる（写真＝『FRONT』編集部）。

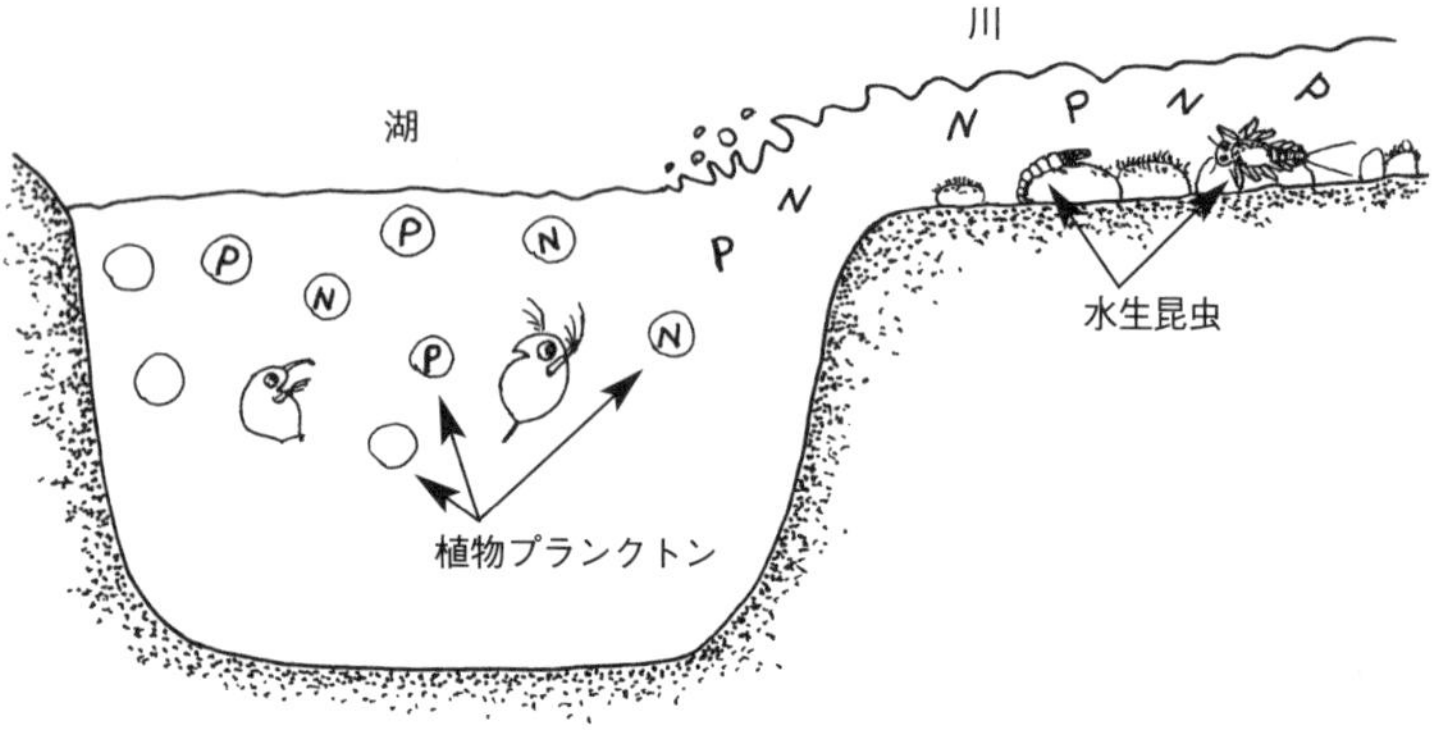

図1-6　水が流れている川は付着藻類や底生動物（主に水生昆虫）の世界。窒素（N）やリン（P）は無機物として水に溶けている。水が淀んでいる湖はプランクトンの世界。水中の窒素やリンは植物プランクトンにとり込まれる。

とがあるのである。

ただし、川も汚れる。極端な例はいわゆる〝どぶ川〟で、そこの水は濁ってくさい。しかし、これは水中の窒素やリンが問題を起こしているのではなく、人間が川に水とともに捨てた有機物（屎尿《しにょう》、残飯、その他もろもろ）が原因である。つまり、川の場合も有機物が水質を悪くしているのだが、湖とは異なり、直接に入ってきた有機物が水を汚す主な原因となっている。直接流入する有機物はもちろん湖も汚すので、どぶ川の水は湖の汚れの原因になる。

ちなみに、川や湖の汚れの指標に、ＢＯＤ（Biochemical Oxygen Demand：生物化学的酸素要求量）やＣＯＤ（Chemical Oxygen Demand：化学的酸素要求量）という数値を使う。これらは、微生物のはたらきや化学的な反応によって水中の有機物を分解するのに必要な酸素量を数値化したものである。したがって、それらは水中の有機物量の指標となる。繰り返しになるが、水質を悪化させるのは川でも湖でも有機物が直接の原因

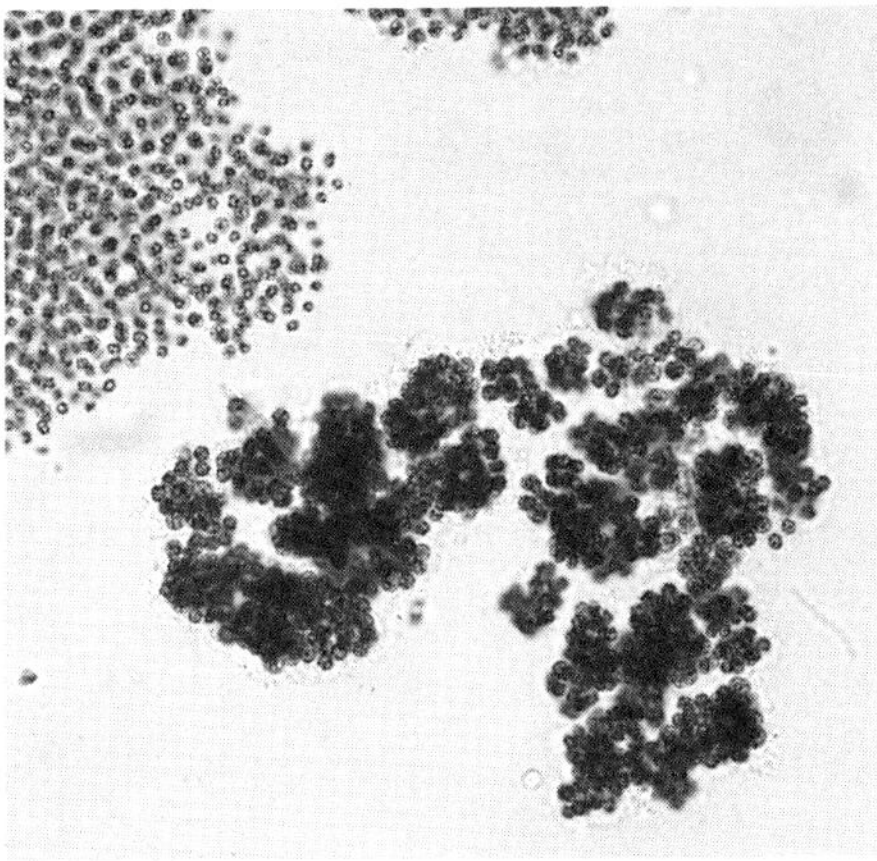
図1-7　アオコをつくるラン藻・ミクロキスティス（写真＝笠井文絵）。

物質であり、その有機物量を指標するので、BODやCODは水の汚れの指標として使われているのである。

ここで水中の栄養塩濃度を湖と川で比較してみよう。アオコが発生しているある夏の日の諏訪湖を例にとると、水中に溶けている無機物の形の窒素（硝酸態窒素）の濃度は表層で一ℓ当たり〇・四μg（μgはmgの一〇〇〇分の一）、湖底の近くで四八μgであった。一方、諏訪湖に流入する河川では一ℓ当たり一・一三mgに達するところがあった。なんと諏訪湖表層の二八〇〇倍を超える濃度だ。諏訪湖での濃度が低かったのは、湖に発生しているアオコ（ラン藻、図1-7）が水中の栄養塩をほとんど吸収してしまったためである。

もし、水中の無機物の窒素やリンを水を汚す原因物質そのものとするならば、諏訪湖ではアオコが水を浄化しており、諏訪湖の水は川の水よりもきれいということになる。これはおかしな話だ。

〝水が汚れる〟といっても、水が淀んでいる湖と流れている川では、その原因と過程が異なるのである。

（注）塩：酸と塩基が中和するときに水とともに生ずる化合物。酸の陰イオンと塩基の陽イオンからなる。

Column
●ミジンコこぼれ話

ところ変われば色変わる

ミジンコの体は透明だ。顕微鏡でみると、鼓動を打っている心臓や、背中の育房の中で動いている誕生間ぢかの子どもの様子が、体の外からよくみえる。透明な体はミジンコにとって捕食者の魚にみつかりにくく、都合がよい。研究者にとってもミジンコを観察するのにありがたい。

ところが、そのミジンコが真っ赤になるときがある。水中の酸素が足りなくなったときで、酸素を効率よくとり込むために血液の中に色の赤いヘモグロビンをつくったためである。また、標高がかなり高いところにある高山湖《こうざんこ》では黒くなることがある。これは紫外線から身を守るために、殻にメラニン色素をつくったためだ。

1時限 第3話

湖が汚れると魚が増える

富栄養化の意味

富栄養化は多くの湖が抱えている環境問題である。富栄養化が進むと水は濁り、アオコが発生する。これに対して政府・地方自治体は湖の浄化目標を立てて対策を進めている。しかし、なかなか目標が達成されていないのが現状である。

一方、今では多くの地域で湖の水質浄化に向けた住民の活動が活発におこなわれるようになってきた。そして、彼らは「湖にきれいな水を呼び戻そう。魚がたくさん棲めるようなきれいな湖にしよう」と訴えている。このことは、逆のいい方をすると、「汚れた湖（富栄養化した湖）では魚が棲めない」「魚は汚れた湖を嫌っている」ということになる。

しかし、私はこれに対して疑問を投げかけたい。魚は本当に汚れた湖を嫌っているのだろうか。

富栄養湖は生物が豊富な湖

富栄養化した湖は透明度が低く濁ってみえる。これは大量に発生している植物プランクトンのためだ。つまり、富栄養湖とは植物プランクトンの多い湖なのである。

さて、ここで考えてみよう。湖で植物プランクトンが多いということは、それを食べる植物食の動物も多いということになる。そうすると、その動物を食べる肉食性の動物も多くなる。つまりは、富栄養湖は植物だけでなく動物も多い湖であり、いい換えれば生物が豊富な湖といえる。だから、魚も多いのである。

　富栄養湖である諏訪湖では、一九七〇年代が最も汚れており、毎年ひどいアオコが発生していた。ところが、この頃がワカサギの漁獲量が最も多かった時期なのである。魚全体（エビや貝類を除く）の漁獲量も最も多く、その量はおよそ四〇〇tに達していた（図1-8）。これは一km^2当たり約三〇tになる。

　農林水産省統計情報部の『平成一一年漁業・養殖業生産統計年報』をみると、現在日本の湖で最も汚れているとされる手賀沼《てがぬま》の漁獲量（魚類のみ）は三三四tであった（表1-1）。これは一km^2当たりにすると五一tとなり、汚れがひどかった頃の諏訪湖よりも多い。ちなみに、諏訪湖よりもきれいな琵琶湖《びわこ》では、魚類の総漁獲量は一八三二tと他の湖よりも圧倒的に多い。しかし、これは湖の面積が広いためで、一km^2当たりでは二・七tにしかならない。また、水がきれいで透明度が一〇mを超える貧栄養湖の十和田湖《とわだこ》では、総漁獲量が四六tで、一km^2当たりではわずか〇・八tであった。これは手賀沼の六四分の一にしかならない。

湖によって漁法や対象魚種が異なり、また、漁業従事者の人口

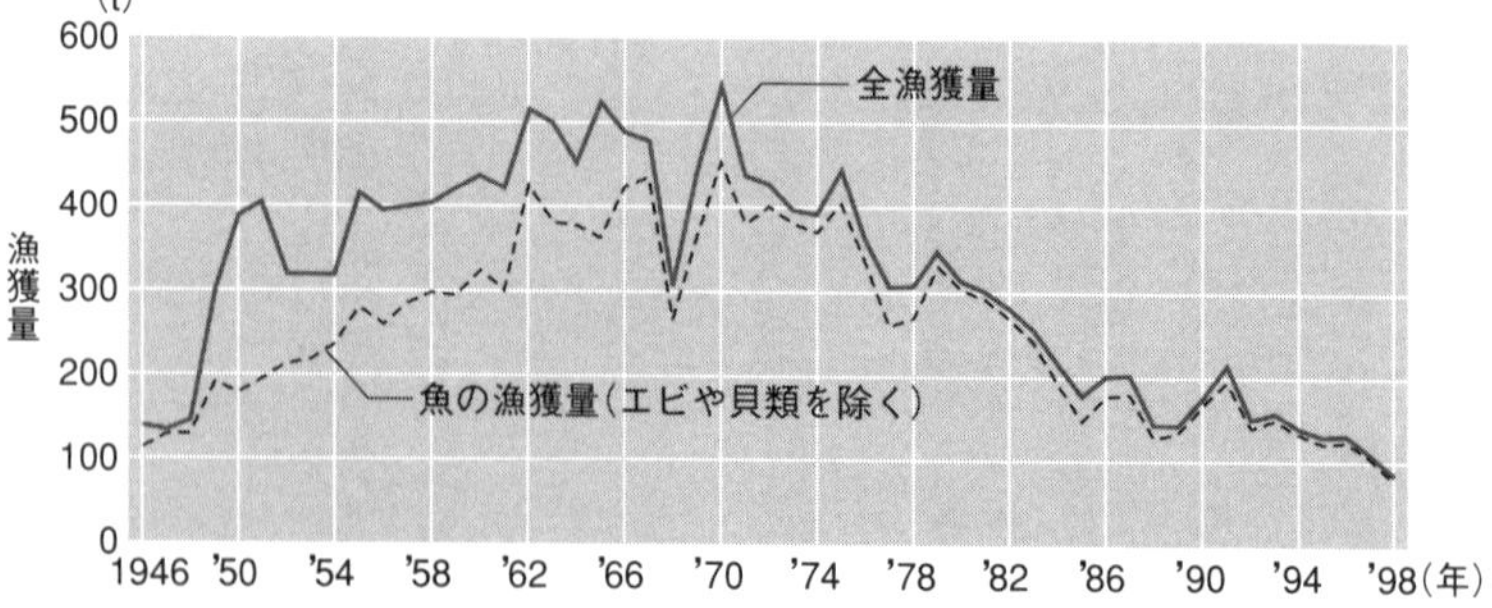

図1-8　諏訪湖の漁獲量の変遷（山本・沖野〈2001〉より改変）。漁獲量は諏訪湖の汚染が最もひどかった1970年代に最大となり、その後、湖の浄化の進展とともに減少しているのがわかる。

や年齢構成も異なるので、漁獲量は単純には湖の魚の現存量を示すわけではないが、湖の間での魚の量のおよその比較としては用いることができる。したがって、ここでの比較は、富栄養化した湖のほうが魚が多いということを示唆している。

すなわち、湖が富栄養化すると魚が増えるのである。このことは、逆のいい方をすると、湖を浄化すると魚が減るということになる。

私たちは湖の水質浄化のため、下水処理場をつくり湖に流入する栄養塩量を減らす努力をしている。これは植物プランクトンの餌を減らしていることになるので、結局は魚を減らすことになる。諏訪湖では一九七九年に下水処理場をつくり、水質浄化を進めてきた。図1-8をみるとわかるように、この湖の漁獲量は一九七〇年代をピークにしてその後減少し、二〇〇〇年には七二tにまで減った。したがって、魚がたくさんほしいのなら湖は富栄養化したほうがいいということになる。カナダではヒメマスなどを増やすため、貧栄養湖に施肥をしてわざわざ富栄養化させた例がある。

表1-1　富栄養度の異なる湖間での漁獲量の比較

湖	湖面積(km²)	総漁獲量(t)	漁獲量(t／km²)
手賀沼	6.5	334	51
諏訪湖	13.3	400	30
琵琶湖	674	1,832	2.7
十和田湖	59	46	0.8

漁獲量データは1999年のもの(農林水産省統計情報部〈2001〉より)。
諏訪湖のデータは1970年代のおよその値(山本・沖野〈2001〉より)。

魚の立場で考えてみる

「汚れた湖では魚が棲めない」という発想は、富栄養湖では酸素欠乏によって魚が死ぬという考えからきているように思われる。たしかに透明度の低い富栄養湖の湖底付近では、光が届かないので光合成による酸素の生産がなく、ま

図1-9　湖に注ぐ川。魚の多くは岸の樹木や石の陰に身を寄せている（写真＝『FRONT』編集部）。

た表層から沈んできた大量の有機物が分解されて酸素を消費するので、水中の酸素濃度が低くなる。そのため、酸素欠乏に弱い魚は棲めなくなる。しかし、酸素が欠乏するのは湖全体ではない。表層では多くの植物プランクトンが盛んに光合成をしているので酸素はかえってあり余るほどある。したがって、湖の深い層で酸素がなくなっても表水層にいれば魚には問題ないだろう。

さて、ここまで説明すると、冒頭の「魚がたくさん棲めるようなきれいな湖にしよう」という浄化のためのキャッチフレーズがおかしいことを理解していただけるだろう。

多くの人は、きれいな湖には魚が多いという先入観を持っているように思える。これは水が透きとおったきれいな湖では魚の姿がみえることと、そして魚はしばしば岸近くを群れて泳ぐのでそれが目立つことからつくられたイメージで

図1-10　富栄養湖と貧栄養湖、魚はどちらが好き？

はないだろうか。

一方、汚れた湖は透明度が低いので、湖上からは魚の姿がみえない。しかし、その水中には多くの魚がいるのである。

透明度の高い川や湖では、魚は岸に生える樹木や石の陰に隠れるように身を寄せていることが多い。これは、水面上から襲ってくる鳥を警戒しているのではなかろうか。だとすると、鳥にみつけられにくい汚れて濁った湖の中は魚にとってはむしろ安心できるところで、魚にはきれいな湖より汚れた湖のほうが居心地がよいのかもしれない。

「汚れた湖では魚が棲めない」。これは我々人間の勝手な思い込みではないだろうか。

Column

●ミジンコこぼれ話

ゾウミジンコの死んだふり作戦

ケンミジンコは捕食者で、小型のゾウミジンコを好んで食べる。眼が未発達なので、ゾウミジンコの接近を水の動きから察知して飛びかかる。これに対し、ゾウミジンコは突然動くのをやめることで対抗する。2本の腕（第二触角）を殻の中に折りたたみ、じっとする。こうすると、ケンミジンコは餌を見失ってしまう。ゾウミジンコの体は水より重いので沈み出すが、2〜3秒すると再び泳ぎはじめる。そのころには捕食者はどこかへ行ってしまっている。

「熊にあったら死んだふりをして動くな」とよくいわれるが、小さなゾウミジンコがこの戦法を駆使しているのである。

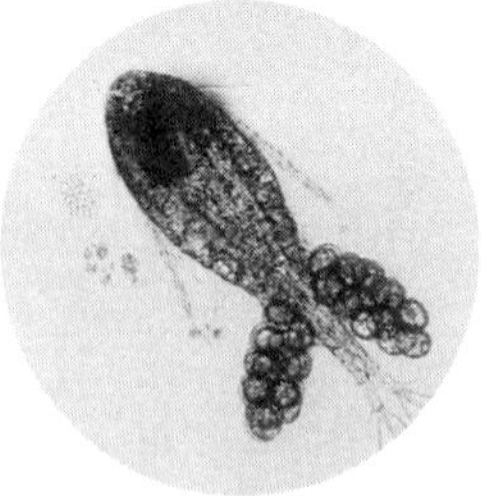

ケンミジンコの仲間（体長1〜1.5mm）。写真の個体は雌で、両側に卵をぶら下げている。

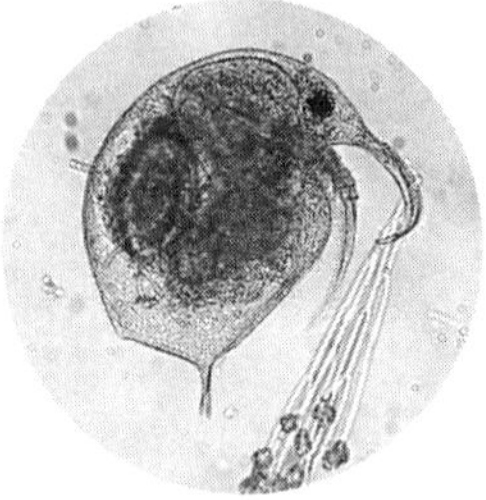

ゾウミジンコ。体長は約0.5mm。

1 時限 第4話

水質浄化が問題を起こす

環境問題における「あちら立てればこちら立たず」

環境問題には必ず「あちら立てればこちら立たず」が付随する。すなわち、ある問題を解決してよい状況をつくろうとすると（あちらを立てると）、別なところに新たな問題が生じる（こちらが立たなくなる）、ということである。これは湖の富栄養化問題にもあてはまる。日本では多くの湖で富栄養化が問題となっており、多大な労力を費やして水質浄化を進めている。しかし、その水質浄化が新たな問題を引き起こすのである。

迷惑害虫ユスリカ

富栄養化が進んだ諏訪湖では、毎年ユスリカが大発生していた。ユスリカとは、姿が蚊によく似た昆虫である。湖畔の家では大量の成虫が壁にとまり、白い壁も黒くなるほどであった（図1-11）。ユスリカは蚊のようにヒトを刺すことはないが、体が柔らかいので、洗濯物にたかったユスリカを払い落とそうとすると、体がつぶれて洗濯物を汚してしまう。そのため、迷惑害虫として嫌われていた。湖畔のホテルでは、夏になるときまって「ユスリカ発生中につき窓を開けないでください」と書かれた紙が貼られる。

ユスリカは夕方になると湖畔の樹木の近くで蚊柱《かばしら》をつくる。ここで雌雄が交尾をして、雌が湖面に卵を産み落とす。産み落とされた卵は湖底に沈んでいき、そこで卵から幼虫が生まれるのである。幼虫は湖底泥

図1-11　網戸にとまっているユスリカの成虫。道路の向こうが諏訪湖。

の表面で生活する。アカムシと呼ばれ、魚の餌として釣り人に利用されている。幼虫は時期が来ると蛹《さなぎ》になって湖面に浮上し、そこから羽化した成虫がいっせいに飛び出す（図1-12）。そして迷惑害虫となるのである。

諏訪湖でユスリカが多いのは、この湖が富栄養化しているからである。湖底に生息しているユスリカ幼虫は、上（湖水中）から沈降してくる植物プランクトンを餌として成長する。富栄養湖では植物プランクトンの生産量が多いので、ユスリカが増えることになる。

ところが、一九九八年の秋から、諏訪湖のユスリカに異変が起き始めた。個体数が急激に減って、成虫の発生が目立たなくなってきたのである。夏から秋の発生時期には毎年話題になるユスリカが、最近ではその存在すら忘れられるようになってきた。これは諏訪湖の浄化が進んできた結果だろう。毎年大発生していたアオコも、一九九九年からその発生量が目立って減り始めた。諏訪湖では一九七九年に下水処理場がつくられて下水道の普及が進められ、今では諏訪地域の普及率は九〇％を超えるようになった。諏訪湖ではこの他

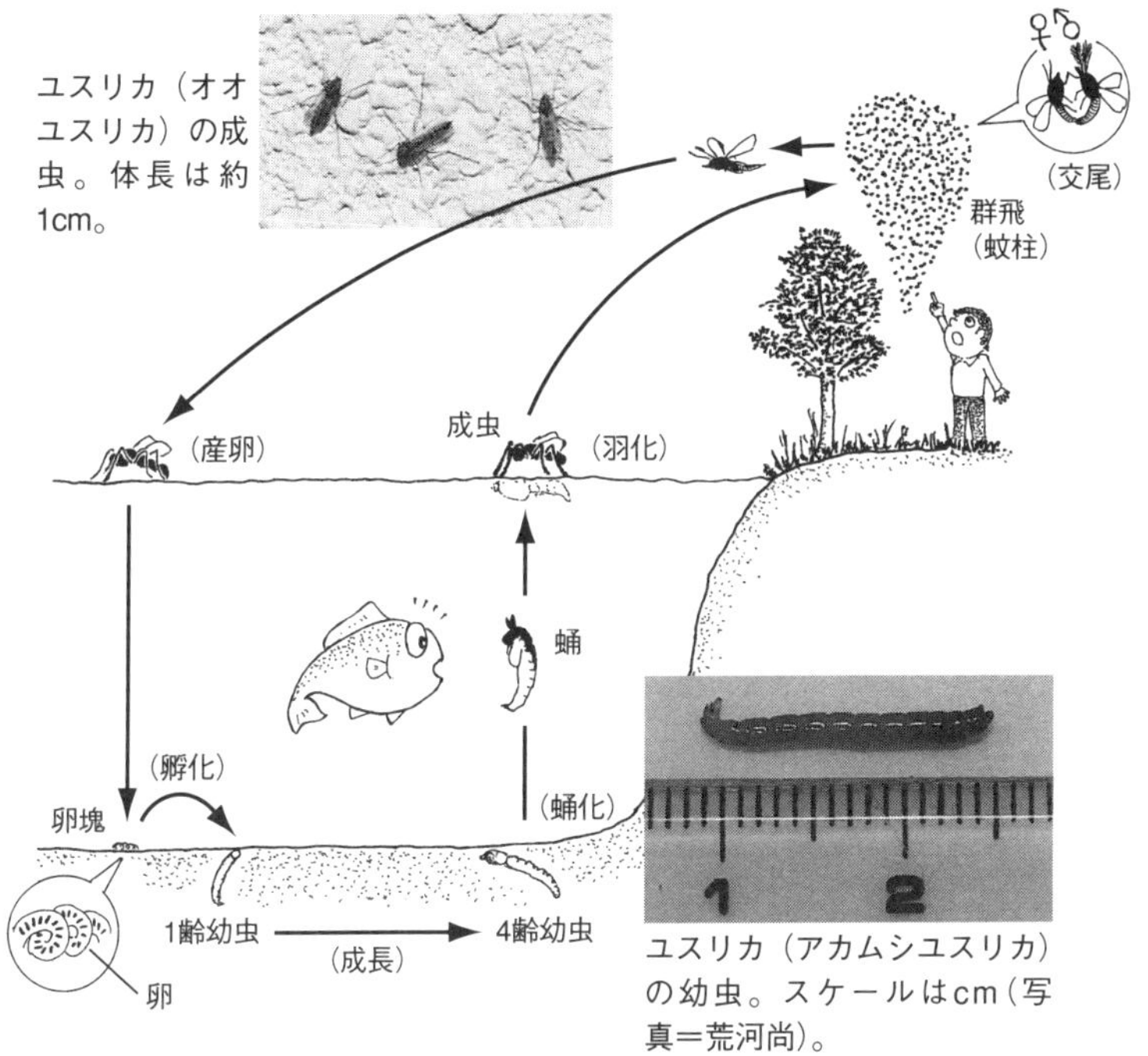

ユスリカ（オオユスリカ）の成虫。体長は約1cm。

ユスリカ（アカムシユスリカ）の幼虫。スケールはcm（写真＝荒河尚）。

図1-12　ユスリカの生活史。

にもさまざまな浄化対策がとられており、それらが功を奏しはじめたのだと思われる。しかし、それが新たな問題を引き起こした。

湖の水質浄化と魚

ユスリカの異変に人々が初めに気づいたのは一九九八年の秋であった。毎年一〇月中旬にみられるアカムシユスリカの大発生がなかったのである。長年の懸案が解決され、すべての住民に歓迎されると思われた。

ところが、それがかえって困る、という人が現れた。漁業関係者である。アカムシユスリカは成虫の発生時期にワカサギの重要な餌となる。そのユスリカが減ったためにワカサ

第三種郵便物認可

諏訪湖のユスリカ発生少なく

ワカサギは小ぶりに

稚魚 体重は約半分 来春の採卵を懸念

漁業関係者

清掃・観光では減少歓迎の声

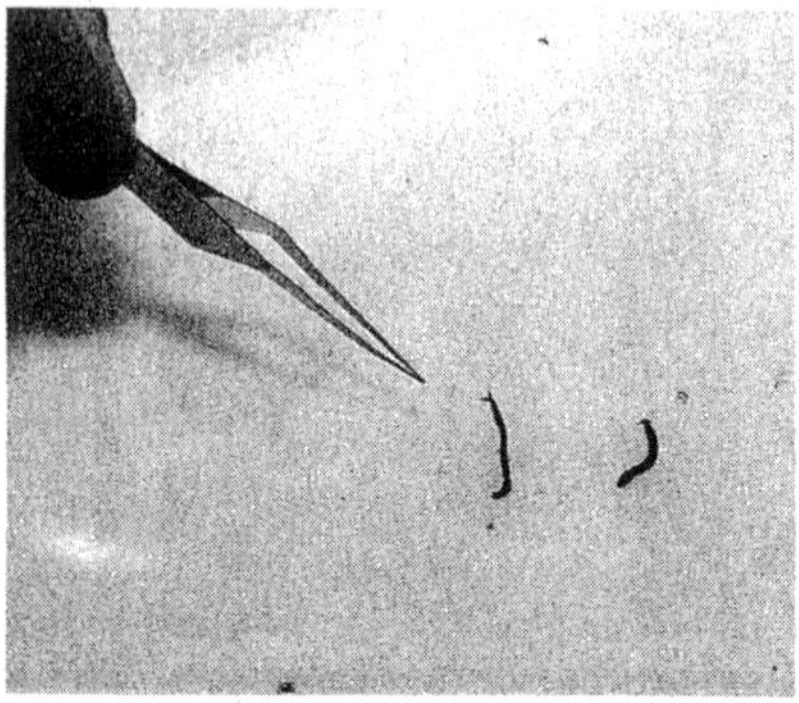

諏訪湖で今年、発生量が少ないアカムシユスリカの幼虫（右）。左は諏訪湖で年３回発生するオオユスリカの幼虫

諏訪湖で毎年秋に一回発生するアカムシユスリカが今年は少なく、諏訪湖特産のワカサギの成育に影響が出ている。諏訪湖漁業協同組合によると、この時期の幼虫は、ワカサギにとって格好のえさになる。ところが、発生量が少ない今年、ワカサギの体重は十月上旬よりも一カ月後の今月上旬の方が少なく、今春ふ化したワカサギの体重は例年の半分程度しかない。「五十年漁業をやって、こんなことは初めて」と話す人もおり、漁業関係者は首をかしげている。

アカムシユスリカは幼虫の間は湖底に生息し、例年十月上旬から十一月中旬にかけて羽化し、湖から飛び出す。大量に発生すると湖畔のあちこちに蚊柱ができるが、今年はこうした光景も少なめという。

この影響を受けているのがワカサギ。同漁協によると、今春ふ化した一匹の平均体重は、十月上旬が〇・八七㌘だったが、同月中旬には〇・六八㌘となり、十一月上旬には〇・六六㌘にまでやせた。

藤森政勇・同漁協代表理事組合長は「ユスリカは昨年も少なかったが、今年ほどじゃない。来春の採卵に影響が出なければいいが」と心配する。ユスリカを食べたばかりのワカサギは腹の中が黒いため、例年だと十月の中旬から下旬にかけては禁漁にするが、今年はしなかった。

ユスリカの生態に詳しい山梨県立女子短大の平林公男助教授によると、ユスリカが減る要因として▽えさになる有機物を含んだ底泥の減少▽天敵となる魚の量の増加―が考えられる。しかし「年によって増減が激しく、継続して調べないと傾向は分からない」という。

また、今年は諏訪の平均気温が高めに推移したことから、「水温も高く、発生が遅れているのでは」との見方もあった。だが、十一月上旬に同助教授が湖底の泥を採取してアカムシユスリカの固体数を調べたところ、ほとんど生息しておらず、「今後大量に発生する可能性は低い」とみる。

一方、諏訪市湖畔公園を管理する市臨時職員は「多いと公衆トイレの窓や壁に集まってきて掃除が大変。少ない方がいいね」。遊覧船業者も「人間を刺さないからいいけど、お客さんは嫌がるから」と、ユスリカ減少を歓迎している。

図1-13　『信濃毎日新聞』1998年11月11日付。

ギの成長が悪くなったというのである。このことは当時の新聞でもとり上げられた（図1-13）。

ユスリカが大発生していたときには迷惑害虫扱いにし、人々はそれを減らそうと一生懸命になっていた。しかし、いざ減ってみると、今度は魚が減るので困るという。では、いったいどうすればよいのであろうか。

一九六〇～七〇年代、日本では高度経済成長に伴って急速に進んだ湖の富栄養化が大きな社会問題となった。それ以後、富栄養化対策として湖水中の窒素やリンの量を減らす努力がなされてきた。これは湖の植物プランクトンの餌を絶つことになり、その結果、植物プランクトンが減り、湖の透明度が上がる。植物プランクトンが減ると、それを餌としている動物が減ることになる。諏訪湖の場合、その影響がまずユスリカに現れたといえるだろう。そして、植物食の動物が減ると、それを食べる動物、すなわち魚が減るのである。つまり、湖を浄化するということは、湖の生物を減らすことであり、魚を減らすことになる。そうすると、当然のことながら、漁業に悪い影響が及ぶことになる。

多くの人は、湖の富栄養化はとにかく悪いことで、水質が浄化されることはすべての人にとって望ましいことであると思ってきた。しかし、水質の浄化という行為は、富栄養湖の生態系を変え、そこの生物群集に依存するようになった我々の生活に影響を及ぼすことになるのである。したがって、水質を浄化することはよいことばかりではない。このように、環境問題には必ず「あちら立てればこちら立たず」が存在するのである。

水の中の砂漠

日本で最も水が澄んでいる湖は北海道にある摩周湖《ましゅうこ》である（図3-7参照）。この湖の透明度は二〇mをはるかに超える。近くの見晴らし台から摩周湖を臨むと青々とした湖が美しく、心が洗われるような気がする。一方、富栄養化して湖面にアオコが発生している湖をみると、思わず眉をしかめてしまう。この富栄養湖を持つ地域の住民は、そこを澄んだ水をたたえた湖にしたいと願い、またそれがそこに棲む生き物たちにもよいことだと思ってきた。

しかし、ここで考えてみよう。摩周湖の水が透きとおっているのは、湖が栄養に乏しく植物プランクトンが少ないからである。当然、動物も少ない。摩周湖は魚のいない湖であったが、一九六八～七一年に漁業振興のためにヒメマスが放流された。しかし、あまりにも水がきれいだったので（餌生物が少なかったので）魚の成長が悪く、漁業が成り立たなかった。つまりは摩周湖は生物の少ない湖であり、湖に棲んでいる生き物たちにとって、いわば「砂漠」のようなところであるといえるだろう。

陸上にある砂漠は、われわれヒトを含めて多くの生き物が棲みにくいところであり、人は誰もが望まない環境である。しかし、その〝人〟が、湖に対しては時として砂漠のような環境を望んでいたのである。これは、人が元来、湖に対して良質な水の貯水池という見方をしてきたことにも起因しているのではないだろうか。そして、透きとおった水を持つ湖を望むことは、そこに棲む多くの生き物を助けることにはならない。

Column
●ミジンコこぼれ話

ミジンコは水環境を救う？

植物プランクトンを食べるミジンコは、魚だけでなくじつにさまざまな動物に食べられている。イモリ、ヤゴ、マツモムシ、エビ、ケンミジンコ、ヒドラなどなど。したがって、湖沼生態系において、植物プランクトンがためた太陽エネルギーを、多くの捕食者に受け渡す重要な役割を担っているといえる。

また、ミジンコは毒性物質に対して感受性が高いので、環境を汚染する有害化学物質の生態系影響を評価するための毒性試験に用いられている。もし、汚染化学物質が生態系の担い手であるミジンコに悪影響を与えたならば、それは生態系全体に影響を及ぼすことになる。

ミジンコは水環境保全の番人として人間に利用されているのである。

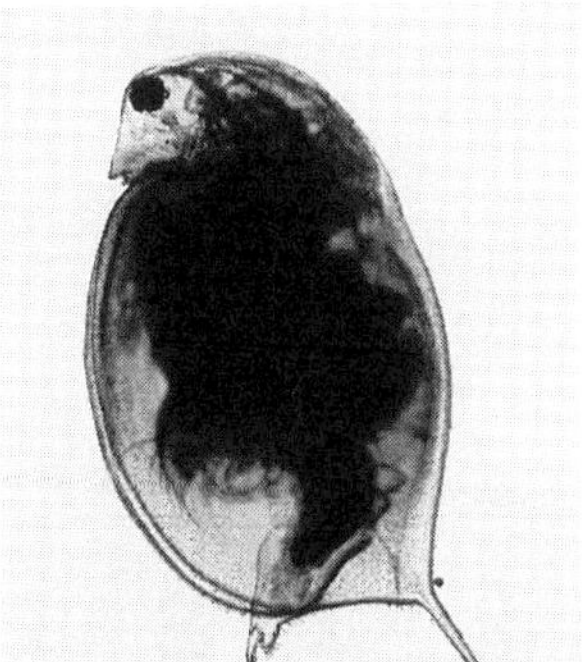

オオミジンコ（体長0.7～4mm）。生態毒性試験の標準試験生物として世界中の研究室で飼育されている。

水草の良し悪し
水草を利用した水質浄化の難しさ

富栄養化が問題になっている湖には浅い湖が多い。浅い湖には水草が生えやすいため、水質汚濁問題が生じる以前にはこのような湖の沿岸域に多くの水草が繁茂し、それが湖の重要な景観をつくっていた。ところが、治水目的の護岸や富栄養化の進行により水草が大きく減少し、湖岸は自然の暖かみのない殺伐とした景観に変わった。

水草は、鳥や水生昆虫などさまざまな生き物に生息場所を与え、多様な生物群集を維持する重要なはたらきを担っている。また、近年では水草の水質浄化作用が注目され、エネルギーを使わない自然の浄化機能の活用ということで、多くの湖沼や河川で水草を増やす試みがなされている。

これは、下水処理場のように、多くのエネルギーを必要とする浄化装置を使っての水質浄化とは異なり、湖本来の姿と機能をとり戻して水環境問題を解決しようというもので、好ましいことである。しかし、水草を利用した水質浄化には難しい問題がある。

水草のはたらき

湖岸に発達する水草帯は、岸から沖に向け、生息する水草の形状に応じて三つの区域に分けられる（図1-14）。最も水深が浅い岸側には、ヨシやマコモなど、水面上にまで植物体が出ている抽水《ちゅうすい》植物が生えて

図1-14　水草帯の構造模式図

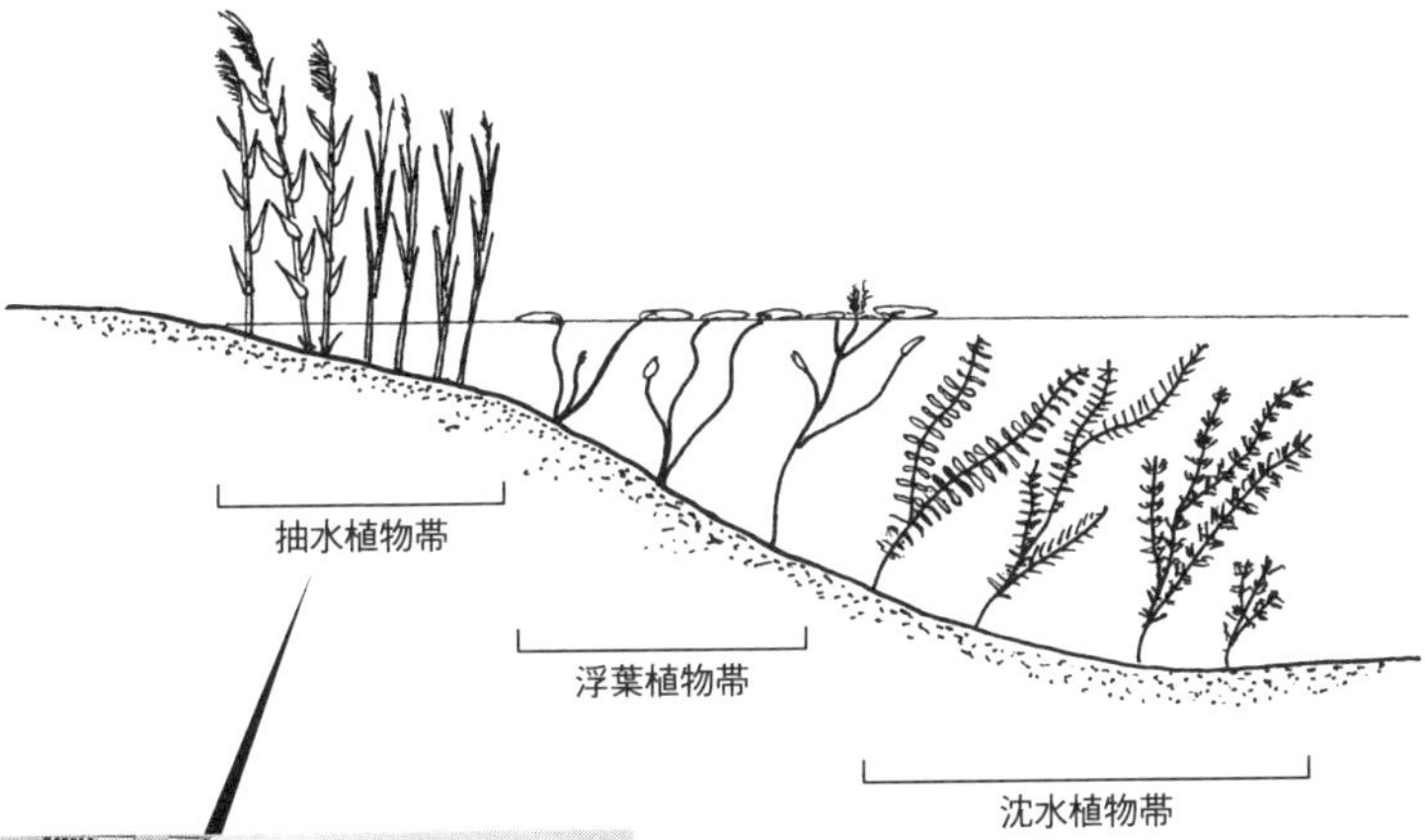

抽水植物帯（ヨシとマコモの群落）と浮葉植物帯（アサザ群落)。

沈水植物帯。生長したヒロハノエビモが水面にまで達している。
(写真＝荒河尚)

いる。この抽水植物帯よりも沖側の深いところには浮葉《ふよう》植物帯がつくられる。そこには葉を水面に浮かせているヒシやアサザが生えている。さらに水深の深いところに行くと、こんどは植物体全体が水面下にある沈《ちん》水《すい》植物の生息域となる。日本の湖でよくみられる沈水植物には、エビモやササバモがある。また、帰化植物として大発生することのあるコカナダモも、このグループである。そして、沈水植物帯の先は、水深が深く水草が生えない水域、沖帯となる。

これらの水草は、さまざまなはたらきで湖の汚濁問題を引き起こす植物プランクトンの増殖を抑える。まず、水草が生長し水面を覆うようになると、植物プランクトンが必要とする光を遮り、その増殖を抑えることになる。また、繁茂した水草は水の流れを妨げる。多くの植物プランクトンは水より比重が少し大きいので湖底に沈んでいく。ところが、風が吹いて湖が攪拌《かくはん》されると、それが妨げられる。水草はこの風による湖水の攪拌を抑えるので、植物プランクトンの湖底への沈降を促進することになる。また、それと同時に、湖底にたまっている栄養塩や有機物が攪拌によって水中に戻って水を汚すのを防ぐことにもなる。このほかにも、水中の栄養塩を吸収する付着藻類（水草に付着して増える藻類）を増やしたり、植物プランクトンの増殖を抑える物質を水中に放出するなど、さまざまな水質浄化のはたらきが報告されている。

水草の水質浄化効果

このような水草のはたらきを利用して湖の水質を浄化するため、多くの湖で水草帯を増やす試みがなされている。しかし、少なくとも日本では、社会的に重要な湖でそれが顕著な効果をあげた例はない。なぜだろうか。

それは、浄化の目的でつくった水草帯の面積が十分でないからである。湖全体の水質を改善するには、かなり広い面積の水草帯を必要とするのである。

長野県にある白樺湖《しらかばこ》は富栄養化の問題を抱えている。ここは高原にある人造湖で、浮葉植物や沈水植物はほとんどなかった。その白樺湖で、帰化植物のコカナダモの侵入が一九九七年に確認された。そのときには湖の浅瀬にごくわずかの植物体がみられたに過ぎなかった。しかし、翌年（九八年）には分布面積が湖面積のおよそ一〇％程度にまで増え、さらにその翌年（九九年）には三〇％を超した。ところが、この九九年の秋におこなわれた堰の改修工事で湖の水が抜かれ、二〇〇〇年の春まで水のない状態が続いた。そのため、コカナダモはほとんど死滅してしまった。

結局、この四年間にコカナダモの現存量が大きく変化することになり、それに応じた湖の透明度の変化が観察された。すなわち、九七年と九八年にはおよそ二ｍであった透明度が、九九年になって急に三ｍを超えるようになった。そして、コカナダモが姿を消した二〇〇〇年には再び二ｍ程度にまで戻ったのである。

白樺湖でみられたこの現象は、水草は湖の水質浄化に効果があるが、その効果が顕著に現れるには湖面積の三〇％という広い面積を水草が覆う必要があるということを示している。

湖への流入河川水や排水を、水草の豊富な湿地を通して浄化しようという試みもある。これも水草の浄化効果を利用したものだ。しかし、この場合も顕著な浄化効果をあげるためには広い湿地面積が必要である。狭い土地に多くの人間がひしめき合って暮らしている日本では、広い湿地をつくるだけの土地を確保するのは難しい。結局、狭い土地で大きな浄化効果を得ようとするならば、下水処理場の例をみるように、大きなエネルギーを使わなければならない。

富栄養化が進んで透明度が低い湖では、春に湖底で芽を出す水草は光を十分に得られないために繁殖が抑えられている。このような湖では、水草を増やすためにある程度透明度を上げなければならない。そのためには、まず下水道を普及させるなどして、水質浄化を進めることが大切であろう。これにより水草が増えれば、今度は増えた水草が植物プランクトンの増加を抑え、湖の浄化がさらに進むことになると考えられる。

水草が起こす問題

いずれにせよ、もし水草を増やすことができれば、水質が浄化され、また生物の多様性が増し、望ましい環境ができるように思われる。ところが、水草が湖の中の広い面積を覆うようになると新たな問題が生じることがある。水草はスクリューに絡みつき、船の航行の障害となるからだ。つまり、繁茂した水草は必ずしも歓迎されない。

これまでも多くの湖で、漁業の妨げになるという理由で水草が刈りとられてきた。九九年にコカナダモが大繁茂した白樺湖では、行楽客の乗ったボートがコカナダモ群落の中で動けなくなるという事態が生じた。

水草が増えると水質浄化が進むが、それに伴い新たな問題も生じるのである。

Column
●ミジンコこぼれ話

水草にくっつくミジンコ

ミジンコの中には水草にくっつくものがいる。湖岸の水草帯に生息するシダである。背中にある吸着器で水草につく。しかし、ときには水草を離れて泳ぎ出すこともある。彼らは他のミジンコと同様に水中の植物プランクトンを濾《こ》し集めて食べており、水草を餌としているわけではない。では、なぜ水草につくのか。それは天敵の魚から身を隠すためだと考えられている。

しかし、水草についていることはよいことばかりではない。水草群落の中の水中には植物プランクトンが少ないので、餌を得るには水草群落から出たほうがいい。

魚から逃げられる場所をとるか、餌の多いところをとるか。シダは難しい選択を迫られている。

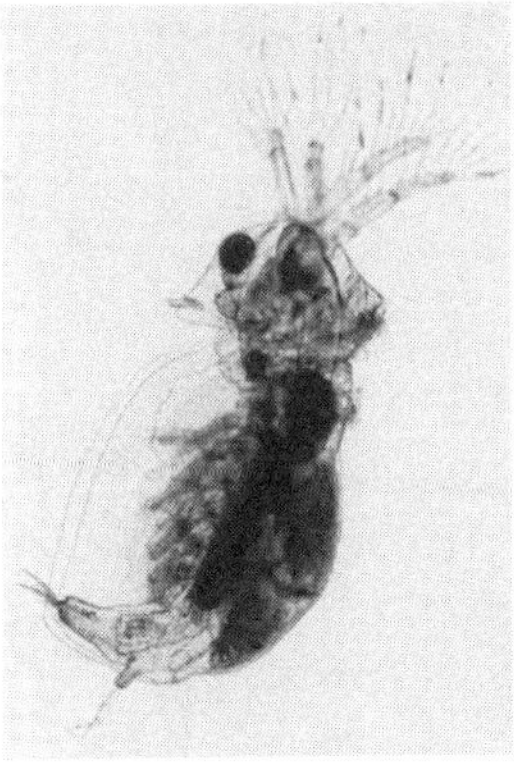
水草に背中で張りつくシダ（体長約1mm）。後頭部に吸盤構造をもつ突起がある（写真＝戸田智子）。

風が吹けば桶屋が儲かる

生物間相互作用を介した生き物たちのつながり

生態系はさまざまな生き物たちによってつくられており、その生物群集の種構成や種ごとの個体数は時間とともに変動している。「なぜ、この生物群集はこのような種構成を持っているのだろう」「なぜ、昨日多くいた種が今日は減ってしまい、別の種が増えたのだろう」。この疑問に答えることが、生態学の基本的な課題である。

一九六〇年代中頃までは、湖の生物群集の種構成は水温やpHなどの物理的または化学的な環境要因によって決められていると考えられてきた。ところが、その後、餌を介した競争関係や食う―食われる関係などの生物どうしの関係が種構成の決定に大きな役割を果たしていることが明らかにされた。この生物どうしの関係を生物間相互作用と呼ぶ。

プランクトン群集が変化した理由

一九六四年にアメリカのコネチカット州にあるクリスタル湖のプランクトンを調べたブルックスとドッドソンは、動物プランクトン群集が一九四二年に調べたときから大きく変わっていることに気づいた。四二年には、ミジンコの中ではダフニアという属名を持つ体長が一㎜を超える大型のミジンコが優占しており、動物プランクトン全体に占める個体数（出現頻度）が一四%に達していた。ところが、六四年にはダフニアが

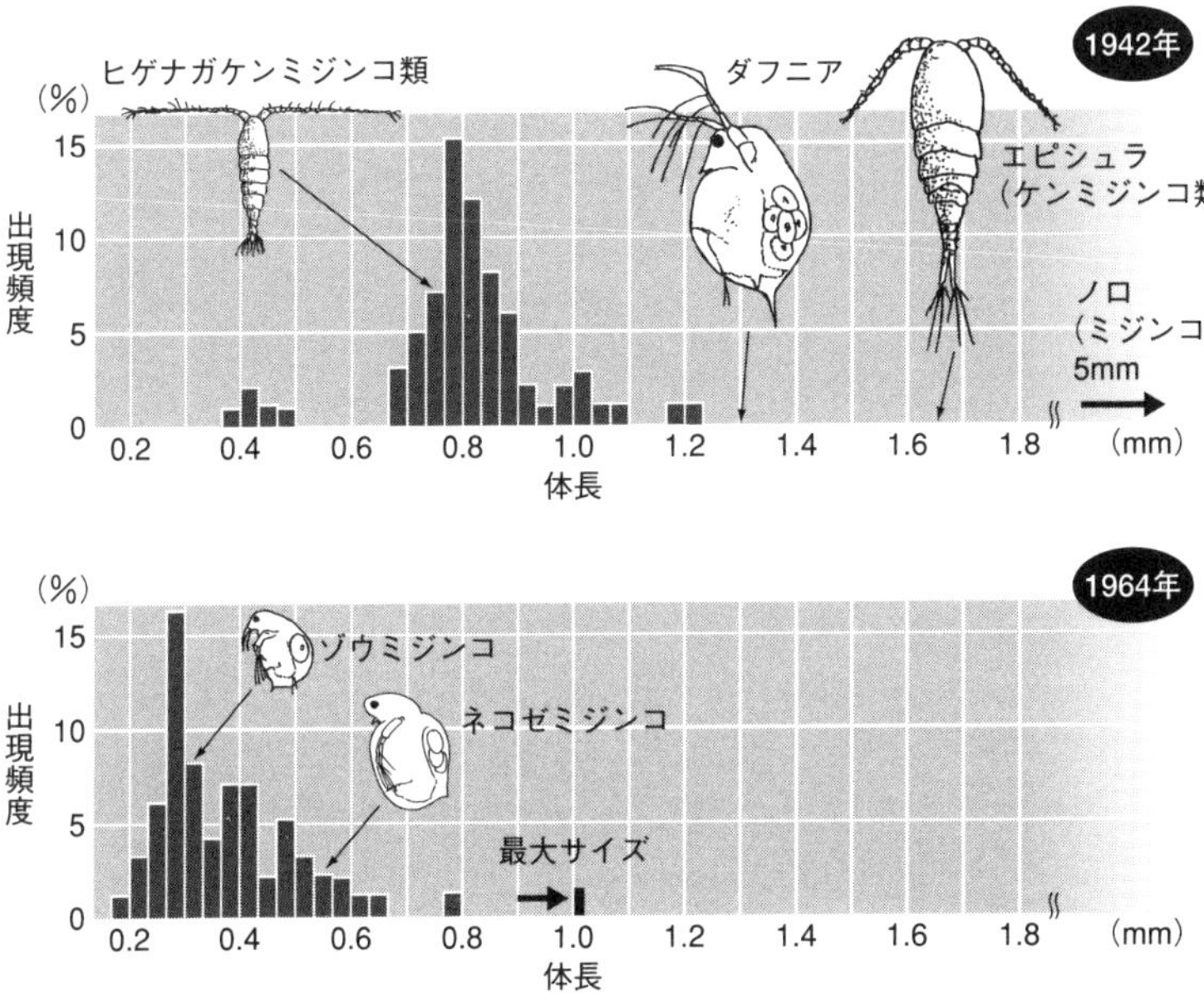

図1-15　クリスタル湖でアレワイフ（魚）が侵入する前（1942年）と侵入した後（1964年）の動物プランクトンの体長分布の比較（Brooks & Dodson〈1965〉より改変）。各体長の動物プランクトン個体の出現頻度で表す。また、優占種とその成体のおよその体長をイラストで示す。ただし、それぞれの種で幼体から成体までの体長に幅がある（たとえばダフニアの場合、約0.6～2mm）。42年には体長が5mmに達するノロがいた。一方、64年は観察された最大の個体のサイズは1mmであった。

他の大型動物プランクトンとともに姿を消しており、その代わりずっと小さなゾウミジンコ（体長〇・五㎜以下）が優占し、その数は全体の三四％に達していた（図1-15）。

なにが、大型のダフニアから小型のゾウミジンコへと群集の優占種を変えたのだろうか。

この湖において二つの年を比較して大きく異なっていたことは、アレワイフという魚の存在である。この魚は、四二年にはクリスタル湖には生息していなかったが、五五年頃に釣り人（？）によって不注意に投入された生き餌に混ざって入り込んだらしい。それが、その後個体数を増やすことになった。すなわち、ブルックスとドッドソンはこの魚の侵入がクリスタル湖の動物プランクトン群集を変えたと考えた。アレワイフがダフニアをはじめとする大型の動物プランクトン種を好んで捕食して数を減らし、その結果、アレワイフに食われにくい小型の動物プランクトン種が優占するようになったというのである（図1-16）。

湖に生息する魚の多くは動物プランクトンを食べる。これらの魚が大型のプランクトン種を選択的に捕食すること、そしてその捕食の影響が湖から大型種を駆逐してしまうほど大きいことは、その後のさまざまな湖での観察や実験的な解析によって明らかにされた。

しかし、このような動物プランクトン群集に及ぼす魚の影響に疑問を持つ人もいる。ミジンコはふだんは単為生殖（雌だけで子どもを産み繁殖する）をしており、また、生まれて数日で成熟して子どもを産み出す。したがって多くの場合、繁殖期が一年に一度しかない魚に比べ、ミジンコの増殖速度ははるかに高い。そのようなミジンコを魚が食いつくすことができるのであろうか、というのである。

ところが、魚がダフニアを食べる速度はかなり速い。また、ダフニアは湖で無限に増えられるわけではない。餌である植物プランクトンの生産量にも限界があるので、湖で生息できるダフニアの個体数にも限界が

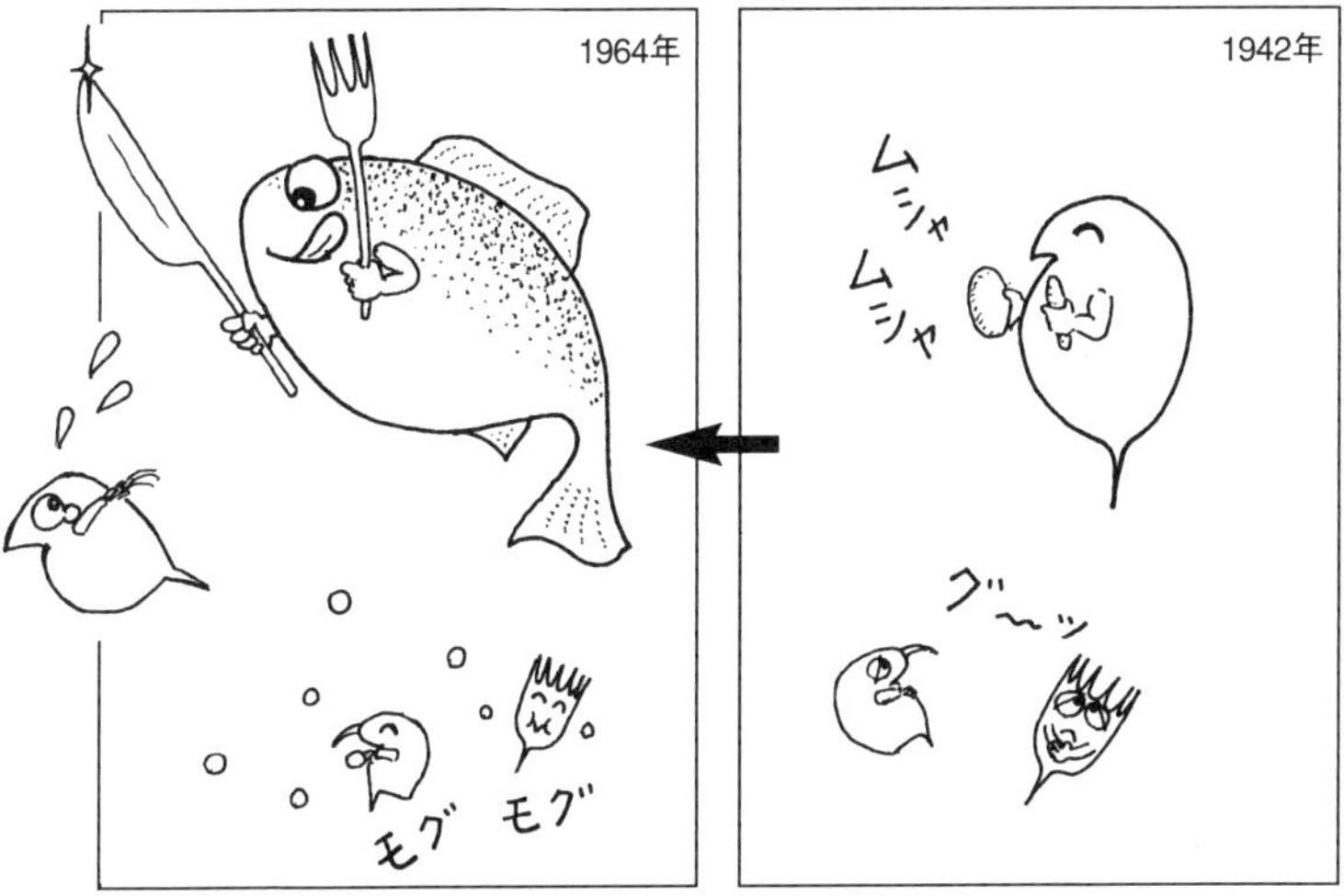

図1-16　1942年と1964年のクリスタル湖での魚と動物プランクトン、または動物プランクトンどうしの関係。

生じる。魚はダフニアに比べて増殖速度は遅いが、餌（ダフニア）があれば時間がかかってもそれを十分に食いつくすほど数を増すことができる。一方で、ダフニアがいなくなっても魚は生きていける。ダフニアがいなくなれば、その代わりに食べにくい、より小型のゾウミジンコなどを捕食するようになる。しかし、ゾウミジンコは食われにくいので、魚によって食いつくされることはない。そこで、魚とゾウミジンコはあるところでバランスをとって共存することになるのである。

ブルックスとドッドソンは、クリスタル湖での動物プランクトン群集の変化について、もうひとつの疑問を投げかけた。それは、アレワイフがいないとき、なぜ大型の動物プランクトンが優占して小型の動物プランクトンが少なかったのか、ということである。これに対して、彼らは、動物プランクトンの間には餌を介した競争があり、大型の動物プランクトン種のほうが小型種よりも競争に強いため、大型種が増えると小型種の増殖が抑えられたと考えた（図1-16）。この考えは、その後、動物プランクトン種間の競争関係とそのメカニズムを研究した多くの研究者によって支持された。また、このことから、競争に弱いゾウミジンコが六四年にクリスタル湖で増えたのは、アレワイフの捕食によってダフニアがいなくなったことにより、ゾウミジンコがダフニアとの競争から解放されたためと説明できる。

生き物たちの複雑なつながり

クリスタル湖での動物プランクトン群集の変化から、湖の生物群集の種構成を決める要因として、魚との食う―食われる関係と動物プランクトン種間の競争関係、つまり「生物間相互作用」が大きなはたらきをしていることがわかる。これと同様の関係は、動物プランクトンとその餌である植物プランクトン群集との間に、そして植物プランクトン群集内の種間関係にもみられる。

このことは、魚群集が変わるとそれが動物プランクトン群集を変化させ、その変化がさらに植物プランクトン群集の変化を導く可能性を示している。湖では現実にこのようなことが起きている。閉鎖的な環境である湖では、生き物たちのつながりが強い。したがって、一部の生物群集が変化した影響は、生物間相互作用を介して生態系の中の思わぬ部分にまで及びやすい。まさに「風が吹けば桶屋が儲かる」という現象が起きるのである。

Column
●ミジンコこぼれ話

変身するマギレミジンコ

湖のマギレミジンコの頭のかたちは、春には丸いが夏になると尖《とが》る。ところが、このミジンコを実験室で飼うといつも頭は丸い。これを捕食者のフサカ幼虫と一緒にしておくと、尖った頭を持つようになる。頭を尖らせたマギレミジンコはフサカに食べられにくくなることから、この形態変化は捕食者から逃れるための適応であると考えられている。湖で夏に頭を尖らせるのは、その時期に捕食者が増えたためであろう。

おもしろいことに、このミジンコは水中にあるフサカの匂いを頼りに捕食者の存在を知り、脱皮の際に形態を変えることがわかった。

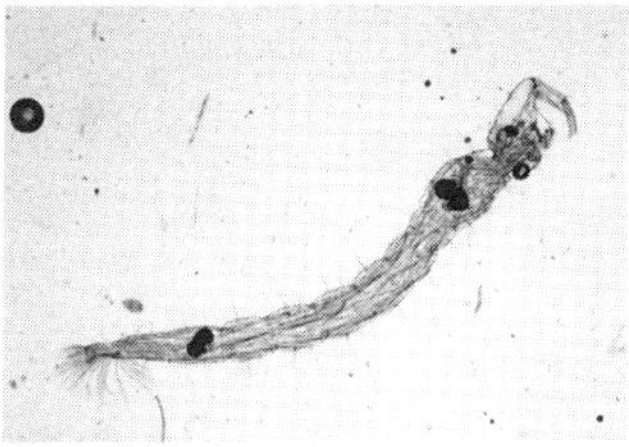

フサカ幼虫（体長1〜10mm）。湖に生息する動物プランクトンで、大きなあごでミジンコを捕まえて食べる。

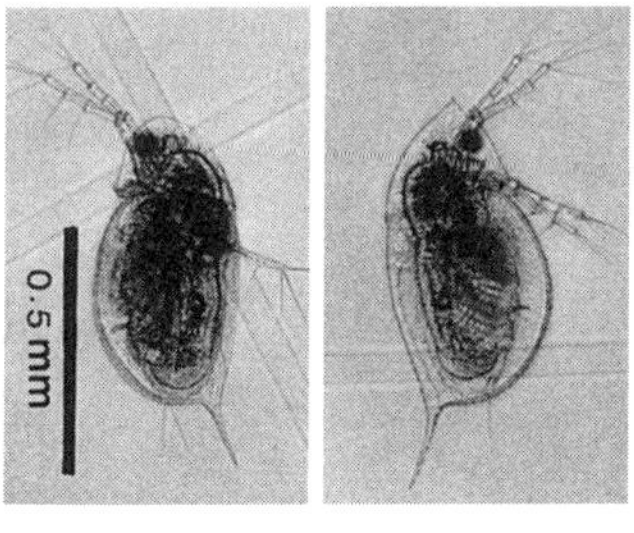

マギレミジンコ（体長0.4〜1.3mm）の幼体。左は通常の形態。右はフサカを飼っていた水で飼育した個体（頭の先が尖っている）。

魚が湖の水質を変える

食物連鎖を介した魚の影響

茨城県にある霞ヶ浦は富栄養湖で、透明度は夏に約五〇㎝にまで下がり、高くなる冬でもせいぜい一m程度にしかならなかった。ところが、一九八八～八九年の冬に異変が起きた。一二月から一月初旬にかけて急速に透明度が増し、四m近くにまで達したのである。ふだんは湖の水が澄むのを願っていた住民だが、突然それが実現するとかえって不安になるものである。このときは、なにか有害な化学物質が湖に流れ込んだためではないかと心配した人がいた。しかし、これを起こした犯人は化学物質ではなく、じつはカブトミジンコだったのだ。

霞ヶ浦で起きたこと

カブトミジンコはダフニアと呼ばれる大型ミジンコの仲間で、体長が約二㎜に達する（図1‐17）。ダフニアの仲間は一㎛以下の小さな粒子（植物プランクトンやバクテリア）から、四〇㎛に達するような大型の植物プランクトンまで効率よく食べるので、植物プランクトンの天敵といってもいいだろう。霞ヶ浦で透明度が急に高くなったのは、カブトミジンコが増えて植物プランクトンを食いつくしたのが原因であった。

カブトミジンコはそれまでの霞ヶ浦の調査でほとんど採集されなかった。これはミジンコの捕食者であるイサザアミ（図1‐18）が数多く生息していたからである。ところが、八八年の暮れには、なぜかこのイサ

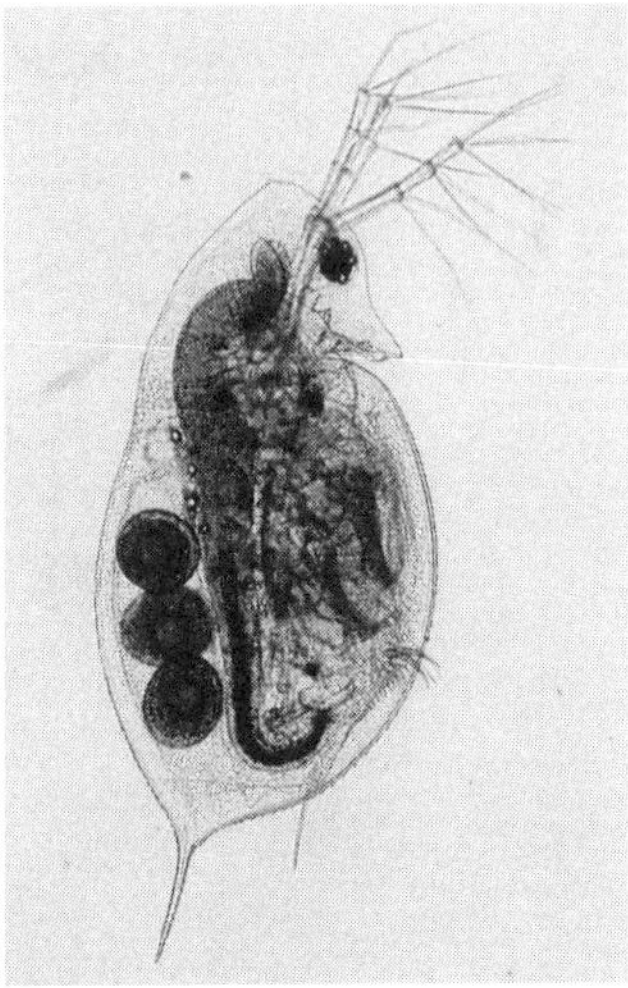

図1-17　カブトミジンコ。体長0.6〜2mm。日本の多くの湖に生息するダフニアの仲間。

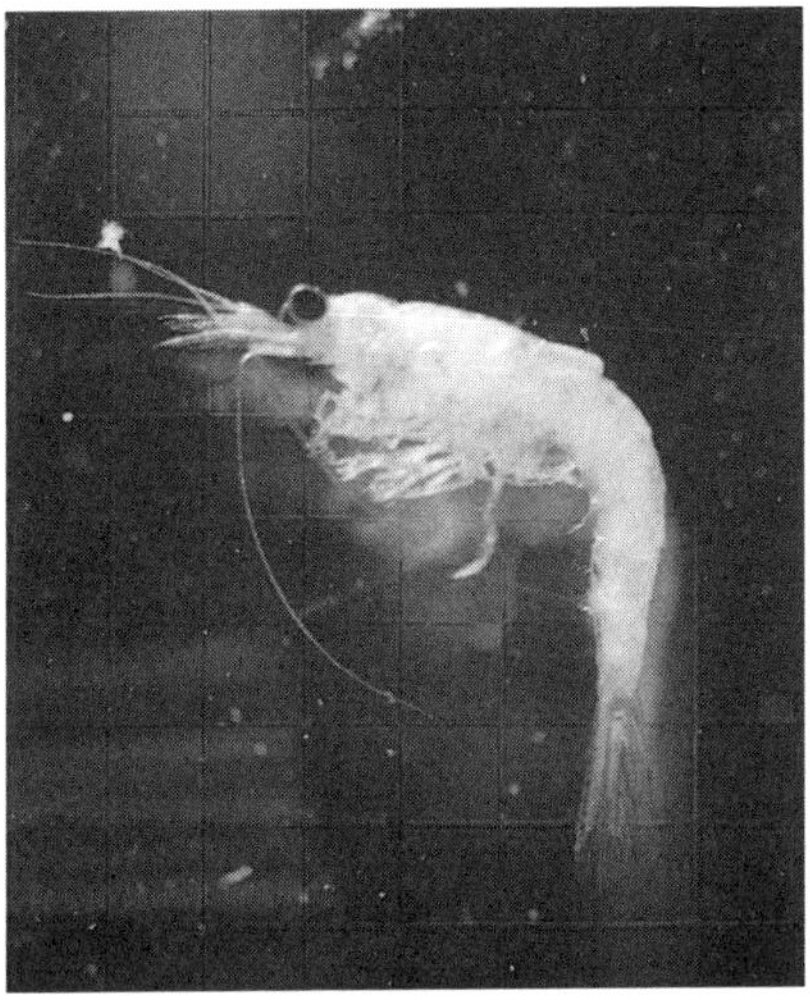

図1-18　イサザアミ。体長3〜15mm。海水が混ざる汽水湖《きすいこ》に生息する。

ザアミがほとんど姿を消した。そのため、このときには湖の水温が七〜一〇℃と低かったにもかかわらず、カブトミジンコが出現して個体数を大きく増やした。そして、それが湖の透明度を大きく上昇させることになったのである（図1-19）。

　霞ヶ浦でのできごとは、富栄養湖でダフニアの仲間が増えると植物プランクトンが効率よく食べられて減り、その結果透明度が上昇して水質が改善されることを示した。

生態系操作による水質浄化

　さまざまな湖の動物プランクトン群集を調べてみると、ダフニアはあまり汚濁が進んでいない中栄養湖で優占することが多く、富栄養湖には少ないことがわかる。富栄養湖で多いのはゾウミジンコなどの小型ミジンコやワムシ類で、彼らは植物プランクトンを食べる効率が悪く、それを食いつくして湖の透明度を高くすることはほとんどな

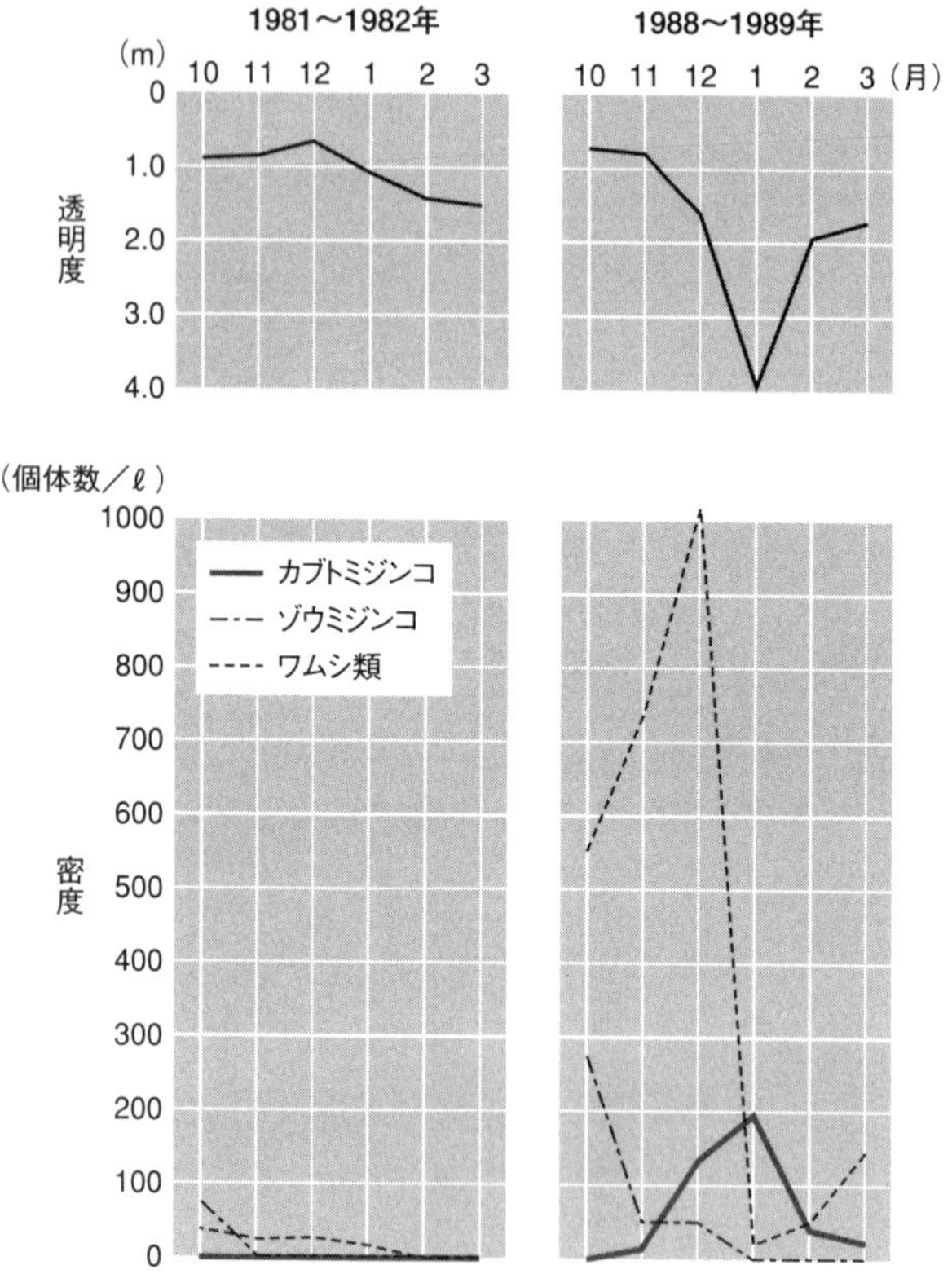

図1-19　1981～82年と1988～89年の冬期における霞ヶ浦（高浜入）での動物プランクトン（ワムシ類、ゾウミジンコ、カブトミジンコ）の密度と透明度の変動。動物プランクトンはイサザアミが多かった81～82年に少なく、イサザアミがいなくなった88～89年には増えた。ワムシ類やゾウミジンコが増えても透明度は変わらないが、カブトミジンコが増えると、それとともに透明度が大きく上昇したことがわかる。

い。ということは、富栄養湖ではダフニアが少ないから透明度が低いのかもしれない。

では、なぜ富栄養湖ではダフニアが少ないのであろうか。その大きな要因として、魚の存在が考えられる。湖が富栄養化すると生物量が増えることから魚も増える。したがって、富栄養湖には魚が多い。また、魚は大型のダフニアを好んで捕食することによって、湖の動物プランクトン群集を、ダフニアが優占するものから小型種が優占するものに変えることがよく知られている。

富栄養湖でダフニアが少ないのが魚のせいなら、魚を減らせばダフニアが増え、植物プランクトンが減って水質を改善させられるかもしれない。アメリカ・ミネソタ大学のシャピロはこのように考え、それを実験的に確かめた。

彼は一九八〇年の秋に、面積が一二・六haの小さな湖で殺魚剤の投与と魚食魚（ウォールアイとオオクチバス）の放流をおこない、ミジンコを好んで食べる小魚を減らした。その結果、動物プランクトン群集が変化し、八〇年には一年を通して小型のゾウミジンコが優占していたものが、八一〜八二年には数種のダフニアが優占するものに変わった。そして、増えたダフニアが植物プランクトン量を大きく減らし、湖の透明度をそれまでの約二mから四〜六mに大きく上げたのである。

この実験を契機に、魚を直接捕獲して除去したり魚食魚を放流するといった方法で、湖や池の魚群集を人為的にコントロールして水質の浄化を図る試みが、欧米で広くおこなわれるようになった。これをバイオマニピュレーション（Biomanipulation：生態系操作）と呼んでいる（図1-20）。バイオマニピュレーションの試行例は九九年までに四一件が報告されており、そのうちの六一・〇％が成功（恒常的に透明度の上昇がみられた）、二四・四％が部分的に成功（一時的に透明度が上昇した）、そして残りの一四・六％が失敗（透明

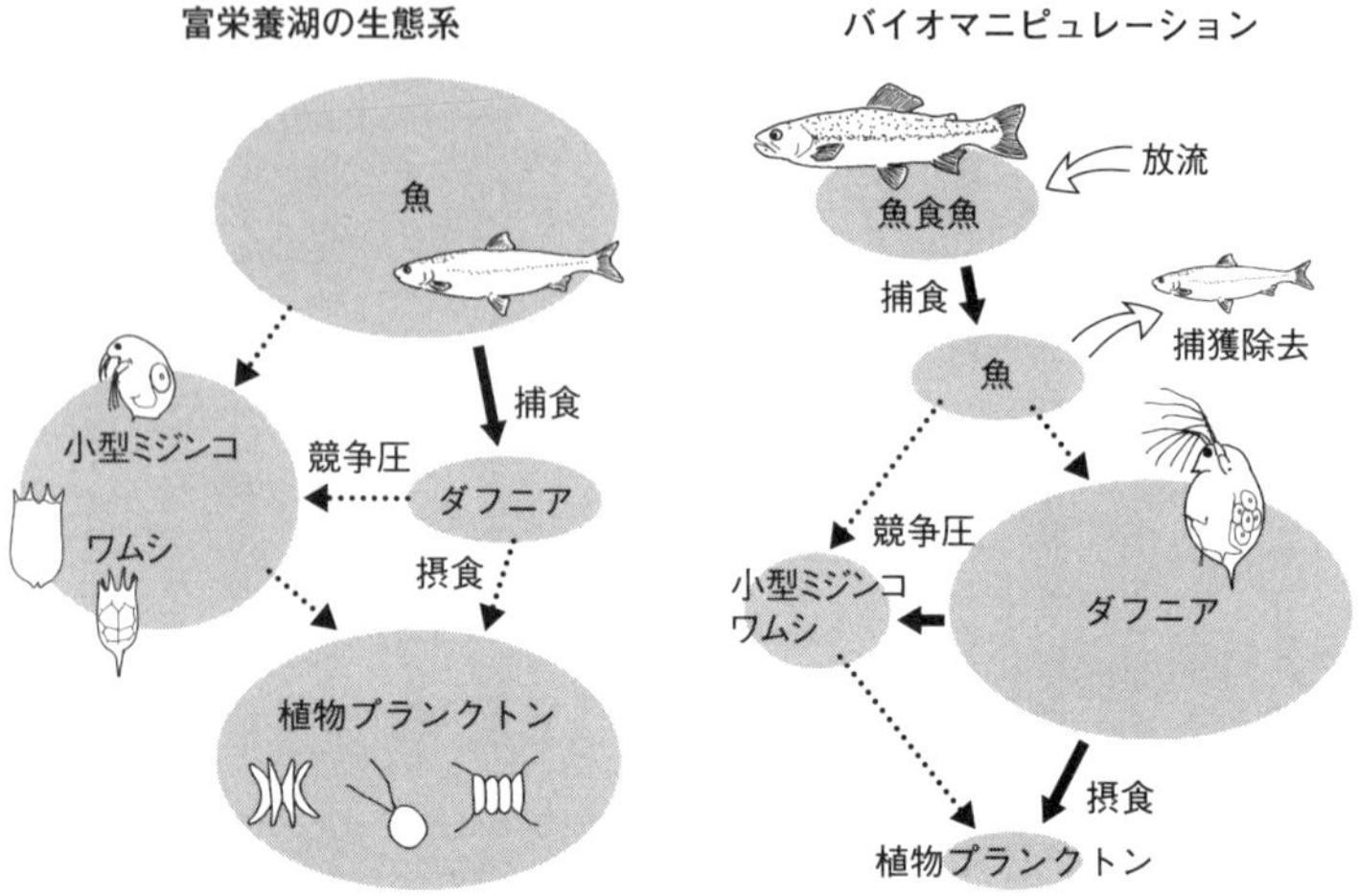

図1-20　バイオマニピュレーションによる湖沼生態系構造の変化。左は通常の富栄養湖の生態系。魚が多いためダフニアが少なく、植物プランクトンが多い。右はバイオマニピュレーションにより変化した生態系。魚を減らした結果ダフニアが増え、植物プランクトンが減る。太い矢印は影響が強いことを、点線の矢印は影響が弱いことを示す。

度の上昇がみられなかった）であったと評価された。

バイオマニピュレーションが示したこと

魚食魚の放流はバイオマニピュレーションで用いられるひとつの方法である。そして、欧米ではその魚食魚としてオオクチバス（ブラックバス）がよく放流される。すなわち、オオクチバスは水質浄化に貢献しているのである。しかし、だからといって、いま日本で問題を起こしているオオクチバスの密放流（密放流によってオオクチバスが日本の湖で分布を広げ、生態系に大きな影響を与えていると考えられている）を正当化するものではない。なぜなら、バイオマニピュレーションがそれぞれの湖や池ごとに放流魚の生態系全体への影響を評価したうえでおこなわれているのに対し、密放流は生態系影響を考慮せずにおこなわれるものだからである。

バイオマニピュレーションの試行は、湖の魚群集を変えると、生物間相互作用を介して生態系の重要な構成員であるプランクトン群集が変わることになり、それが水質にまで影響を及ぼすことを明らかにした。すなわち、魚が湖や池の水質を変えることを実験的に示したことになる。これはまた一方で、生態系全体への影響を考えずに湖や池に安易に魚（魚食魚だけではなく、その他の魚も同様）を放流することが危険である、ということも示したといえるだろう。

Column
●ミジンコこぼれ話

夜型生活のミジンコ

水深30mの長野県木崎湖《きざきこ》では、大型ミジンコのカブトミジンコが昼には水深26mの底層にとどまり、夜中になると表層近くの水深8mにまで上がってくる。昼には魚から逃げて底層でじっとしており、夜になると表層に上がって餌（植物プランクトン）を活発に食べているのである。表層は餌が多いが魚も多く、食べられる危険性が高い。一方、底層は魚が少ないが餌も少なく、空腹に耐えなければならない。そこで、鉛直移動をすることでその問題を解決した。これは大型ミジンコをはじめ、フサカ幼虫など多くの大型動物プランクトンに共通した行動である。彼らは魚がいるところでは夜型生活を強いられている。

1 時限
第8話

お堀の水を汚す犯人

魚によるボトムアップ効果

江戸時代まで日本各地にあった城は、明治維新から第二次世界大戦までの間にほとんどが失われた。しかし終戦後、多くの場所で天守閣が再建されて城址《じょうし》公園となり、歴史を伝える場、そして憩いの場として利用されている。また、かつては城をとり囲んでいた堀の一部が残され、城址公園の一部として保存されている。

水がたまる場である池は、小さくても人々の心を和ませてくれる。城址公園でも、お堀はそういう役割を果たしているといえるだろう。しかし、ほとんどのお堀では水がひどく濁っていて、たかだか数十㎝の深さの底ですら水面上からみえない状態にある。

なぜ、お堀の水はこんなにも濁っているのだろうか。私はそこに棲む魚がひとつの大きな原因になっていると考えている。

お堀での実験

諏訪市にある高島城址公園には、面積約三六〇〇㎡、平均水深約九〇㎝のお堀がある（図1-21）。この堀の水は濁り、濃い緑色をしていた。水底はみえないが、水面近くを百匹を優に超えるコイとフナの群が優雅に泳いでいた。私たちは、お堀の水質と魚との関係を調べるため、諏訪市の同意を得たうえで堀の魚を減ら

図1-21　高島城のお堀。

図1-22　お堀での魚除去作業
（写真＝岡本直樹）。

し、それがどのように水質に影響を与えるかを実験的に解析した。

この堀はL字型をしており、水が一方から入り込み、堀の中を流れてもう一方の端から流れ出ている。実験では網と布で堀を二つに仕切り、上流側の区域の魚を曳《ひ》き網などで捕獲し、排除した（図1-22）。その際、コイとフナ数十匹、そして千匹を超えるモツゴが捕れた。それでも魚を完全には除去できなかった。しかし、魚を除去しなかった下流側の区域（対照区）に比べると、魚の数を大きく減らすことはできた。その結果、水の透視度が対照区の二〜三倍に上がり、それまでみえなかった堀の底がみえるようになった。この堀では、魚を減らすことによって明らかに水質浄化が進んだのである。

水中の栄養塩の濃度を調べてみると、対照区の全リン濃度は魚除去区より二倍ほど高かった（図1-23）。全リンとは水に溶けているリン（溶存態リン）と植物プランクトンなど水中に存在する粒子に含まれているリン（懸濁態《けんだくたい》リン）を足したもので、これは、その水中でリンを使って有機物が生産されうる最大量を指標する。このリンの濃度の違いが水中の植物プランクトン量に反映し、それが対照区と魚除去区での透視度の違いとなって現れたのである。

ところで、水の流れの上流側の魚除去区より下流側の対照区で全リン濃度が高くなったということは、対照区の中でリンの量が増えたことを意味する。では、増えたリンはどこからきたのであろうか。上流の魚除去区を通らずにお堀の外からリンが入ってきたとは考えにくい。となると、考えられるリンの供給源は底の泥である。底には有機物に富んだ泥が堆積しており、そこには多量のリンが含まれている。

ではどうやって、底の泥からリンが出てきたのであろうか。じつはこれにはコイやフナなどの底生性の魚

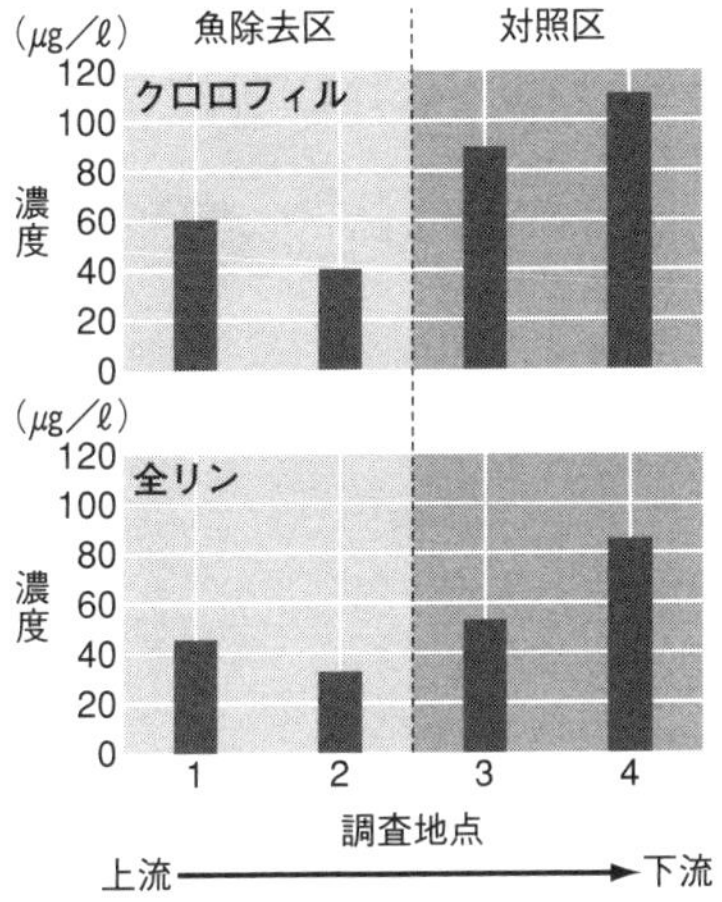

図1-23　高島城お堀における水中のクロロフィル濃度（植物プランクトン量の指標）と全リン濃度（4～11月の平均値：上田〈2002〉より改変）。魚除去区と対照区、それぞれで調査地点を2カ所とり、水の流れに沿って上流から下流に向けて地点1から地点4とした。クロロフィル濃度と全リン濃度は魚除去区より対照区で高く、また対照区では水が流れるにしたがって値が高くなった（地点3より地点4で高くなった）。

が大きく関わっている。彼らは泥の中に生息するユスリカ幼虫やイトミミズなどの動物を食べることによって、泥の中にあったリンを体内にとり込み、消化吸収されなかった分を糞として水中に排泄《はいせつ》している。この排泄物中にリンが含まれており、この行為により底泥中のリンを水中に回帰させているのである。これが水中の全リン濃度を上げ、植物プランクトンの増殖を促し、結果として透視度を低下させて水質悪化を招いたと考えられる。

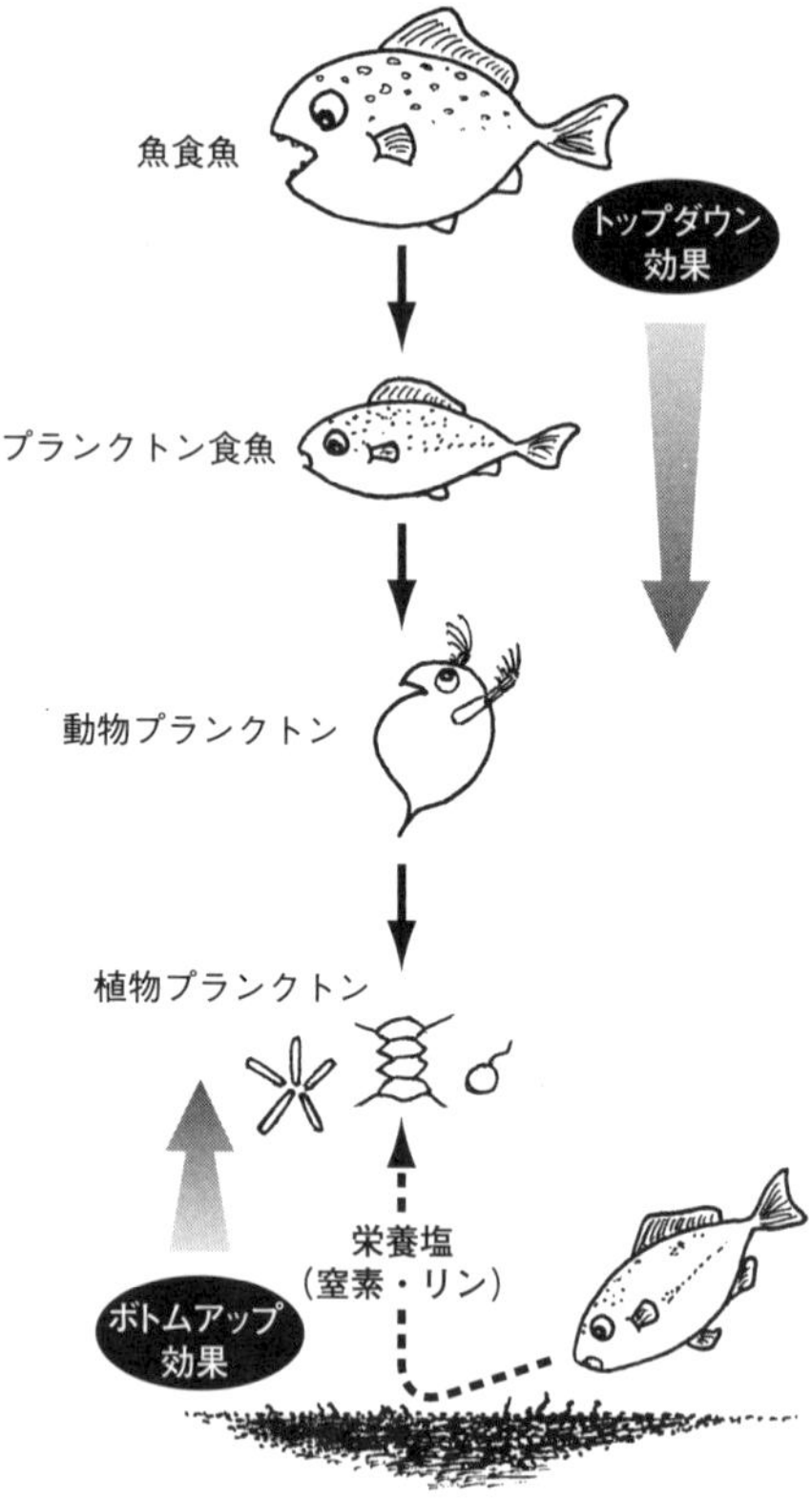

図1-24　植物プランクトン群集に及ぼす食物連鎖を介した魚のトップダウン効果（実線の矢印）とボトムアップ効果（破線の矢印）。

トップダウン効果とボトムアップ効果

湖や池に生息する魚の多くは動物プランクトン食で、植物プランクトンの天敵といえる大型ミジンコのダフニアを捕食して減らしてしまう。その結果、植物プランクトンが増えて水質が悪化する。これは、食物連鎖の上位にいる魚が、食物連鎖を介して下位の植物プランクトン群集に影響を与えたもので、植物プランクトン群集に及ぼす魚のトップダウン効果（Top down effect）と呼ばれている。そして、この効果を逆に利用して水質浄化を図る方法（プランクトン食魚を減らしてダフニアを増やし、植物プランクトンを減らす）を、バイオマニピュレーションと呼んでいる（1時限第7話参照）。

一方、高島城のお堀では、魚が水中の栄養塩濃度を上げることで植物プランクトンを増やした。栄養塩はいわば植物プランクトンの餌なので、食物連鎖では植物プランクトンの下に位置する。したがって、栄養塩濃度を上げて植物プランクトン群集を変えることは、食物連鎖の下のものを変化させてその上の生物群集に影響を与えることになり、これをボトムアップ効果（Bottom up effect）と呼んでいる。

したがって、魚はトップダウン効果とボトムアップ効果、二通りの効果で水中の植物プランクトン量を増やし、水質を悪化させるはたらきを持っていることになる（図1-24）。そして、ボトムアップ効果は底生性のコイやフナで強くみられるのである。

コイとお堀

日本人はコイが好きだ。公園の池やお堀をつくると、たいていコイを放流する。しかし、このコイが水を汚すのである。憩いの場としての池に魚を放流しても、水が濁って魚影がみえなければ、放流の意味がなくなるのではないだろうか。

公園の池やお堀の水質を改善したいと考えるならば、コイをはじめそこに生息する魚を減らし、適正な数にコントロールすることが重要なポイントとなる。その数は、魚の種類、大きさ、そして池やお堀の大きさや形状などによって異なる。それは経験的に得ていかなければならないだろう。ただし、適正な魚の数は、多くの人が考える数よりはかなり少なくなると思われる。いずれにせよ、魚の存在がお堀や池の水質と強い関わりをもっていることを認識し、魚の放流には注意を払うことが必要である。

高島城のお堀での実験で、魚除去区の透視度が上がって底がみえるようになったとき、底から自転車やへし折られた道路標識が現れた。このような粗大ゴミを平気で捨てる人間がいるのには驚いたが、水が濁るとこのような違法行為を促すことになることがわかった。やはり、お堀の水も透きとおっていたほうがいいと、しみじみと感じたのである。

Column

●ミジンコこぼれ話

覆いで身を守るミジンコ

ホロミジンコは透明で大きなゼラチン状の覆《おお》いを持っている。このミジンコを手のひらにのせると硬い覆いが盛り上がってみえ、タピオカそっくりだ。なぜ、こんな覆いを持つのだろう。

これは、さまざまな捕食者から身を守るためだと考えられている。ケンミジンコなどの捕食性動物プランクトンから逃れるには体を大きくしたほうがいいが、そうすると魚にみつかりやすくなる。そこで魚にみつかりにくい透明な覆いで体を大きくしたというのである。これはよい方法のようだが問題もある。覆いをつくるにはエネルギーが必要だ。ホロミジンコは覆いで捕食者から身を守ることと引き換えに、増殖速度を落とすという犠牲を払っている。

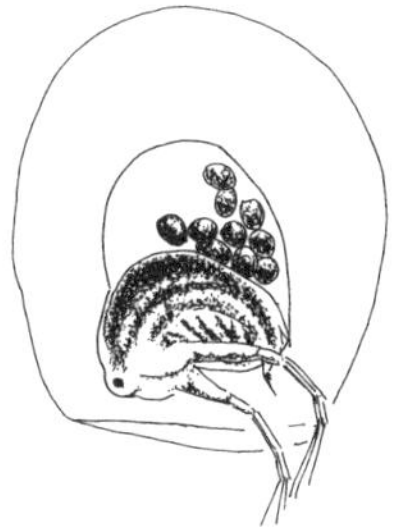

ホロミジンコの覆いの形を示す図。

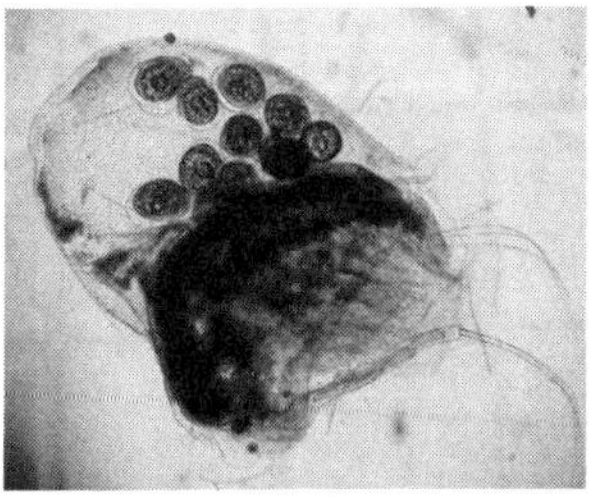

ホロミジンコ（覆いは写っていない。覆いを除いた体長は0.5〜1.3mm）（写真＝森山豊）。

2
時限

有害化学物質と湖沼生態系

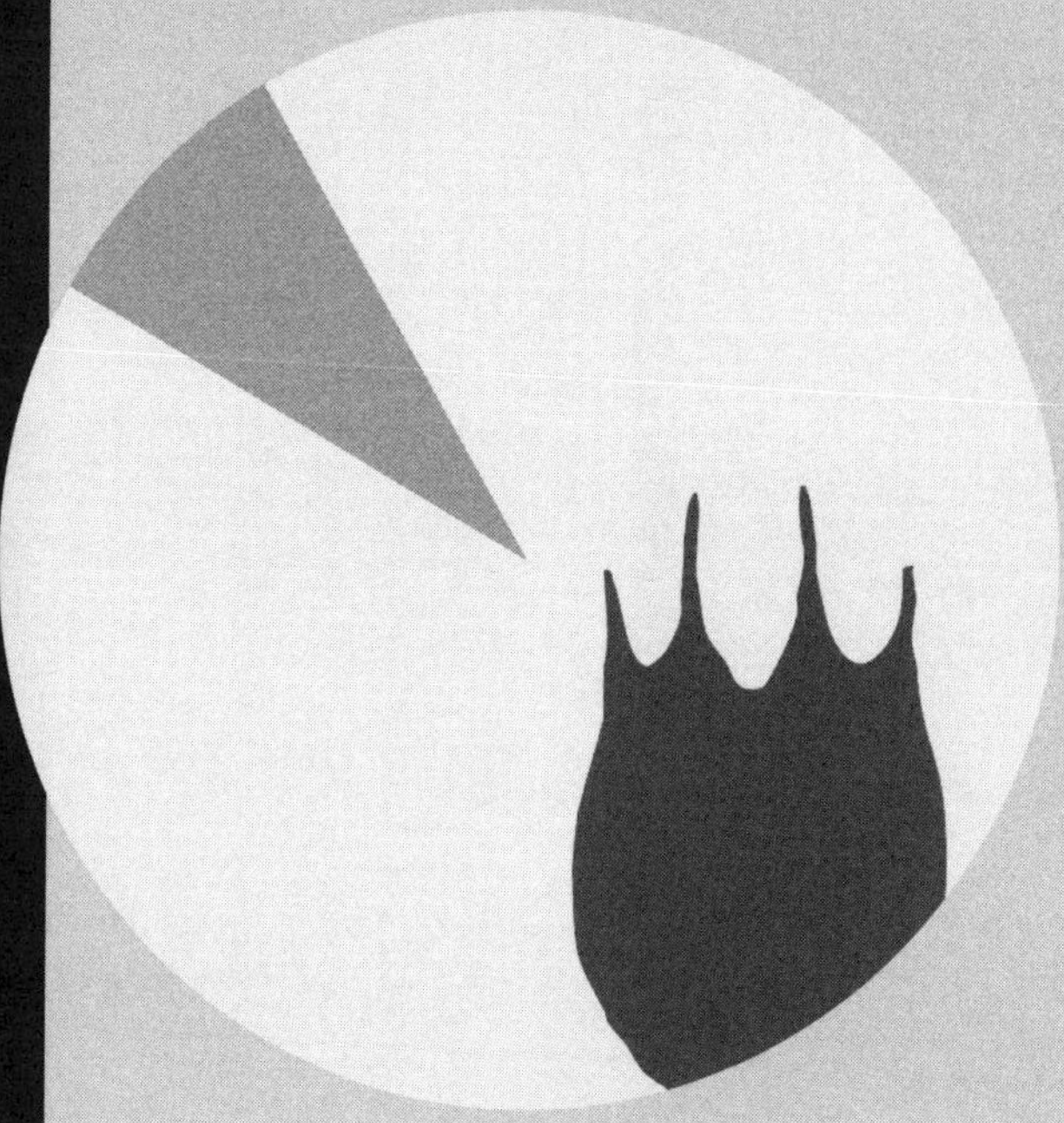

2
時限
第1話

生き物たちのみえない敵

湖沼を汚染する有害化学物質

湖沼の水環境問題というと、アオコの発生に象徴される富栄養化が話題になることが多い。これは湖に流入する窒素やリンの量が増え、それが有機物（植物プランクトン）を増やし、その有機物が水質を悪化させるものだ。一方、富栄養化問題のほかに、湖に流入する物質が起こす水環境問題に有害化学物質汚染がある。これは、農薬や合成洗剤など、本来自然界に存在しない、人間がつくった化学物質による汚染で、その多くは毒性を持つことから生物に悪影響を与える。富栄養化はアオコの発生など、その進行は目にみえやすいが、有害化学物質汚染はみえにくい。しかし、この化学物質は、文字通り水面下で、生態系に大きな影響を与えている可能性がある。

有害化学物質の直接影響と間接影響

有害化学物質の水界生態系への影響を理解するために、それぞれの化学物質が水生生物に対してどの程度の毒性を持っているかを知る必要がある。そのために生態毒性試験がおこなわれている。これは数種類の生物種を実験室でさまざまな濃度の化学物質にさらし、試験生物への影響を調べるものである。試験生物種として、植物プランクトン（緑藻《りょくそう》のヌレミカヅキモなど）、ミジンコ（オオミジンコなど）、魚（ヒメダカ、ニジマス稚魚など）が用いられる。

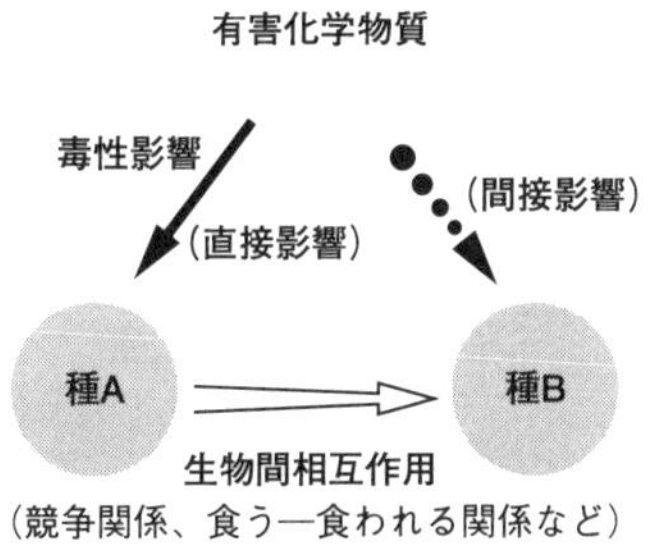

図2-1　有害化学物質の直接影響と間接影響。有害化学物質が毒性影響（直接影響）により種Aを変化させると、その影響は生物間相互作用を介して種Bに及ぶ。種Bへの影響は有害化学物質の間接影響といえる。

しかし、これだけではその化学物質の生態系影響を理解するには不十分だ。自然界では、生き物たちはみな他の生き物と生物間相互作用（競争関係や食う―食われる関係など）によって関わりあっている。もし、一部の生物種個体群が化学物質の毒性影響を受けて変化すると、その生物種と関わりを持っている他の生物種個体群も変化することになる。前者の変化は化学物質の直接的な影響で、後者は間接的な影響ということができる（図2-1）。有害化学物質の影響は、この間接影響によって生態系の中の思わぬところに及ぶ恐れがある。したがって、この間接影響を明らかにすることが必要であり、そのために群集レベルでの実験的な解析がおこなわれている。

殺虫剤とプランクトン群集

ここで殺虫剤のプランクトン群集への影響を実験的に調べた例を紹介しよう。

実験は縦一・五m、横二m、深さ〇・七mのコンクリート水槽を用いておこなった。そこに霞ヶ浦の湖底泥を入れ、地下水を満たした。こうすると、泥の中にある休眠卵などからプランクトン個体が孵化《ふか》し、それが増殖して水槽の中には湖のプランクトン群集と似た群集がつくられる。

実験では三つのグループの水槽をつくった。ひとつ目のグループは何も加えずそのままにしたもの（対照水槽）。二つ目は殺虫剤カルバリル(注)を一〇ppbになるように投与したもの（低濃度水槽）。そして最後のグループはカルバリル濃度を一〇〇ppbにしたものである（高濃度水槽）。実験は春に六六日間続け、その間それぞれの水槽の中のプランクトン群集の変化を調べた。ちなみに、一〇ppbは水一ℓに殺虫剤が一〇μg溶けている濃度で、農耕地で殺虫剤が散布された後に、付近の川や池などで検出されることがあるレベルである。

対照水槽では、実験をはじめるとワムシ類がまず最初に増え、次いで小型のニセゾウミジンコ、そして中型のオナガミジンコとスカシタマミジンコという順番で遷移がみられ、最後に大型のカブトミジンコ（ダフ

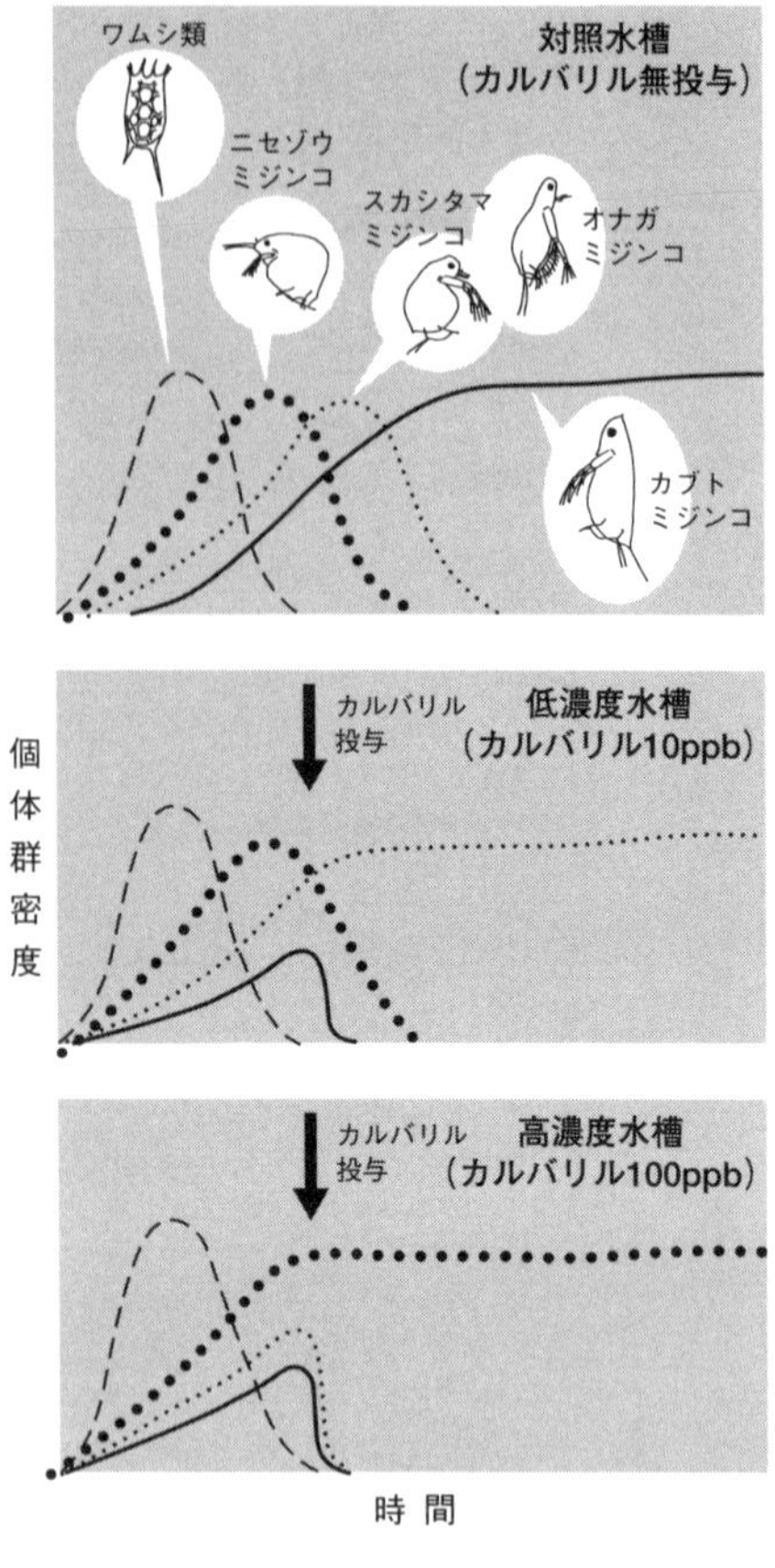

図2-2　対照水槽、低濃度水槽、高濃度水槽における主な動物プランクトン種の個体群密度の変化。

ニアの仲間）が圧倒的に優占して落ち着いた（図2-2）。同じ遷移は低濃度水槽でもみられたが、カルバリルを投与するとカブトミジンコが大きく数を減らし、オナガミジンコとスカシタマミジンコが優占するようになった。一方、高濃度水槽ではカルバリルの毒性影響が強く、ほとんどのミジンコがいなくなった。しかし、ニセゾウミジンコは例外で、かえって個体数を大きく増やした。

さて、この実験の結果からなにがいえるだろうか。

まず、種の間でカルバリルに対する感受性が大きく異なることがわかる。最もカルバリルに弱いのが一〇ppbのカルバリル投与で数を減らしたカブトミジンコであり、次に弱いのが一〇〇ppb投与で姿を消したオナガミジンコとスカシタマミジンコである。そして、最もカルバリルに強いのが高濃度水槽で優占したニセゾウミジンコであったといえる。この実験において、ミジンコの間でカルバリルに対する感受性の強弱に一定の順序がみられたが、これとまったく同じ順序が同じ水槽を使って別な殺虫剤の影響を調べたときにもみられた。

実験結果はまた、ミジンコの種の間での競争（餌のとり合い）関係も明らかにした。カブトミジンコが競争に最も強く、そのため対照水槽で優占することができたと考えられる。そのカブトミジンコが低濃度水槽でいなくなると、オナガミジンコとスカシタマミジンコが優占するようになったが、これはこれらの種がカブトミジンコに次いで競争に強い種であることを示している。そして、高濃度水槽で他のミジンコがいなくなってはじめて優占したニセゾウミジンコは、ミジンコの間で最も競争に弱い種であったと考えられる。

ここで、ミジンコ種間での殺虫剤に対する感受性の順序と競争の順序が同じであることに気がつく（図2-3）。これは競争に最も強い種が殺虫剤に対して最も弱いということである。競争に強い種は群集の種構

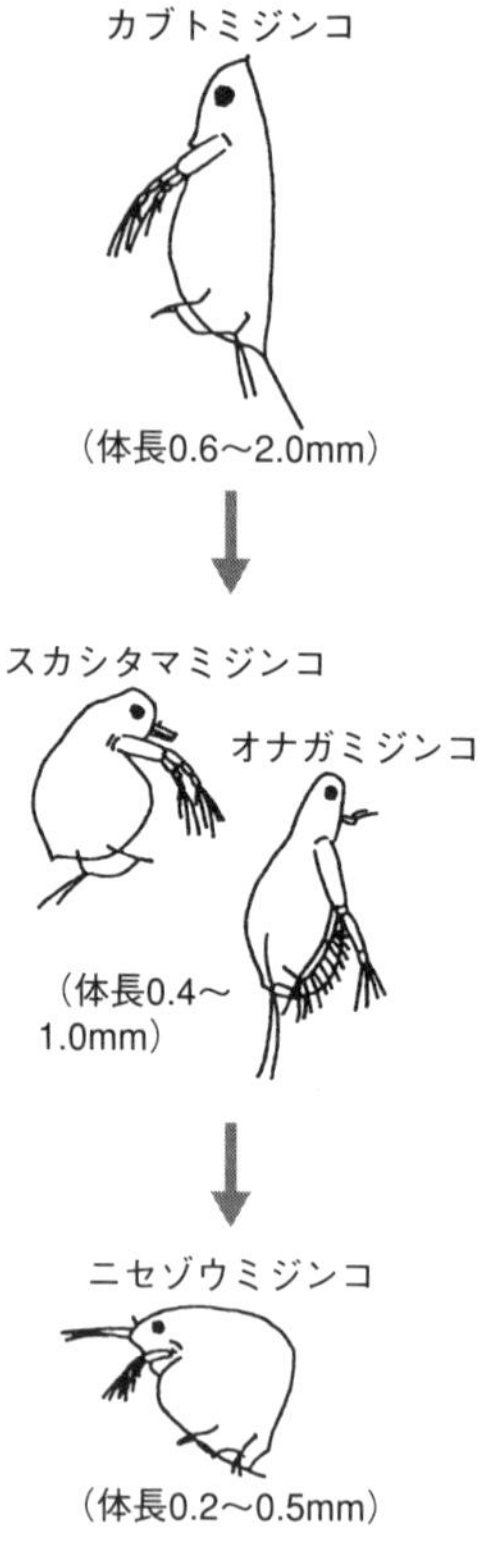

図2-3　実験水槽でみられたミジンコ種間の殺虫剤感受性と競争の順序。上から下に、感受性が高い（競争に強い）ものから低い（弱い）ものへ。

成を決めるうえで大きな役割をはたしている種、つまり重要種であるといえる。ところが、その種が殺虫剤に弱いのである。このことは、もし水界を汚染した殺虫剤が比較的低濃度で、最も殺虫剤に弱いこの重要種だけが毒性影響を受けたとしても、その影響は生物間相互作用を介して強く他の生き物にまで及ぶことを意味している。

生態系をめぐる有害化学物質の影響

重要種が有害化学物質に弱いという傾向は、プランクトン群集だけではなく多くの生物群集でみられるようである。したがって、有害化学物質の間接影響は、湖沼生態系に限らず、水界や陸上を問わず多くの生態系でもみられるだろう。人は生態系の一構成員である。人が自然界に存在しなかった化学物質をつくり、それを環境中に放出した影響は、生物間相互作用を介してさまざまな生物群集に及び、最後には我々、人に還ってくるにちがいない。水槽の中のプランクトン群集が、それを教えてくれた。

（注）カルバリル（ＮＡＣ）：神経系阻害剤で接触毒として作用する殺虫剤。稲や野菜、果樹などの害虫防除、松食い虫防除などに使われている。

Column
●ミジンコこぼれ話

化石は語る

ホウネンエビ・カブトエビ・カイエビはミジンコと同じ鰓脚《さいきゃく》類という分類群に入る。彼らはミジンコより大型で、水田や一時的に水がたまる池に生息している。古生代には湖や海にもいたことが化石からわかっているが、中生代中期に勢力を伸ばした魚に捕食され、そこから姿を消したと考えられている。彼らが生き残ることができた場所は、水が頻繁に干あがるために魚がすめない水たまりだったのだ。

これに対し、カイエビから進化したミジンコは多くの湖に分布を広げた。ミジンコは体が小さく、魚に食われにくかったことが幸いしたのだろう。

鰓脚類の歴史は魚との戦いだったのである。

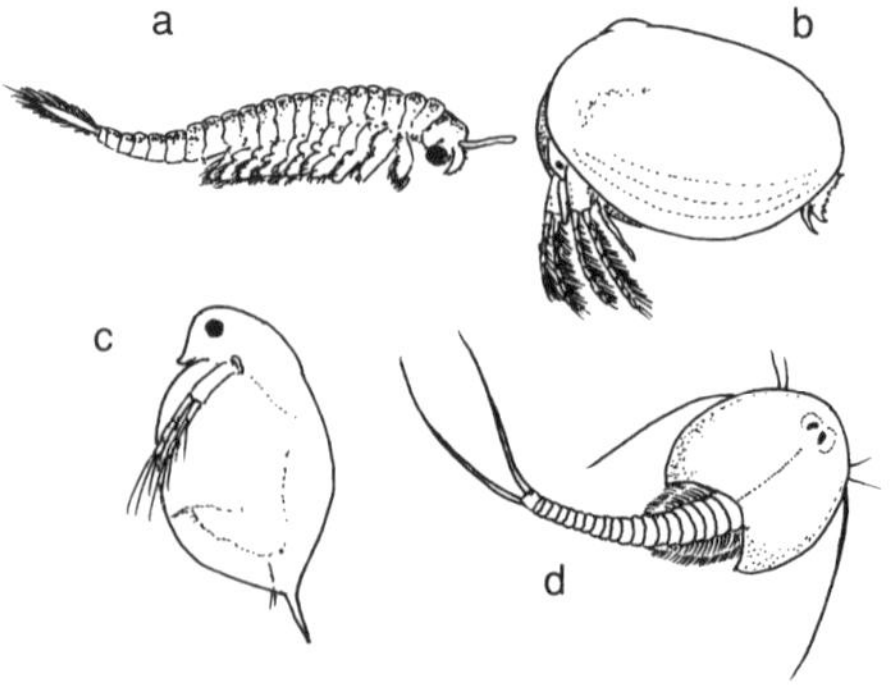

a：ホウネンエビ（体長10～50mm）
b：カイエビ（5～15mm）
c：ミジンコ（0.5～3mm）
d：カブトエビ（20～30mm）

2 時限 第2話

湖沼の「内分泌系」の攪乱

有害化学物質の新たな生態系影響

環境を汚染する有害化学物質は、生物間相互作用（食う－食われる関係や競争関係など）を介して生物群集・生態系に複雑な影響を与えている。

近年、湖沼生態系において、新たな生物間相互作用の存在が知られるようになった。生き物たちが自分たちのつくった化学物質（匂い物質）を介して、他の生き物とコミュニケーションをしているというのである。これをケミカルコミュニケーションと呼んでいる。そして、このコミュニケーションに有害化学物質が影響を与えていることがわかってきた。水界を汚染する有害化学物質の、生物群集に及ぼす新たな影響がみえてきたのである。

ケミカルコミュニケーション

一九八一年におもしろい論文が発表された。丸い頭を持つミジンコ（ダフニア・ピュレックス）を、捕食者である双翅目昆虫《そうしもくこんちゅう》（蚊の仲間）のフサカ幼虫と一緒に飼育すると、後頭部の尖《とが》ったミジンコの子どもが増えたというのである。これにはフサカが放出する匂い物質が関わっており、母親の育房《いくぼう》にある卵（胚）がその物質にさらされると、その子どもは後頭部を尖らせて生まれてくることがわかった。頭部の形態を変えたミジンコはフサカに食われにくくなることから、これは捕食者から逃れるためのミジンコの適応と理解できる。すなわち、ミジンコはフサカから匂い物質を受けとることによってその存在を知り、食われないための対策をとったのである。フサカは意図して匂い物質を出したわけではないだろうが、両者はこの物質を介してコミュニケーションをしたといえる。

この論文を契機に、湖のさまざまな生き物がこのようなケミカルコミュニケーションをおこなっていることがわかってきた。たとえば、植物プランクトンのイカダモは、実験室内で培養すると単一細胞でいるが、そこにミジンコを飼育していた水（ミジンコの匂い物質を含む）を加えると四〜八細胞の群体をつくる。これにより、イカダモはミジンコに食われにくくなる。フナは、魚食魚カワカマスの匂いにさらされると背から腹までの体の高さ（体高）を伸長させ、食われにくい形態に変わる。また、魚の匂いに反応してミジンコやフサカ幼虫が湖で日周期鉛直移動（昼は魚から逃げるために暗い深水層に降り、夜は餌を食べに表水層に昇る行動）をおこなうことも知られている。

有害化学物質影響の発見

私は、研究の過程でマギレミジンコに出あい、それがフサカの匂い物質に反応して頭を尖らせることをみつけた（図2-4）。これをきっかけに、匂い物質を介したマギレミジンコとフサカの関係の研究に熱中したのである。

一方、これとはまったく別に、私は動物プランクトン群集に及ぼす殺虫剤の影響の解明を研究テーマとしていた。その中で、ミジンコがどの成長段階で殺虫剤に最も敏感になるかを調べるため、マギレミジンコをさまざまな成長段階で殺虫剤のカルバリルにさらしてその影響を解析した。そのとき、ミジンコの子どもが生まれる少し前に致死量のカルバリル（五μg／ℓ）に一〇時間だけさらすと、(注)その子どもが頭を尖らせることに気づいた（図2-5）。カルバリルにさらされたとき、マギレミジンコはフサカの匂い物質にさらされたときと同じ形態変化を起こすことを発見したのである。同じ現象は、他の殺虫剤を用いたときにも、またマギレミジンコ以外のミジンコでも観察された。

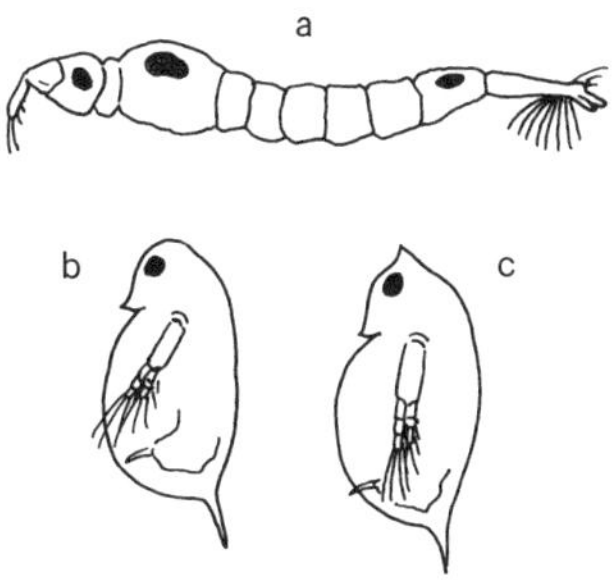

図2-4　捕食者フサカ幼虫（a：体長1cm）が放出する匂い物質にさらされると、通常は丸い頭を持つマギレミジンコの幼体（b：体長0.5mm）が、尖った頭を持つようになる（c）。

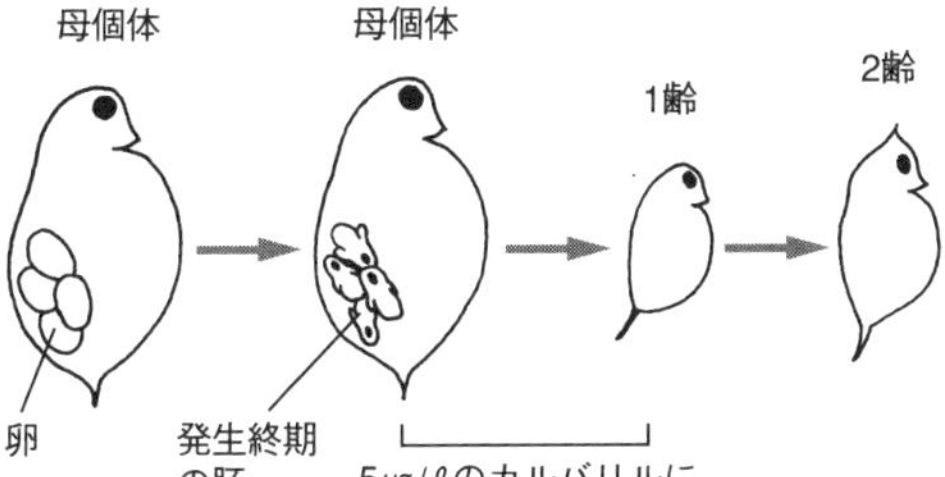

図2-5　発生終期の胚をもったマギレミジンコ母個体を致死量のカルバリル（5μg/ℓ）に10時間さらすと、その間に胚は成長して子ども（1齢個体）として生まれ、その後脱皮して2齢になったときに頭を尖らせる。

殺虫剤にさらされたミジンコの形態変化に気づいたのは偶然であったが、これには私がフサカの匂い物質に反応したマギレミジンコの形態変化を研究していたことが幸いした。このとき、別々におこなっていた二つの研究がつながったことに驚き、研究のおもしろさの一面を知った。

ところで、このミジンコをフサカの匂い物質とともに殺虫剤にさらすと、一μg／ℓでも形態への影響が認められた。この場合、ミジンコはフサカの匂い物質に反応して頭を尖らせるが、そこに殺虫剤があると、さらに大きな尖頭を形成したのである。ミジンコの形態に及ぼすフサカの匂い物質の影響を殺虫剤が助長したといえる。そして、重要なことは、ここでミジンコの形態に影響を与えた一μg／ℓのカルバリルは、この薬だけではミジンコに何の影響も与えない濃度であったことである。通常ではミジンコに影響を与えない低濃度の殺虫剤が、ミジンコとフサカの間のケミカルコミュニケーションを撹乱《かくらん》し、ミジンコに誤った形態反応を起こさせてしまったといえよう。

環境ホルモンとの類似点

ここでふとひらめいた。ミジンコの形態変化を誘導した殺虫剤の作用は、環境ホルモンと似ているではないか（図2-6）。

環境ホルモンとは、環境中を汚染する有害化学物質で、動物の体内に入って内分泌系を撹乱するものをいう。内分泌系はホルモンを用いて動物個体の恒常性維持のはたらきをしているシステムである。ホルモンは、たとえば脳下垂体《のうかすいたい》でつくられ、生殖器に運ばれてそのはたらきをコントロールする生殖腺刺激ホルモンのように、生物体内でつくられる、いわば天然の化学物質で、そこでの器官間のコミュニケーションに使われているものである。環境ホルモンは本来のホルモンと同じようなはたらきをして器官、とくに生殖器に誤った作用を起こさせてしまう。また、その誤作用はかなり低濃度でも引き起こされる。

ミジンコの形態を変化させた殺虫剤は、湖水中での動物種間のコミュニケーションに使われるフサカの匂い物質と似た影響をミジンコに与えるもので、環境ホルモン物質のように生殖器に影響を与えるわけではない。しかし、この殺虫剤は、生き物のケミカルコミュニケーションを撹乱すること、そして低濃度で影響を及ぼすことが環境ホルモンの作用とよく似ているといえよう。

生き物たちは、ケミカルコミュニケーションをおこなう際、わずかな量のホルモンや匂い物質を認識して

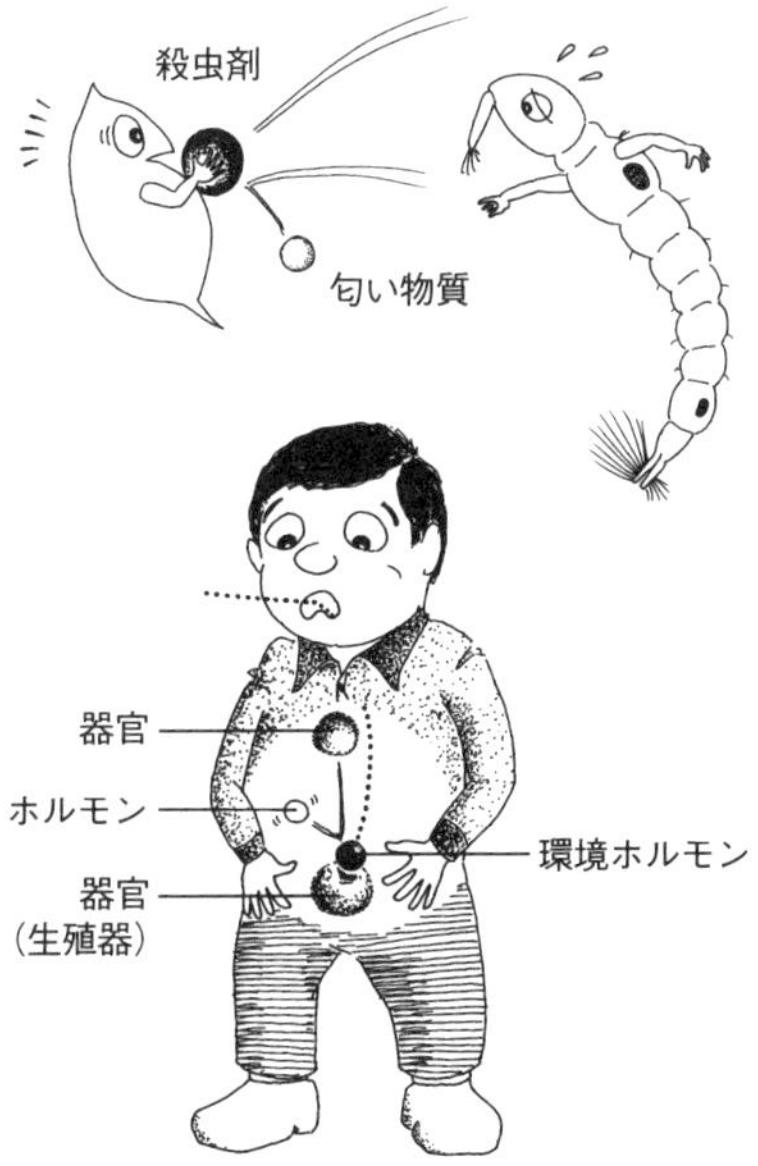

図2-6　プランクトン群集における匂い物質を介した捕食者―被食者関係に影響を及ぼす殺虫剤の作用（上）と、動物個体の内分泌系に影響を及ぼす環境ホルモンの作用（下）の模式図。
どちらの人工化学物質（殺虫剤、環境ホルモン）も天然の化学物質（匂い物質、ホルモン）と似た作用を引き起こし、生物種間、あるいは動物個体内の器官間のケミカルコミュニケーションを撹乱する。

反応できるように官能器を発達させてきた。そのため、このコミュニケーションを攪乱する有害化学物質は、低濃度でも影響を及ぼすことになるのであろう。

動物の体の中の内分泌系と同様のものが湖沼生態系の中にもある。そして、その「湖沼の中の内分泌系」に有害化学物質が低濃度で影響を与えている。これは、生態系に影響を与える有害化学物質のはたらきとして見過ごせないことである。

(注) ミジンコは生まれたばかりの個体が最も殺虫剤に弱い。ここで用いたカルバリル濃度は、ミジンコが出生直後から暴露され続けると三日間で死ぬ濃度。一〇時間の暴露では子ども母個体も死なない。

Column
●ミジンコこぼれ話

ミジンコの母は強し

餌不足など、ミジンコにとっての湖沼環境が悪化すると、彼らは耐久卵《たいきゅうらん》をつくる。この卵は湖底に産み落とされ、環境が好転したときにそこから子どもが生まれる。耐久卵は真っ黒で、さらに母個体の黒く堅い殻《から》に包まれている。ミジンコはふだんは魚に目立たないように透明な殻を持っているのに、なぜこんなにも黒い耐久卵をつくるのだろう。

それはむしろ魚に目立つように適応した結果ではなかろうか。耐久卵を魚に食べさせ、その魚を食べた鳥によって他の湖に運んでもらい、分布を広げる戦術のように思われる。

耐久卵を持った母個体は魚に食べられると死ぬことになる。種の繁栄のため、ミジンコの母は身を捨てるのである。

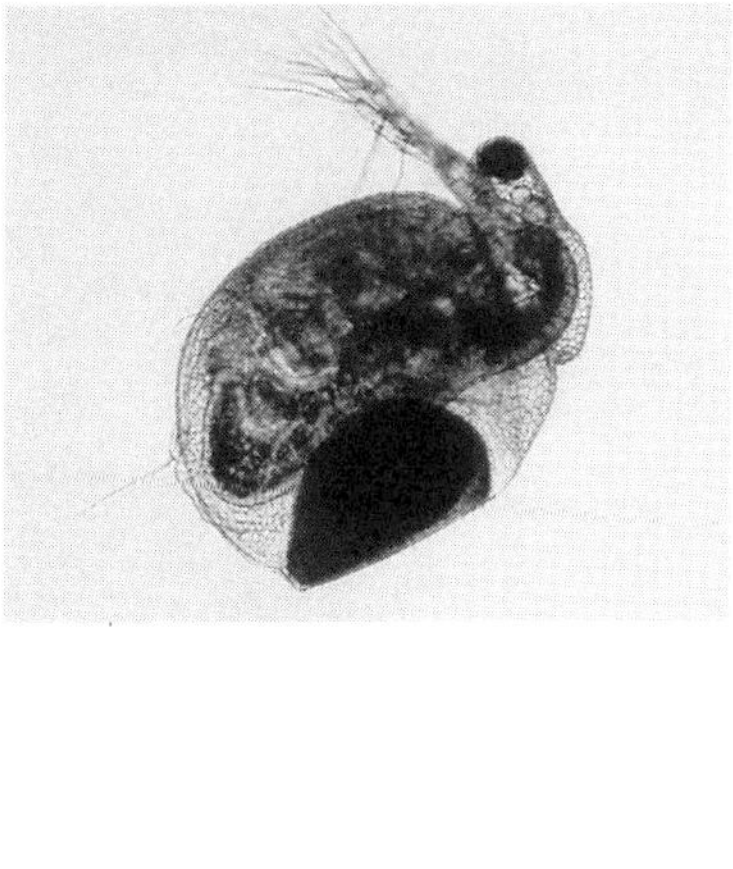

黒い耐久卵を持ったアミメネコゼミジンコ（体長約1mm）。

湖からのしかえし

生物濃縮が引き起こす湖沼環境問題

湖岸のヨシ原をみると、バンやカイツブリが巣づくりをしており、その近くではサギが餌をねらっている。一方、目を沖に転じると、舟が並び、漁の準備にせわしない漁師の姿がみえる。湖でよくみられる風景である。

ここは生き物の豊かな湖だ。魚が多く、さまざまな水鳥が生活している。そして我々人間は、この豊かな生き物を産み出している湖から恩恵を受けている。ところが今、湖の生き物たちは目にみえない敵にさらされている。それは湖を汚染している有害化学物質である。

湖という場

アメリカの五大湖やフロリダの湖では、カモメやミンク、ワニなどの動物に不妊や奇形児の出産などの生殖異常が起きている。似たような現象は世界の多くの場所で報じられるようになった。この原因に、ＤＤＴやＰＣＢなど、人間のつくった有害化学物質が関わっていると考えられている。すなわち、これらの物質がカモメやワニなどに高濃度に蓄積し、生殖器に悪影響を与えているというのである。注目すべきことは、生殖異常を起こしている動物の多くが湖の魚を食べているということである。したがって、この問題には、湖という場とその生態系の特質が強く関わっているといえそうだ。

人間は、今や膨大な数の人工化学物質をつくり出しているが、その中には生き物にとって有害なものが多い。それらの多くは意図的かどうかにかかわらず環境中に放出されている。また、焼却炉で発生するダイオキシンのように、つくることを意図していなかったものもある。これらの物質の多くはまず大気や土壌などを汚染するが、途中で分解することがなければ、最終的には雨に洗われ川に流れ込み、水系に入ることになる。

水が流れる川は汚染物質を下流に流し去るが、水が淀み、また閉鎖的な環境を持つ湖に入ると汚染物質はそこにとどまることになる。すなわち、湖は汚れがたまりやすい場所であり、そのために有害化学物質の汚染問題を抱えることになる。

生物濃縮と湖の生態系

湖の魚を食べる動物に有害化学物質が高濃度に蓄積したのは、餌とした魚にその物質が蓄積していたからである。捕食者は餌生物を繰り返し食べるので、餌生物の体内にある物質を繰り返しとり込むことになる。したがって、体内に蓄積した有害化学物質の濃度は、食物連鎖を介して上位の生き物へいくほど高くなる。この現象を生物濃縮という。そのため、長い食物連鎖を持った生態系ほど、生き物の体の中で有害化学物質が高い濃度に濃縮されることになる。

生態系における食物連鎖は植物からはじまり、植物を食べる動物、そして動物を食べる動物へとつながっていく。陸上の生態系での主な食物連鎖は、植物→草食獣→肉食獣というものであり、この場合、栄養段階は三段階である（図2-7）。または、植物→昆虫→小鳥→猛禽《もうきん》類の四段階も考えられる。一方、湖では、

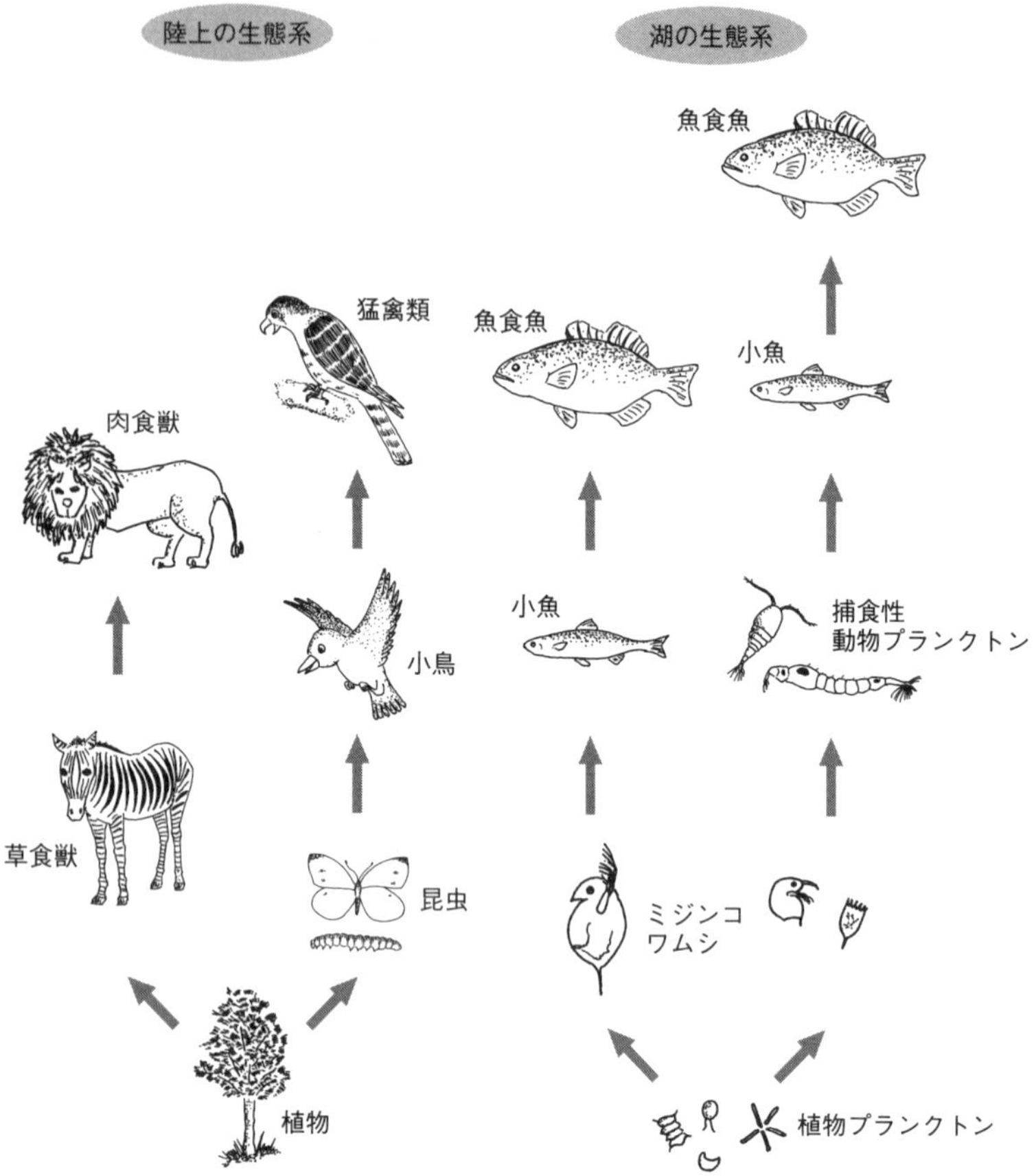

図2-7　陸上の生態系と湖の生態系の主な食物連鎖。湖の食物連鎖の方が陸上のものより長い傾向にある。

植物プランクトン→ミジンコ→小魚→魚食魚の四段階、また、ミジンコと小魚の間に捕食性動物プランクトン（無脊椎《むせきつい》捕食者）のフサカ幼虫やケンミジンコなどが入れば五段階となる。湖のほうが陸上よりも概して食物連鎖が長い傾向にあるといえよう。このために、湖では有害化学物質の生物濃縮が起きやすい。

湖で食物連鎖が長いのは、餌生物から捕食者に運ばれるエネルギーの効率（エネルギー転換効率）が陸上よりも湖で高いことによると考えられる。捕食者は餌を食べることで餌生物の持つエネルギーすべてを得るわけではない。餌生物の一部だけを消化吸収し（残りは糞として排泄する）、また吸収したエネルギーも、その多くの部分を呼吸によって失ってしまう。したがって、食物連鎖を経るにつれ、生き物の体にたまるエネルギー量は少なくなる。そのため、上位の捕食者は獲得できるエネルギー量の不足によって生きていけなくなり、食物連鎖の長さが決まる。

ここで、もしエネルギー転換効率が高くなれば、より多くのエネルギーが上位の生き物に運ばれることになり、その生き物を餌として暮らすことのできる捕食者が存在できることになる。そして、そのぶん、食物連鎖が長くなるのである。

仇となった生態系の特徴

では、なぜ湖の生態系ではエネルギー転換効率が高いのだろうか。

陸上の生き物たちは重力に逆らって体を支えなければならない。そのため、植物は堅い幹などをつくるのにエネルギーを使うことになる。ところが、幹は動物が餌として利用しにくいので、そこに投資したエネルギーは容易に動物へは受け渡されない。

図2-8　有害化学物質は湖にたまり、食物連鎖を介して生物に濃縮される。人と鳥は同様に湖の食物連鎖の頂点にいる。

それに対し、湖の植物（プランクトン）は水中に浮いていればよいのでその必要はない。また、単細胞生物で小さいので（細胞の大きさはおよそ二～二〇㎛）、ミジンコに丸ごと食べられる。さらにプランクトンが中心の湖では、生き物たちは湖水中に分散しているので、餌生物にとってはいつでもそばに捕食者がいることになる。そのため、捕食者に効率よく食べられてしまう。これが湖沼生態系のエネルギー転換効率を高くする要因と考えられる。

生態系のエネルギー転換効率が高いということは、一定の植物の生産量でより多くの動物を養うことができるということを意味する。これは湖の生態系の大きな特徴であり、これが湖の生物を豊かなものにし、人間に恩恵を与えてきた。

しかし、この生態系の特徴が、人間が湖を有害化学物質で汚染したことによってかえって仇《あだ》となってしまった。汚染物質の生物濃縮を助長して、動物たちの繁殖能力を奪ってしまったのである。我々人間も五大湖のカモメやミンクと同様、魚を食べることで湖の食物連鎖の頂点に立っている。彼らに起きていることは人ごとではない。

Column

●ミジンコこぼれ話

ミジンコは形態変化の達人

ミジンコは胴体前部に5対の脚（胸脚《きょうきゃく》）を持っており、そこには細かい毛（濾過肢毛《ろかしもう》）が生えている。この胸脚を動かして水流をつくり、流れてきた植物プランクトンを毛で濾《こ》し集めて食べるのである。摂食速度は速く、湖にミジンコが増えると1日で湖水中の植物プランクトンを食い尽くす力を持っている。

ところで、この濾過肢毛は餌環境に応じて形が変わる。低い餌密度でミジンコを飼育していると毛が長くなり、本数も増える。これにより一度に多くの餌を集めることができるので、餌が少ないときには都合がいい。ミジンコは捕食者がいると食われないように頭を尖らせるが、脚の毛の形まで環境に応じて変化させているのである。

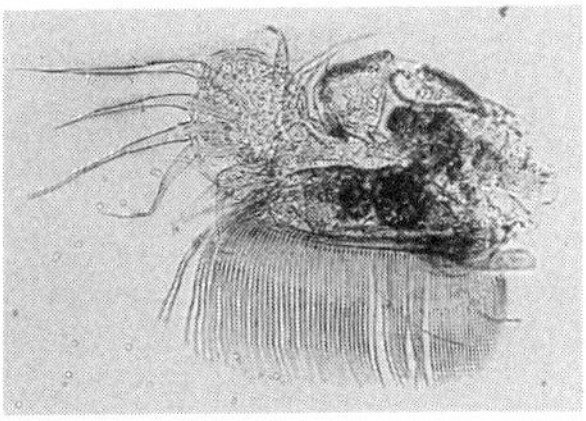

ミジンコの第三胸脚。

ミジンコから切り出した第三胸脚（濾過肢毛がついている）。

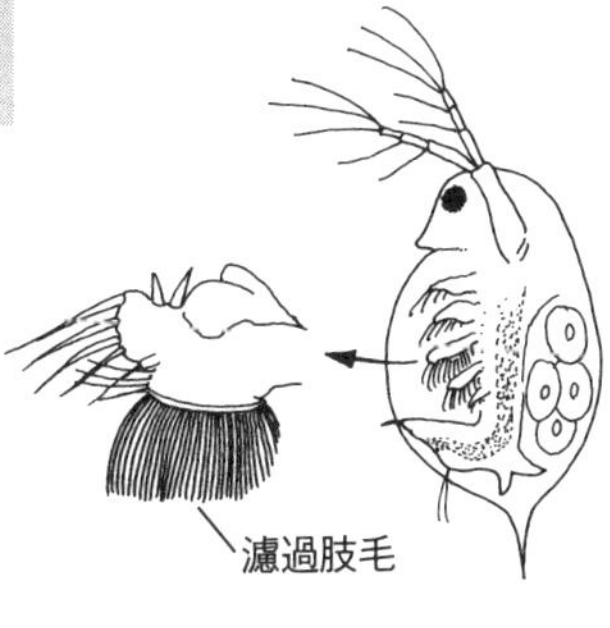

湖沼生態系の健康診断

汚染にさらされた生態系の症状

湖のミジンコの生態を研究していると、餌となる植物プランクトンや捕食者である魚とミジンコとの関係を調べることになる。すると必然的に、湖のさまざまな生き物のことを視野に入れ、生態系全体を考えるようになる。私はこれまでの研究活動を通して、生態系ではすべての生き物たちが調和をもって存在しており、生態系がひとつの生命体として機能していると感じるようになった。

生態系という生命体

ひとつの生命体としてみた湖の生態系を、人の体と比較してみよう。

人の体には心臓、胃腸、肝臓など多くの器官があり、血液の運搬、消化、代謝、解毒などの役割を分担している。一方、生態系は無数の生き物から成り立っているが、彼らは無秩序に生きているのではなく、役割分担をしている。たとえば、光合成で無機物から有機物をつくる生産者、それを食べる消費者、そして、死んだ生き物（有機物）を分解して無機物に戻す分解者、という役割のグループに分けることができよう。

もっと具体的な機能を考えてみる。

人の体を構成している細胞は栄養や酸素を必要としているが、それらは心臓を中心とした循環器系が血液を用いて体中の組織・細胞に運んでいる。この循環器系に相当するものは生態系にもある。食物連鎖である。

食物連鎖は食う―食われる関係で生き物たちをつなぐ鎖であり、それによって物質やエネルギーが生き物たちに運ばれていく。

また最近、湖の中の生き物たちの多くは自分たちが水中に放出する物質（匂い物質）を介してコミュニケーションしていることがわかってきた。たとえば、ミジンコは捕食者フサカ幼虫の匂い物質に反応し、食われないように頭を尖らせる。つまり、生き物たちはこの匂い物質を介して関係を保っている。これはまるで人の体の中で、視床下部と生殖器が生殖腺刺激ホルモンという化学物質を介して関係を保っているのとそっくりだ（2時限第2話参照）。すなわち、人の体の中の内分泌系と似たものが生態系にもあるのである。

ストレスを受けた生態系の反応

人の体の中では、異なる役割を持った器官が関わりあい、微妙なバランスを保って人の命を支えている。人が食中毒になると、それらの器官が共同ではたらいて体全体で原因菌と戦う。そして、嘔吐《おうと》、下痢、発熱など、体が特有の反応を示すことになる。これは生態系でも同じだ。環境ストレスにさらされると、生態系はそれに対して特有の反応を示すのである。

たとえば、湖が殺虫剤に汚染された場合を考えてみよう。

湖の生物群集の中では、大型ミジンコのダフニアが最も殺虫剤に弱い生物群のひとつである。そのため、汚染された湖ではダフニアが真っ先に個体数を減らすだろう。すると、ふだんはダフニアとの競争で増殖を抑えられていた小型ミジンコやワムシなど小型動物プランクトンが個体数を増やして優占する。その結果、生物群集の構成種の小型化が起きることになる。これは殺虫剤汚染に対する生態系の構造的な反応といえるだろう。

では、機能的にはどんな反応をするのであろうか。生態系の循環器系である食物連鎖を介したエネルギーの流れに注目してみよう（図2-9参照）。

ダフニアが優占する生態系では、植物プランクトンがためた太陽のエネルギーは、まずダフニアに渡され、そして魚へと運ばれる。一方、小型動物プランクトンが優占する生態系では、彼らが魚よりも捕食性動物プランクトンに食べられることになるので、魚までのエネルギーの流れは、植物プランクトン→小型動物プランクトン→捕食性動物プランクトン→魚となる。したがって、後者の生態系のほうが食物連鎖が長い。これは生態系の中のエネルギー効率に影響を与えることになる。

捕食によってエネルギーが餌生物から捕食者に運ばれる際、多くのエネルギーの損失が生じる。そのため、植物プランクトンから魚まで運ばれるエネルギー効率（エネルギー転換効率）は、その間の食物連鎖が長くなるほど低くなる。したがって、湖の生態系が殺虫剤の影響を受けると、すなわち小型動物プランクトンが優占すると、エネルギー転換効率が低くなるといえよう。これが殺虫剤汚染に対する生態系の機能的な反応である。

生態系の症状をどう診るか

湖の生態系に及ぼす殺虫剤の影響を考える際に重要な鍵を握っているのがダフニアである。ところで、ダフニアは殺虫剤だけではなく、重金属汚染、酸性雨による湖の酸性化、温暖化による夏の水温上昇にも弱い。これらは、現在、湖が抱えている主要な環境問題である。したがって、湖が環境問題を抱えるとそこではダ

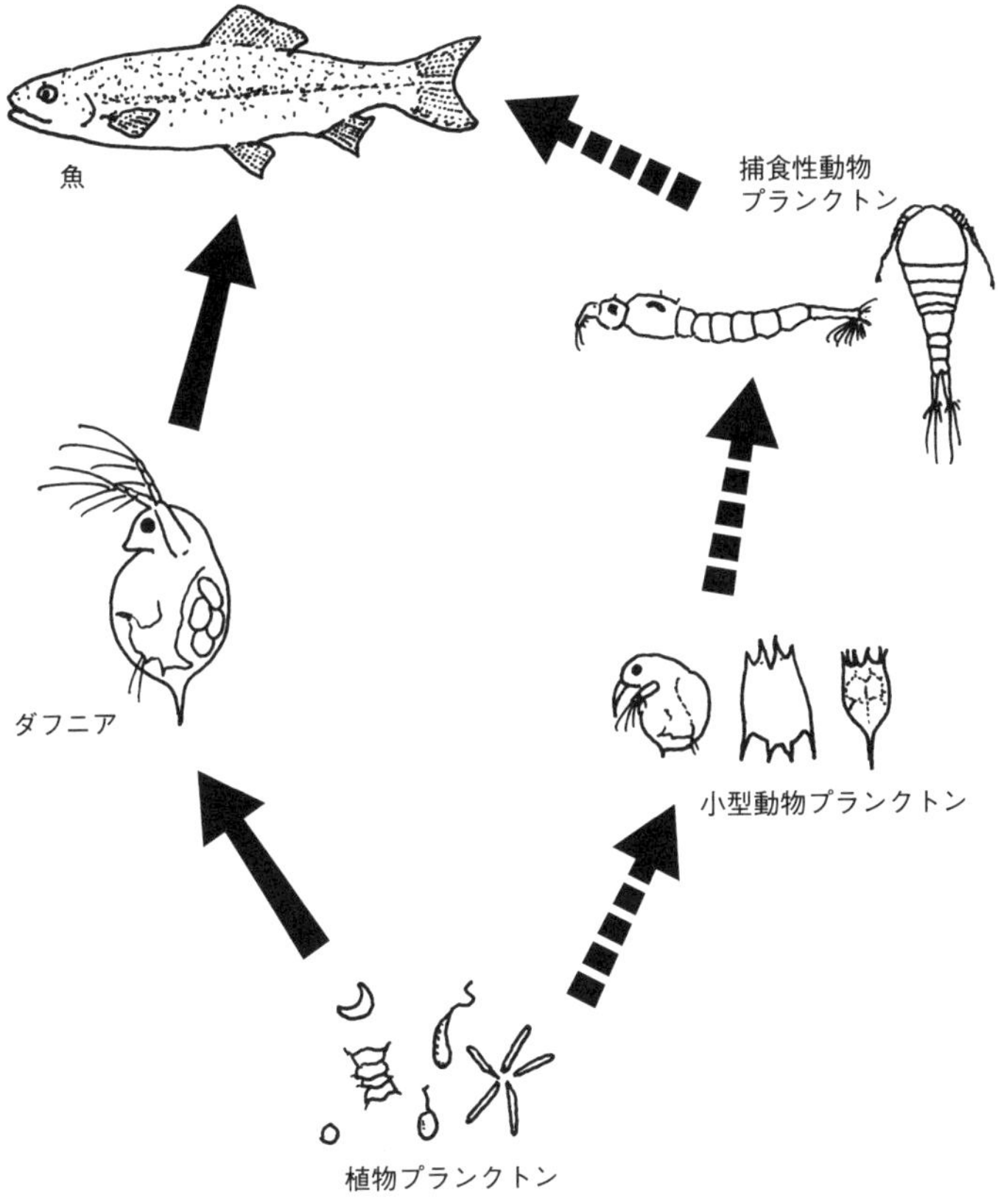

図2-9　殺虫剤汚染のない生態系（実線の矢印）と、殺虫剤に汚染された生態系（破線の矢印）における植物プランクトンから魚までの主な食物連鎖。

フニアが減り、生態系は生物群集の構成種の小型化とエネルギー転換効率の低下という、一定の反応を示すといえそうだ（図2-10）。また、このような反応は、湖の生態系だけではなく、その他の生態系でも共通した現象のように思われる。まさに、人が食中毒に対して特有の症状を示すように、生態系も人間がつくる環境問題に対して特有の症状を示すのである。

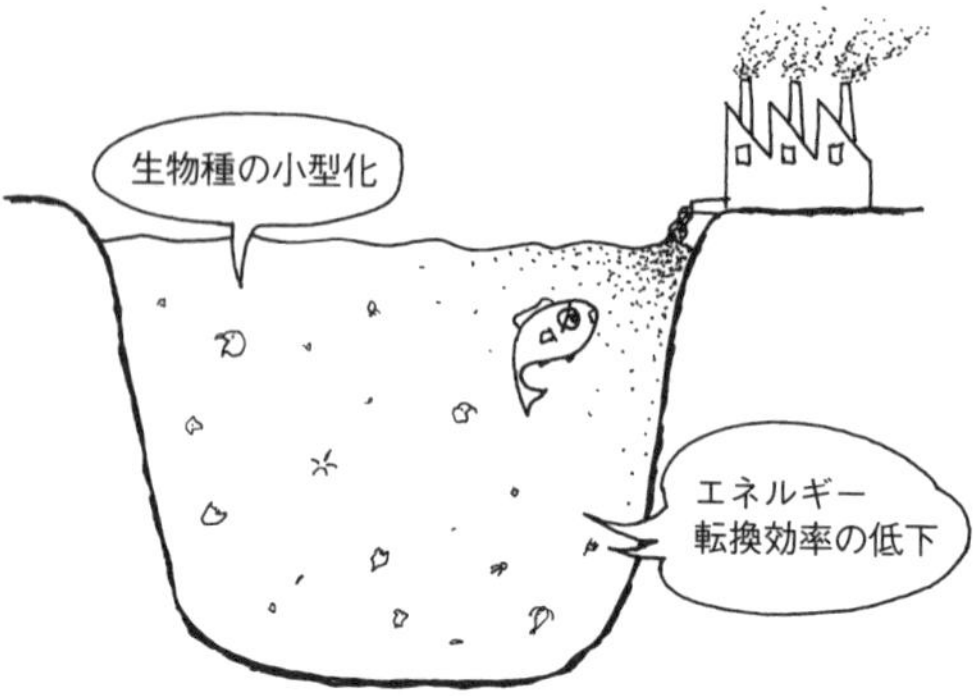

図2-10　人間による環境改変の影響を受けた生態系の構造と機能の変化。

人間による環境改変が湖の生態系に及ぼす影響について語るとき、魚など一部の生き物への悪影響がクローズアップされることが多い。しかし、湖には魚よりもはるかに多くのプランクトンが生息しており、それが生態系を支えている。そして、プランクトンの世界をみていると、環境改変は必ずしもすべての生き物に悪影響を与えているわけではないことがわかる。したがって、人間による環境改変の生態系への影響を評価するときには、一部の生き物への影響を論じるだけでなく、生態系をひとつの生命体としてみて、その生命体の症状を診ることも必要である。

Column
●ミジンコこぼれ話

脱皮の損得

　ミジンコが持つキチン質の殻には、体を支え、敵から身を守る役割がある。しかし、それを持つことはミジンコにとって大きな負担だ。成長するたびに脱皮をし、そのつどエネルギーを使って新しい殻をつくらなければならない。体長3mmのミジンコが殻をつくるのに要するエネルギー量は、卵7個をつくるのに匹敵する。それだけ増殖を犠牲にしているといえよう。

　しかし、脱皮はミジンコに大きな恩恵も与えている。捕食者が増えると食われにくくなるように頭を尖らせるなど、脱皮は環境の変化に柔軟に対応して、ミジンコが形態を変えることを可能にしているのだ。

　人も脱皮ができれば若返ることができていいのに、とミジンコをみていて思うことがある。

3 時限

湖内環境と生き物たちの相互関係

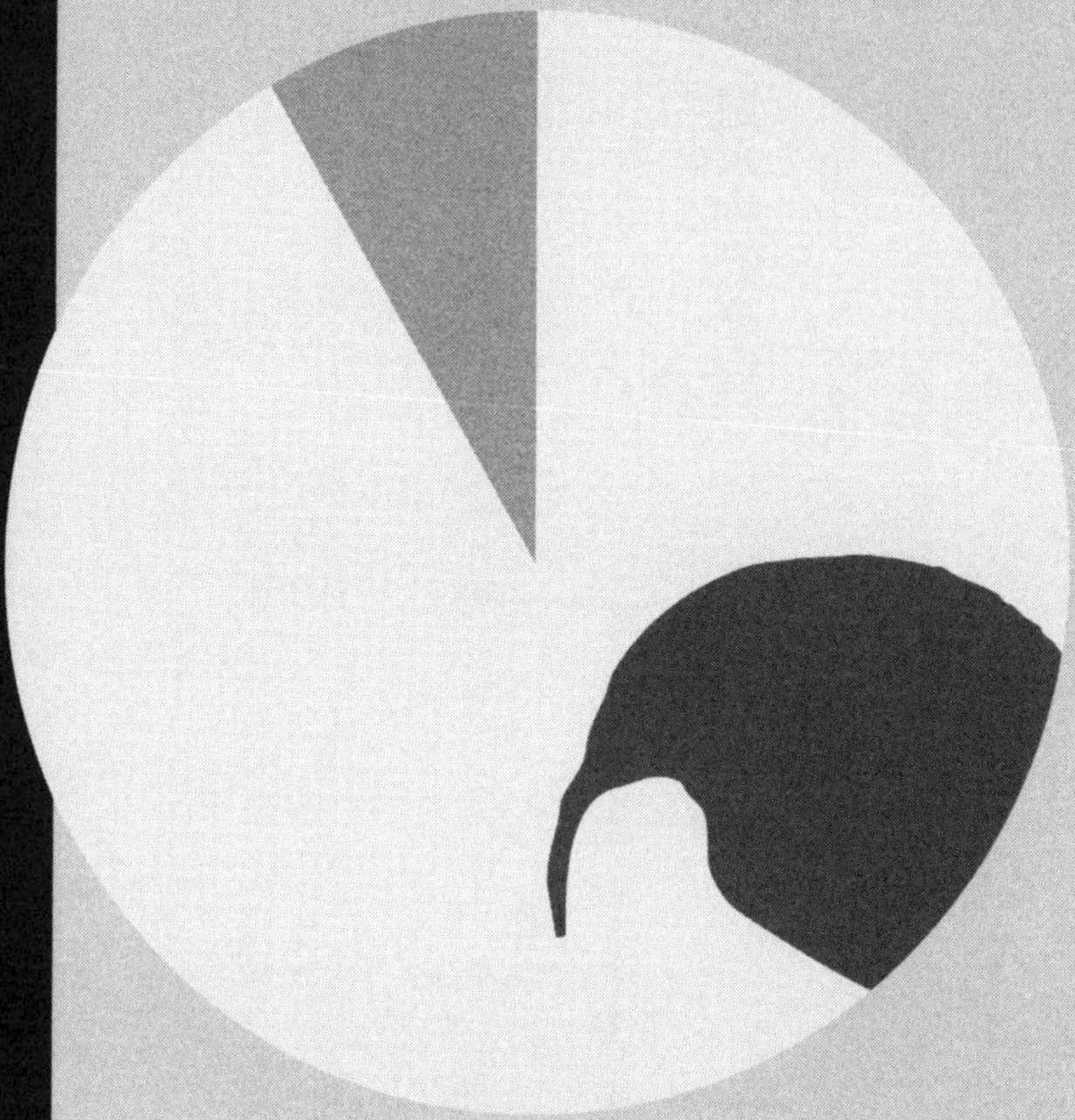

3 時限 第1話

生き物がつくる湖の環境

湖の生態系における作用と反作用

今、温暖化が地球規模の大きな環境問題となっている。これは、二酸化炭素などの温室効果ガスが大気中で増加し、地球の気温を上げるというもので、それによる人々の生活や生物群集・生態系への影響が心配されている。温暖化の生物群集への影響は、物理的な環境（非生物的環境）が生物群集に与えるはたらきであり、これを生態学では「作用」と呼ぶ。逆に、生物がその活動により非生物的環境を変えることがあり、それを「反作用」と呼ぶ。

一般的に、反作用より作用のほうが大きく、生き物は主に非生物的環境から影響を受ける側にあると思われているのではなかろうか。ところが、生き物たちのはたらきもばかにはできない。彼らは十分に非生物的環境を変える力を持っている。そのことは湖の環境を調べているとよくわかる。

湖水中の環境

諏訪湖は湖面積が一三・三km^2と、日本で二二番目の広さを持つが、最大水深は六・五mしかない浅い富栄養湖である。その湖の中央で、一九八七年七月二九日に測定した湖水中の物理的化学的な環境（水温、pH、溶存酸素濃度）を図3‐2に示す。諏訪湖は昼になると荒れることが多いので、調査は朝六時におこなわれた。

図3-1 諏訪湖での調査風景。

水温は表面で二五℃を超えており、水深三mまではほとんど変わらなかった。しかし、それより深いところでは水温センサーを下げるにしたがって水温が下がり、水深六mでは二〇℃を下回った。pHは表層で九・八六で、かなり強いアルカリ性であった。ところが湖底近くになると大きく低下して、水深六mでは七・六五と中性に近い値となり、水深に応じてpHが大きく変化することがわかる。表層と底層での環境の違いは溶存酸素濃度でもみられた。表層では一〇・〇九mg／ℓであったものが水深が三mよりも深くなると大きく低下し、六mでは〇・三一mg／ℓと、ほとんど酸素のない状態であった。

なぜこんなにも表層と底層で環境が異なったのであろうか。じつは、これはプランクトンのしわざだったのである。

湖水環境がつくられるしくみ

この日、諏訪湖ではミクロキスティスと呼ばれる

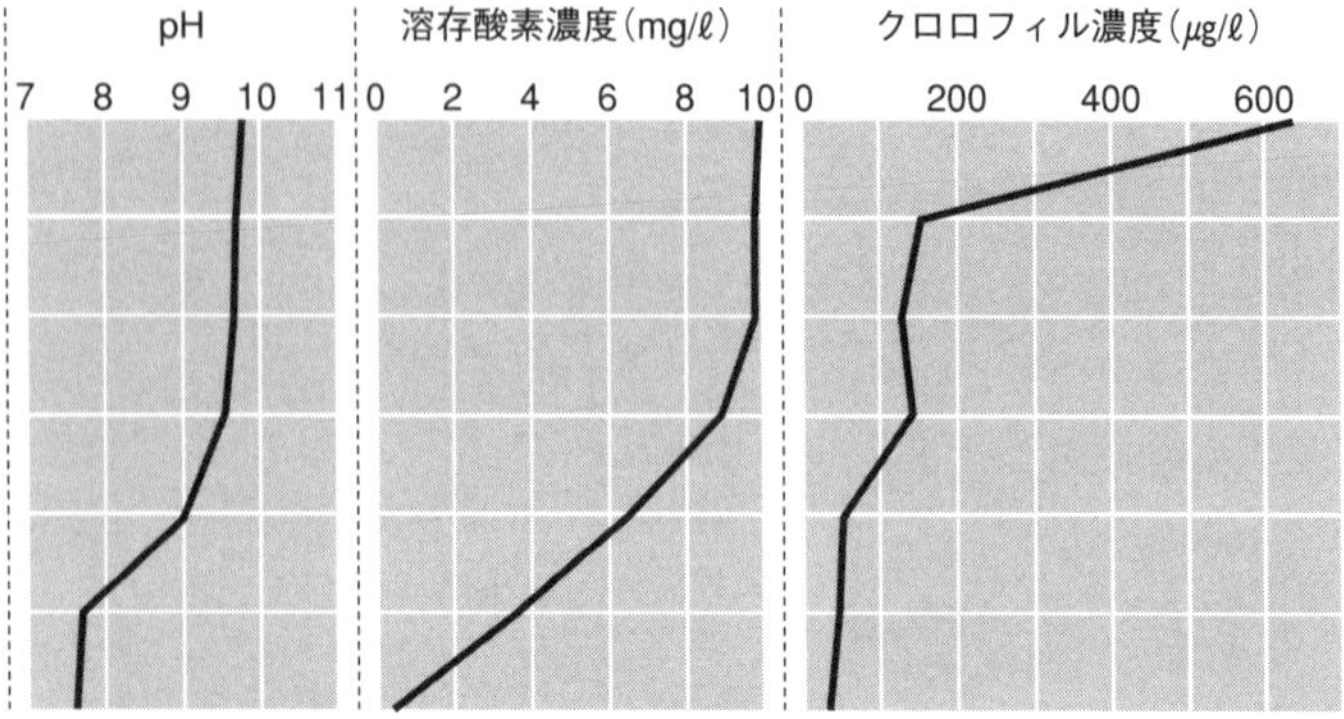

図3-2　諏訪湖における夏（1987年７月29日）の水温、pH、溶存酸素濃度およびクロロフィル濃度の鉛直分布（沖野・花里〈1997〉より）。

植物プランクトンが大量発生して水面に集まり、アオコをつくっていた。ミクロキスティスは細胞の中に気泡を持つので湖面に浮きやすい。植物プランクトンが表面近くに集積している様子は、図３-２のグラフで水中のクロロフィル濃度が表面で著しく高いことからわかる。クロロフィルとは葉緑素のことで、光合成をする植物が持っている。したがって、水中のクロロフィル量は植物プランクトン量を指標している。一方、湖底付近では表層に比べてこの濃度が低く、植物プランクトン量が少なかったことを窺《うかが》わせる。

表層に多い植物プランクトンは太陽の光を受けて光合成をする（図３-３）。その際、水中の二酸化炭素を盛んに吸収する。その結果、水中の炭酸、重炭酸イオン、炭酸イオンの構成バランスが変わり、水素イオン濃度が低下して、pHが上がることになる。また、光合成は酸素を生産するので溶存酸素濃度も上昇する。湖水面で測定された溶存酸素濃度は一〇・〇九㎎／ℓであったが、このときと同じ水温二五℃での純水中の飽和酸素濃度は八・一一㎎／ℓなので、湖水面の酸素量は飽和酸素濃度の一二四％となる。つまり、

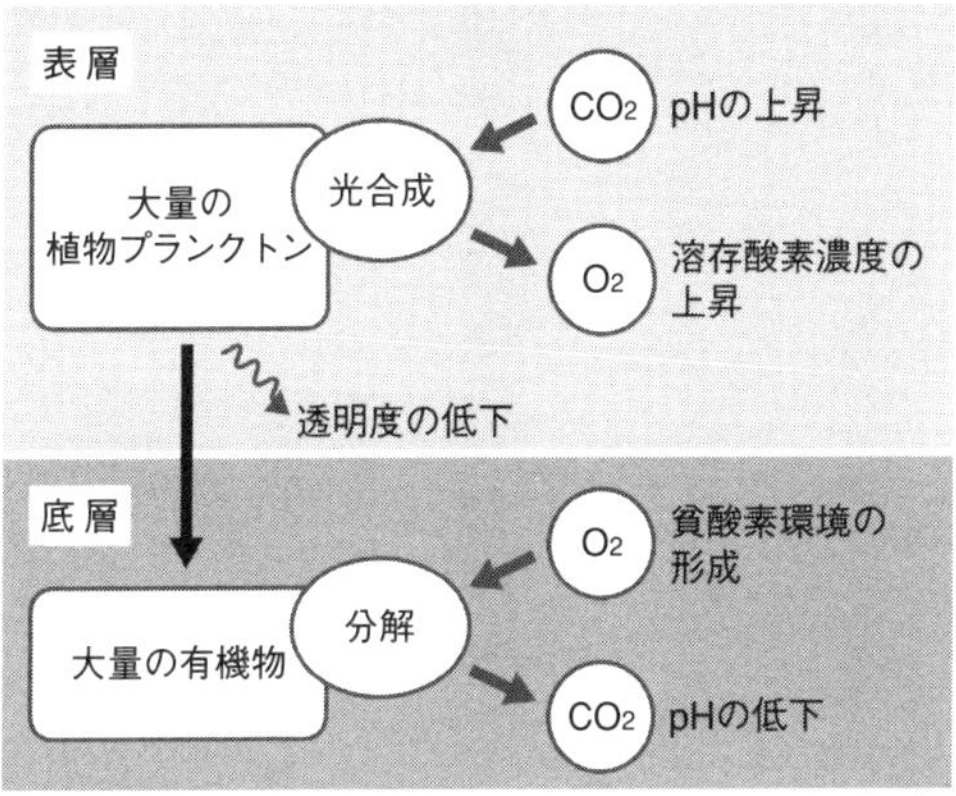

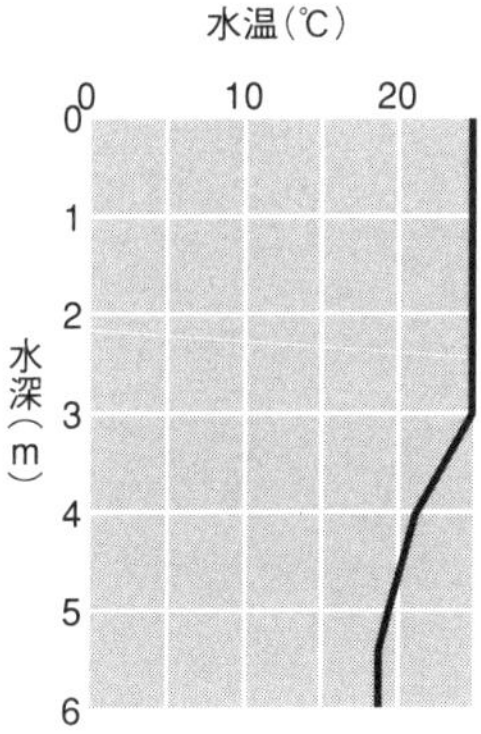

図3-3　植物プランクトンによってつくられる、夏の諏訪湖の湖水環境。

純水中では溶けきれない量の酸素が湖水中に溶けていたことになる。

調査したのは早朝だったが、昼には水温が上昇して日射量が増えるため、植物プランクトンの光合成活性が上がって諏訪湖のpHや溶存酸素濃度はさらに高くなったと考えられる。実際、昼の調査で一〇を超えるpHや飽和酸素濃度の二〇〇%に達する溶存酸素濃度が記録されることがあった。アオコができている諏訪湖の表層では、極端といえるほどの環境がつくられているのである。

一方、湖底近くでは植物プランクトンの光合成活性はなかった。なぜなら光が届いていないからだ。このときの透明度(注)は六八cmしかなかった。アオコをつくった大量の植物プランクトンが光の透過を妨げたのが原因である。湖水中では植物プランクトンがしだいに沈んでいき、また動物の死骸や糞も沈む。これらの有機物はバクテリアによって分解されることになり、その際、多くの酸素が消費される(図3-3)。したがって、底層では光合成による酸素の生産がないうえに分解に伴う酸素の消費が大きくなり、溶存酸素濃度が低下することになる。

これとは逆に、底層では二酸化炭素は光合成で消費されることがなく呼吸によって生産されるので、その濃度は表層よりも高くなる。底層のpHが表層より低かったのはこのためだ（図3-3）。

ところで、溶存酸素濃度が三mg／ℓを下回ると、多くの魚は生息できなくなることが知られている。したがって、この日、諏訪湖では底層には魚の棲めない貧酸素環境ができていたことになる。

湖から地球環境を考える

夏の諏訪湖では、富栄養化により大量に増えた植物プランクトンが、湖水中のpHや溶存酸素濃度など、非生物的環境を大きく変えた（反作用）。そして、その変えられた非生物的環境が、次には魚などの生物群集に影響を与えることになった（作用）。これは、地球生態系の中で人という生き物が大気中の二酸化炭素濃度を増やして温暖化を進め（反作用）、それが人自身を含めた生物群集に影響を与えている（作用）のとよく似ている。

湖の生態系をみていると、地球生態系がみえてくる。地球生態系の一構成員にすぎない人が、どのように生物群集とつきあい、どのように環境と関わっていったらよいか、湖の生き物たちが教えてくれる。

（注）透明度：直径二〇～三〇㎝の白色円板におもりをつけて湖水に沈め、円板がみえなくなる水深。

Column
●ミジンコこぼれ話

水温とミジンコ

水温の変化はミジンコの生活史に大きな影響を与える。
ダフニア属のミジンコは生後5回の脱皮を経て6齢で卵を産むが、それには20℃で約5日を要する。水温を10℃に下げると、この時間は2倍以上の12日に延びる。また、寿命は20℃で最大50日ぐらいであるが、10℃では180日を超える。この低温ではなんと半年も生きていることになる。水温の低下はミジンコの成長速度や活性を大きく低下させるのである。

20℃と10℃の水槽で飼われているミジンコが、ガラス越しに対話をしたらどうなるだろう。しゃべるスピードが違うのでお互いを理解できず、相手を別種の生き物だと思うのではなかろうか。そんなことを考えた。

湖は冷水の貯蔵庫
水がつくる不均一な湖内環境

湖は基本的には窪地に水がたまったものだ。その構造は、沿岸では岩や水草がある複雑なものとなっているが、沖ではただ水が存在するだけの単純なものだ。そのために沖の湖水中の環境は単純で、均一なものと思われているのではなかろうか。ところが実際には、そこには驚くほど不均一な環境がつくられている。とくに水深に応じた環境の変化が大きい。このことは湖水中の水温の分布を調べてみるとよくわかる。

湖水中の水温分布

長野県の木崎湖《きざきこ》は標高七六四mに位置し、湖面積一・四一㎢、最大水深二九・五mの小さな湖である（図3-4、3-5）。この湖で、湖面から湖底近くまでの夏の水温分布をみてみよう（図3-6）。これは一九九六年七月三〇日に湖の中央に船で出て、長いケーブルの先についた水温センサーを降ろしていき、湖面から水深二八mまでを一m間隔で測ったものである。

このとき湖面の水温は二五・九℃であった。そこから水温計を降ろしていくと少しずつ水温は下がり、水深四mで湖面より二℃低い二三・八℃であった。ところが、さらに水温計を降ろしていくと急速に温度が変化し、水深一〇mでは九・二℃にまで下がった。ここでは六m深くなっただけで水温が一五℃も低下したのである。しかし、そこからは水深の増加に伴う水温低下は穏やかになり、湖底近くの二八mは五・七℃であ

図3-4　北側からみた木崎湖（写真提供＝林秀剛）。

った。それにしても、この湖底の温度は驚きだ。これは冷蔵庫の中とほとんど変わらない。なぜ木崎湖では、このような水温分布がみられたのであろうか。

水は温度が上がると密度が小さくなり、軽くなる。したがって、温かい水は上に昇り、逆に冷たい水は下に降りる。そして、湖水は太陽によって湖面からのみ温められるので、温かくなって上に昇った水はますます温かくなるが、冷たくて湖底に沈んだ水は冷たいままで残ることになる。湖の水は風によって攪拌されるが、風の力はあまり深いところまでは及ばない。せいぜい水深四〜八ｍまでである。木崎湖の場合、その水深は四ｍ程度であり、そのため、その水深までの水温がほとんど変わらなかったのである。

この湖面近くで水温が均一な層を表水層と呼ぶ。これに対して、冷たい水が安定して存

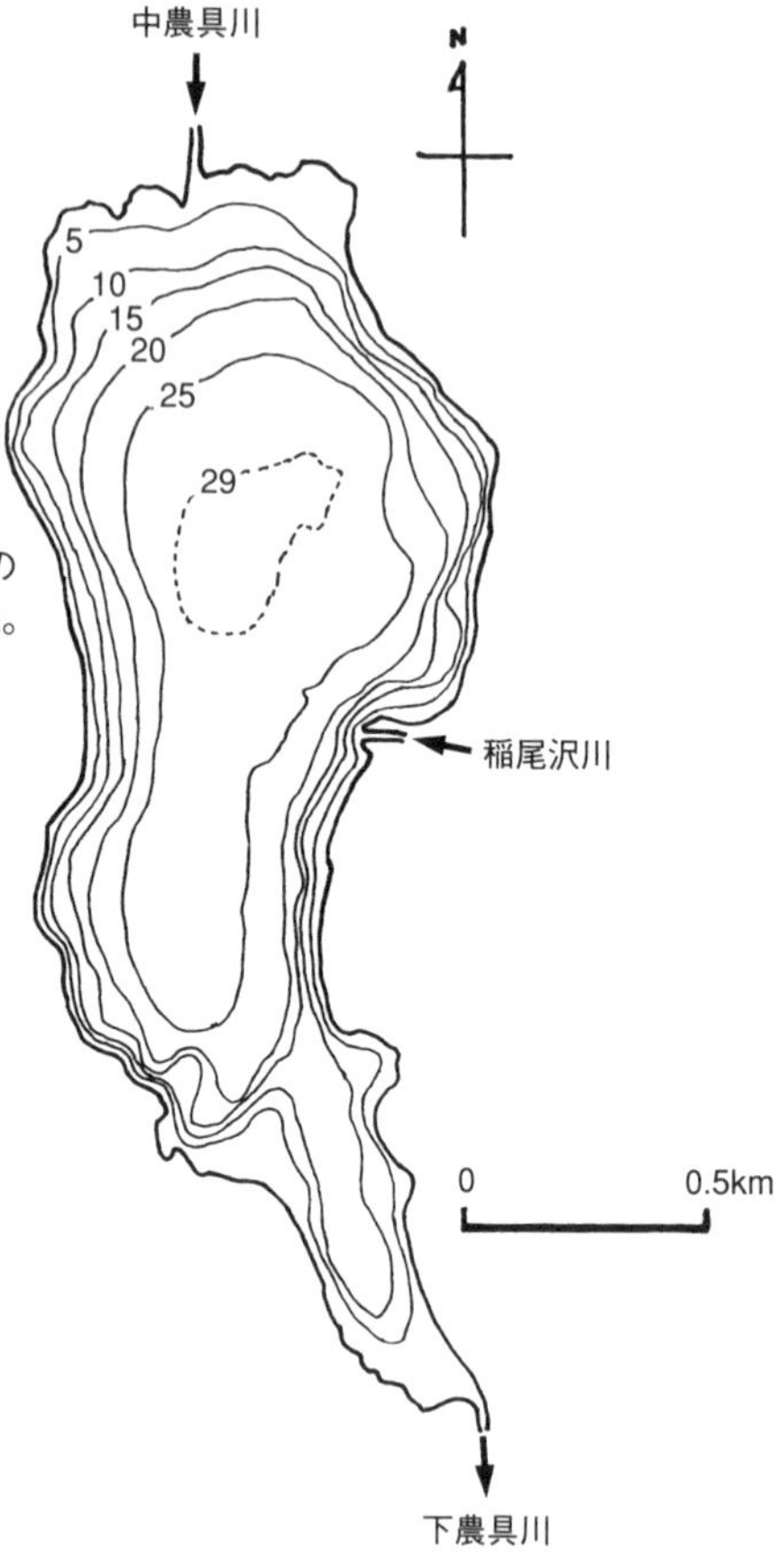

図3-5　木崎湖の地図。図中の数字と線は水深（m）の等値線。

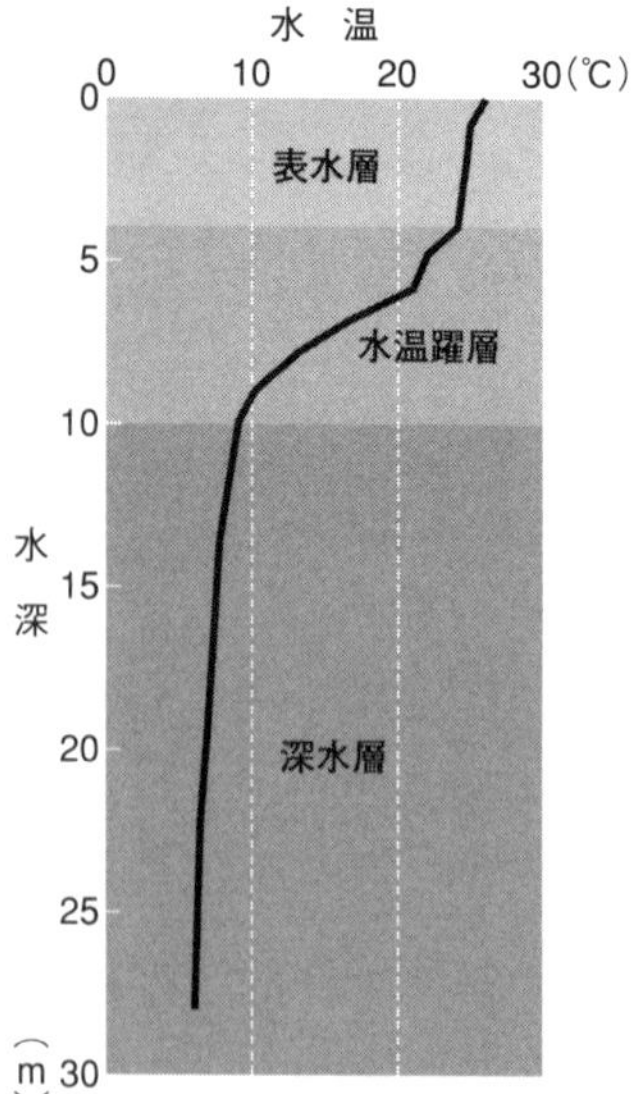

図3-6　木崎湖における夏（1996年7月30日）の水温の鉛直分布（三宝〈1997〉より）。

在している層を深水層という。木崎湖の場合、それは水深一〇m付近から湖底までの層を指すことになる。さらに、表水層と深水層の間、水温が水深の変化とともに急激に変化する層を水温躍層と呼んでいる。そして、このような層構造ができることを成層という。

湖の成層と生き物たちの生活

湖の成層は生き物たちに多様な環境を提供している。

深水層は猛暑の夏でも冷たい水を保存している場所であるが、これは高温を嫌う冷水性の魚にはありがたい。ニジマスやヒメマスなどは高温を嫌い、水温が二〇℃を超えると生きていけなくなる。しかし、夏に暑くなる地域でも、ある程度深くて深水層が存在する湖であれば生きていける。

ところが、この深水層は多くの植物プランクトンにとっては生息に適さない場所だ。彼らは比重が水より大きく遊泳力を持たない。したがって、水の中では少しずつ沈降していくことになるのだが、表水層では風によって水が攪拌されるので、その沈降はしばしば抑えられる。また、表水層は温かくて光が豊富なため、植物プランクトンは盛んに光合成をして増殖することができる。ところが、沈んでいって深水層に至ると、そこは風の力が及ばず水が動かないところなので、あとはただ沈降するばかりとなる。さらに、深水層は光量が少ないので十分な光合成ができない。したがって、深水層に入ると、それは植物プランクトンにとっては死を意味することになる。

一方、生き物の中には、表水層と深水層という大きく異なる環境を積極的に利用しているものがいる。大型ミジンコのダフニアだ。ダフニアの多くの種は日周期で鉛直移動をしている。昼は深水層に降り、夜になると表水層に昇るという行動を日周期でおこなっているのである。深水層にいるのはそこが暗いからで、それは視覚でダフニアを捉える魚から逃げるのに都合がいい。しかし、深水層には餌となる植物プランクトンが少ないので、そこにずっととどまっているわけにはいかない。そこで、魚の活動がおさまる夜に餌の多い表水層に昇るのである。これによってダフニアは、一日のうちに大きな水温変化を経験することになる。最大水深が二五二mあるドイツ最大の湖、コンスタンツ湖（ボーデン湖ともいう）のダフニアは、夏にはおよそ一八℃の表水層と五℃の深水層の間を行き来しているが、その水温差は一三℃にも達する。

ただし、日周期鉛直移動をおこなうのはダフニアの成体だけである。幼体は一日中表水層にいる。彼らは小さいので魚に食べられる危険性が低い。また、飢餓に弱いので、一日中餌の豊富な表水層にいる必要があるのだ。ダフニアは成長に伴って生息場所を変えているのである。

研究者のたどる道

湖水中の温度を測ることは湖の研究の基本だ。湖の生態系の研究をはじめた者は、まず湖面からセンサーを降ろして水温の分布を調べる。そのとき、穏やかな湖面の奥底にある冷たい水塊の存在に気づき驚く。次に、湖水中のプランクトンを採集し、実験室に持ち帰って顕微鏡をのぞいてみる。すると、そこに小さな生き物たちの多様な世界があることを知り、再び驚くことになる。そして、その後プランクトンの研究を進め、その多様な世界が湖内の不均一な環境と生き物たちとの間の複雑な関係によってつくられていることを理解するようになるのである。

Column
●ミジンコこぼれ話

ミジンコと付着藻類の関係

珪藻類のシネドラはミジンコの殻《から》の表面に付着する。そうすれば栄養塩の豊富なところへ運んでもらえるので都合がいい。

でもこれはミジンコにとっては迷惑なことだ。彼らが付着していると泳ぐのに水の抵抗が大きくなり、エネルギーを浪費する。また、殻の上で大量に繁殖されると透明な殻が黒ずみ、魚にみつかりやすくなる。

しかし、シネドラにも困ることがある。殻についていると、ミジンコが脱皮をしたときに殻とともに光の届かない湖底に沈んでしまうことだ。そこで、ミジンコの脱皮が近づくとそれを察知して殻から離れ、新たなミジンコを求めて水中を漂う。シネドラはしたたかな生き物だ。

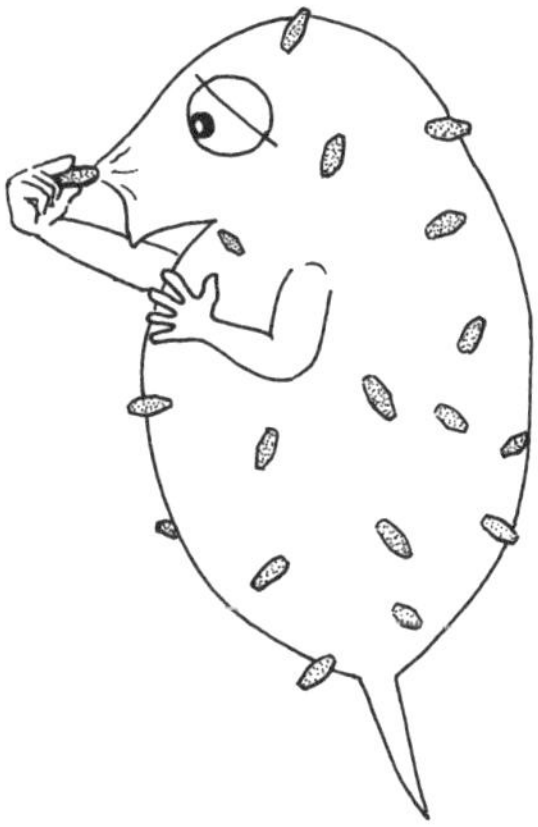

3
時限
第3話

浅い湖と深い湖

湖の形状が汚れやすさを決める

日本の多くの川や湖で水質汚濁問題が生じてから四〇年近くがたった。その間、汚濁の原因となった家庭や事業所からの雑排水が川や湖へ流入するのを抑えるため、浄化槽の設置や下水道の普及といった浄化対策がとられてきた。それにより、川の水質の改善は進み、環境基準の達成率は七〇〜八〇％にまで至った。これに比べて湖の水質浄化は遅れており、その達成率は四〇％程度でしかないのが現状だ。一方、ヨーロッパや北米では水質浄化に成功した湖が少なくない。

なぜ、日本の湖の浄化は進まないのか。その理由として、日本では湖の集水域(注)の人口が多いことや、漁業活動など、湖と周辺地域の利用形態が欧米と異なることがあげられる。しかしそればかりではない。湖の汚れには、湖の形状が強く関わっているのである。

貧栄養湖と富栄養湖の形状

水質浄化の成功例として、アメリカのワシントン湖（最大水深六五ｍ）が有名だ。この湖では一九五〇年代に富栄養化が進み、アオコの発生に悩まされるようになった。その原因は、集水域の人口増加に伴って大量の雑排水が川を通して湖に入るようになったことである。一九六三〜六八年に、パイプを設置することによって雑排水が湖に入らないように迂回させたところ、それまで一ｍ程度であった湖の透明度が七ｍを超え

図3-7 日本で最も澄んだ水をたたえる摩周湖（写真＝弟子屈町役場）。

るまでに改善された。雑排水の流入抑制によって浄化に成功した湖は他にも多くあり、その例として、イタリアのマッジョーレ湖やノルウェーのミョーサ湖などの名前を聞く。マッジョーレ湖は最大水深が三七〇m、ミョーサ湖は四四九mと、これらは深い湖である。じつは、この湖の深さが水質と関わりがある。

ここで、日本の代表的な貧栄養湖と富栄養湖の間で水深と透明度を比較してみよう（表3-1）。湖が富栄養化すると有機物が増え、それが水質を悪化させる。湖水中の有機物の大半が植物プランクトンであり、それは光の透過を妨げることから透明度に大きな影響を与える。したがって、透明度は湖の富栄養度の指標として使うことができる。

摩周湖は日本で最もきれいな湖で、一九三一年に透明度が四一・六mという世界記録をつくった。表にあるその他の貧栄養湖も一〇m以上の高い透明度を持つ。一方、富栄養化が著しく進んだ湖の透明度は一mにも達しないことが多い。諏訪湖では透明度〇㎝という記録がある。これはアオコを発生させたラン藻が湖面に厚い層をつくったためだ。

ところで、表3-1にあげた貧栄養湖は、どれも最大水深が一〇〇mを超えていることに気がつくだろう。一方、富栄養湖は深くてもせいぜい七m程度の水深しかない。深い湖は水質が良好で、浅い湖は水質汚濁問題を抱えているところが多い、といえそうだ。なぜだろう。

湖の水深と浄化効果

湖の水質汚濁は湖内で増えた有機物によって引き起こされる。その有機物は最後には沈降することになり、湖底に堆積する。そして、堆積した有機物の多くは分解され、その中に含まれていた窒素やリンが無機化されて栄養塩として湖底にたまることになる。

湖の水は成層し、湖面から水深四〜八mまでが温かい表水層となり、冷たい深水層が水深一〇m以深につくられる。したがって、水深が最大でも七m程度しかない浅い湖には深水層が存在せず、湖面から湖底付近まで水温がほとんど変わらない状態となる。こうなると、風が吹くと湖面から湖底までの水がよく攪拌され、

表3-1　日本の代表的な貧栄養湖と富栄養湖の比較

		湖面積(㎢)	最大水深(m)	透明度(m)
貧栄養湖	摩周湖(北海道)	19.1	211.5	25.0
	支笏湖(北海道)	78.8	360.1	18.0
	洞爺湖(北海道)	70.4	179.7	13.0
	十和田湖(青森県)	59.0	334.0	12.5
	本栖湖(山梨県)	5.1	121.6	12.7
富栄養湖	手賀沼(千葉県)	6.5	3.8	0.6
	霞ヶ浦(茨城県)	220.0	7.0	1.2
	諏訪湖(長野県)	13.3	7.2	0.55
	印旛沼(千葉県)	11.6	2.5	0.73

(出典：倉田〈1990〉、印旛沼環境基金〈1988〉)

湖底にたまっていた栄養塩が水中に舞い上がることになり、湖水中の植物プランクトンの増殖を促進する。このような湖では、水質浄化のために排水を規制して湖に流入する栄養塩量を減らしても、すでに長い年月にわたって湖底にたまった栄養塩が再び湖水中に供給されるので、水中の栄養塩濃度がすぐには下がらない。そのため、水質浄化がなかなか進まないのである。

一方、深い湖には深水層ができる。深水層には風の撹拌効果が及ばないので、湖底にたまった栄養塩は再び表水層に戻らない。深水層は光が少ないので、栄養塩があってもそこで植物プランクトンは増えることができない。このような湖では、湖外からの雑排水の流入を抑えれば表水層にいる植物プランクトンは栄養塩不足になって増殖が抑えられ、水質が浄化されることになる。すなわち、深い湖は汚れにくく、また、雑排水の流入によっていったん汚れても、その流入を抑えれば比較的簡単に水質浄化が進むのである。

日本の湖で水質の環境基準の達成率が伸びないのは、富栄養化が進んで浄化対策が求められている湖の多くが浅い湖であることも関係していると思われる。

もうひとつの地理的条件

水深のほかにもうひとつ、湖の汚れに大きく影響を与える要因として集水域の広さがある。集水域が広いとそれだけ広範囲から汚れの原因物質を湖に集めてくるので、湖が汚れやすい。ちなみに、諏訪盆地にある諏訪湖の集水域面積は、盆地の大部分に相当する五三一㎢で、これは湖面積の四〇倍になる（図3-8の右）。この比率は琵琶湖の一〇倍高い値である。一方、摩周湖は、湖のすぐ周りを外輪山に囲まれ流入河川がなく、集水域面積は湖面積の一・六倍しかない（図3-8の左）。したがって、摩周湖は深くて集水域が極めて狭い

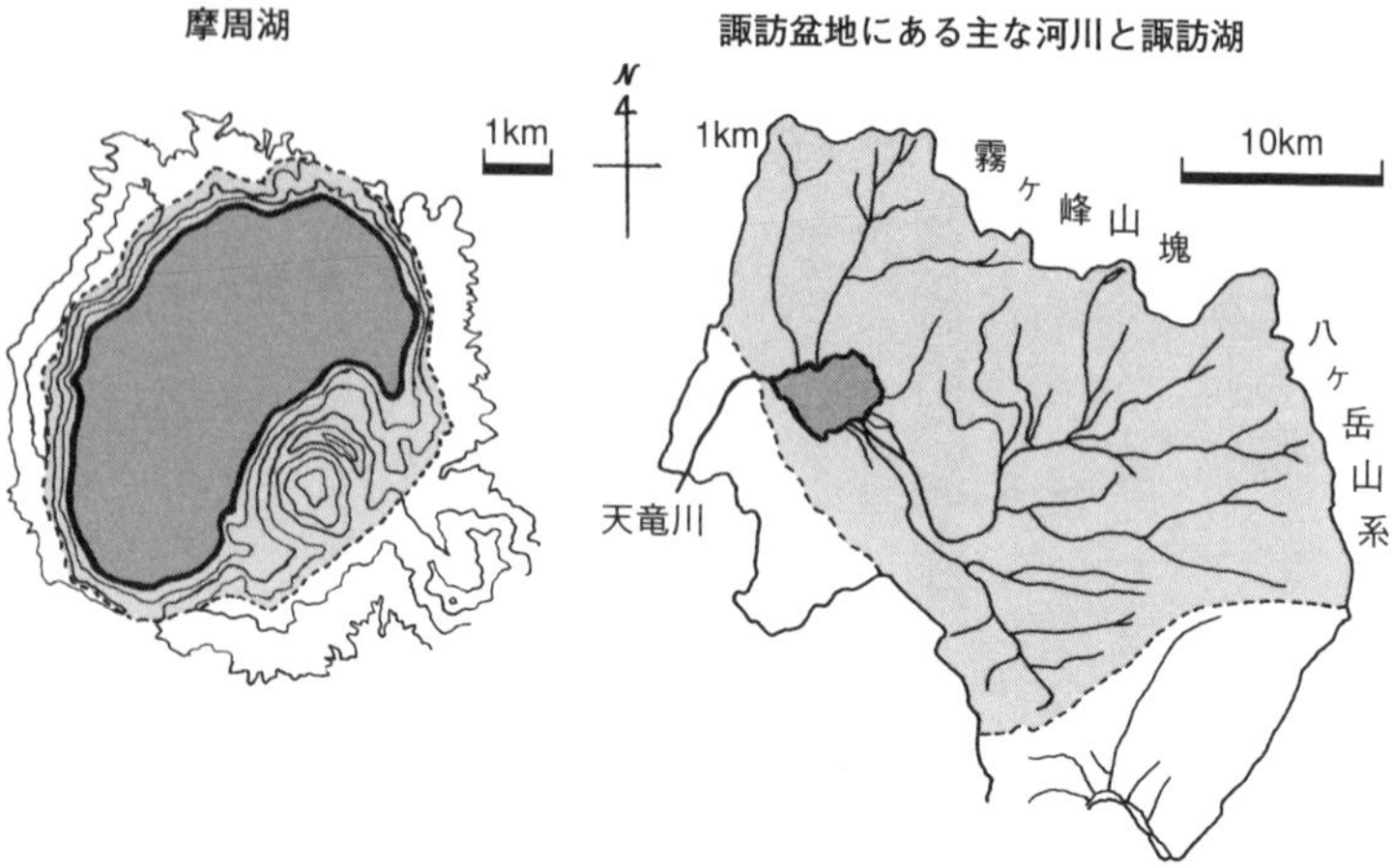

図3-8　湖面（濃いグレーの部分）と薄いグレーの部分が集水域。摩周湖の外の線は等高線。

湖であり、それゆえそこには清冽な湖水が維持されているのである。それとは対照的に、諏訪湖は浅くて集水域が広いため、地形的に汚れやすい素質をもっているといえる。

湖の水質汚濁問題は人間が湖に必要以上の栄養塩の負荷を与えたことに起因しているが、その問題の起きやすさには、湖やその周辺の地理的形状が関わっている。湖とつきあっていくにはそのことの理解が欠かせない。

（注）集水域：ある湖に流入する水を集める地域全体のことをさす。

Column
●ミジンコこぼれ話

つぶらな瞳の秘密

顕微鏡を通してみていると、ミジンコは大きな複眼をクリクリ動かして愛らしい表情をみせる。しかし、そのつぶらな瞳はひとつしかなく、物の形をみているわけではない。

ところで、トガリネコゼミジンコ（体長約0.5mm）はこの目の大きさを環境に応じて変える。魚が多く生息するところでは目を小さくするのだ。黒い大きな目を持つと魚にみつかりやすくなるというのがその理由らしい。逆の見方をすれば、ミジンコは魚がいなければ目を大きくするといえる。なぜそうするのだろうか。それはまだ謎だ。

ミジンコの透明な殻は体の中をよくみせてくれるのだが、体の構造には謎の部分が多い。

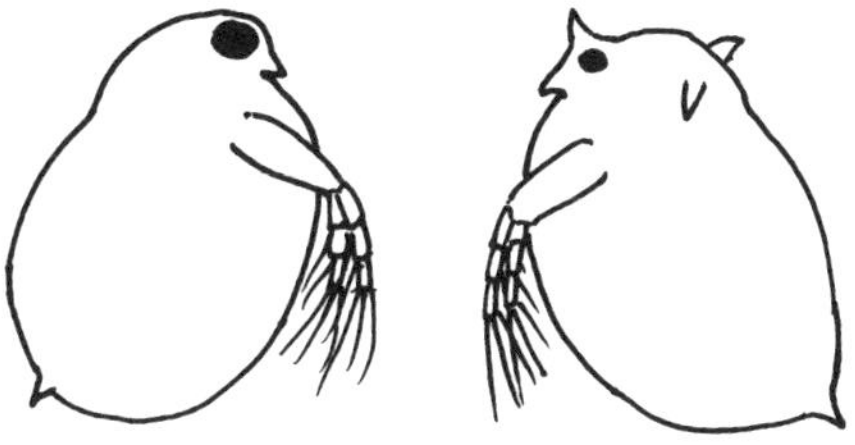

目の大きさが違うトガリネコゼミジンコの二つの形態。目の小さな個体は頭部に刺《とげ》を持つ。

3時限 第4話

湖の季節変化
湖水中の四季と生き物のくらし

日本の気候は四季がはっきりしている。季節とともに気温が大きく変動し、山の木々が花を咲かせ、緑の葉をまとい、その葉を赤く染め、そして落葉するように、多くの生き物たちが季節に応じて生活様式を変える。では、湖の中はどうであろうか。

陸上での一年を通した気温の範囲は、日本ではおよそマイナス四〇℃から四〇℃ぐらいだろう。これに比べて湖水中の温度変化の幅ははるかに小さく、〇℃から三〇℃を少し超える程度である。すると、湖の中の環境の季節変化は大したことはないのだろうか。

じつは、湖では季節的な水温の変化が大きな水の動きの変化につながり、それが湖内の四季をつくる要因となっている。

季節の移り変わりと水の動き

湖内での水の動きを理解するには、まず温度と水の密度との関係を知っておく必要がある。液体の水は温度が下がるほど密度が大きくなって重くなる。ところが、〇℃にまで下がって氷になると（固体になると）、逆に密度が小さくなって軽くなる。氷が水に浮くのはそのためだ。液体から固体になると軽くなるというのは、他の多くの物質にはない水独特の性質である。ところで、液体の水は温度が下がるとしだいに重くなり、氷になると軽くなるということは、その間のどこかで最も重くなるところがあることになる。それは水温が四℃のときなのである。

水は四℃以上では温度の上昇に伴って軽くなるので、湖では温かい水が表層に集まり、冷たい水は湖底に沈む。表層の水は太陽に温められてますます温かくなるが、湖底の水は温められない。深い湖では夏でも湖底の水温は約四℃に保たれている。その結果、湖は成層し、温かい表水層と冷たい深水層という、水が混ざらない二つの層がつくられる。しかし、湖面の水温は季節によって変化するため、表水層と深水層の温度差も変わり、結果として湖の成層構造も変化する。

とくに、表層の水温が冬に〇℃にまで下がる温帯域の湖では、水の動きの季節変化が大きい。そのような湖では、早春、湖の氷が溶けて水温が上がりはじめると、表層の温度が四℃になるときがある。そのときには湖面から湖底までの水温が変わらなくなり（水の密度が同じになり）、湖面で風が吹いて表層の水が動かされると湖底の水も動くことになる（図3-9）。その結果、湖全体の水がよく混ざる。この時期を湖の「循環期」と呼ぶ。季節が春から夏に向かうと表層の水温がさらに高くなり、表水層と深水層がつくられて水が上下に混ざらなくなる。この時期を「成層期」と呼ぶ。夏が過ぎると、今度は表層の水温が下がりはじめて晩秋には四℃に達する。すると再び、湖水全体が混合する「循環期」を迎えることになる。そして冬になると表層水は〇℃にまで下がる。そうなると、深層の水よりも軽くなるので表層にとどまるようになる。この時には夏とは逆に、冷たい表水層とより温かい深水層ができて湖は成層する。とくに湖面に氷が張ると、湖水が風の影響を受けなくなるので、安定した成層となる。

このように、湖水中では水の動きが季節によって大きく変化する。そして、その変化が湖の生き物たちの

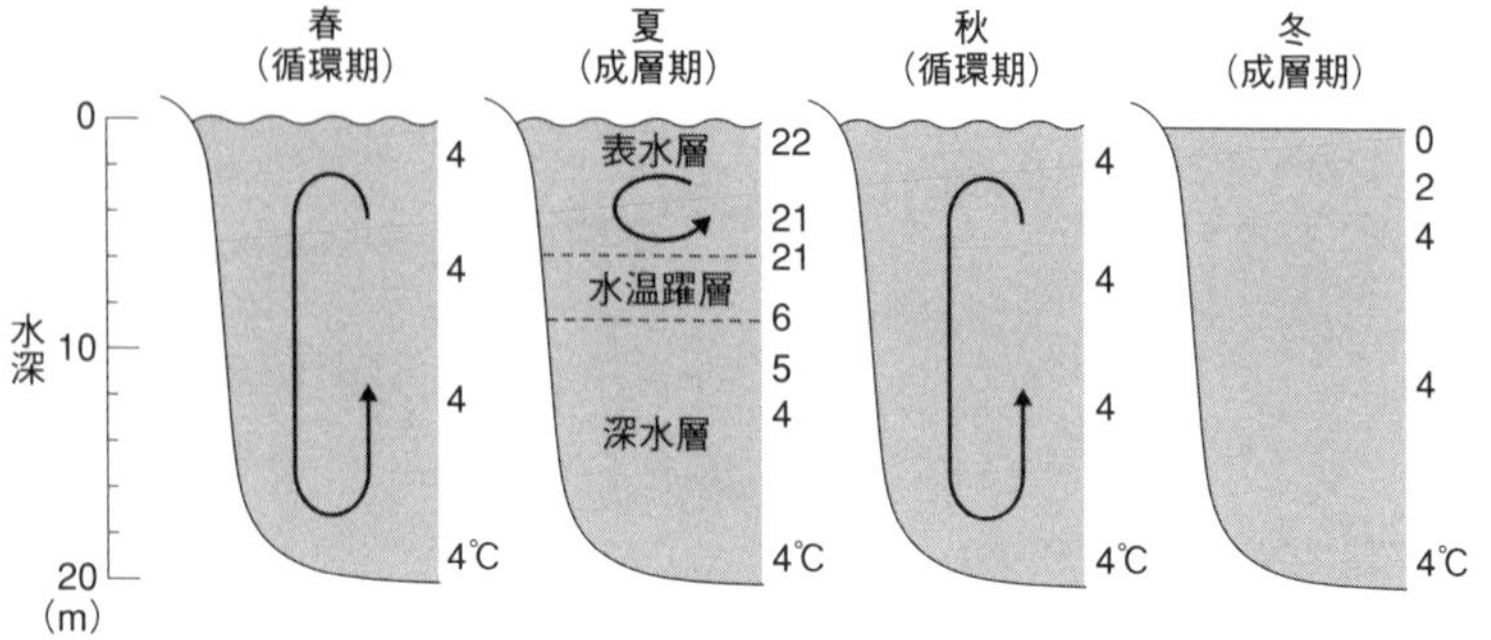

図3-9　ある温帯湖における水温の鉛直分布と水の動きの季節変化（Welch〈1952〉より改変）。

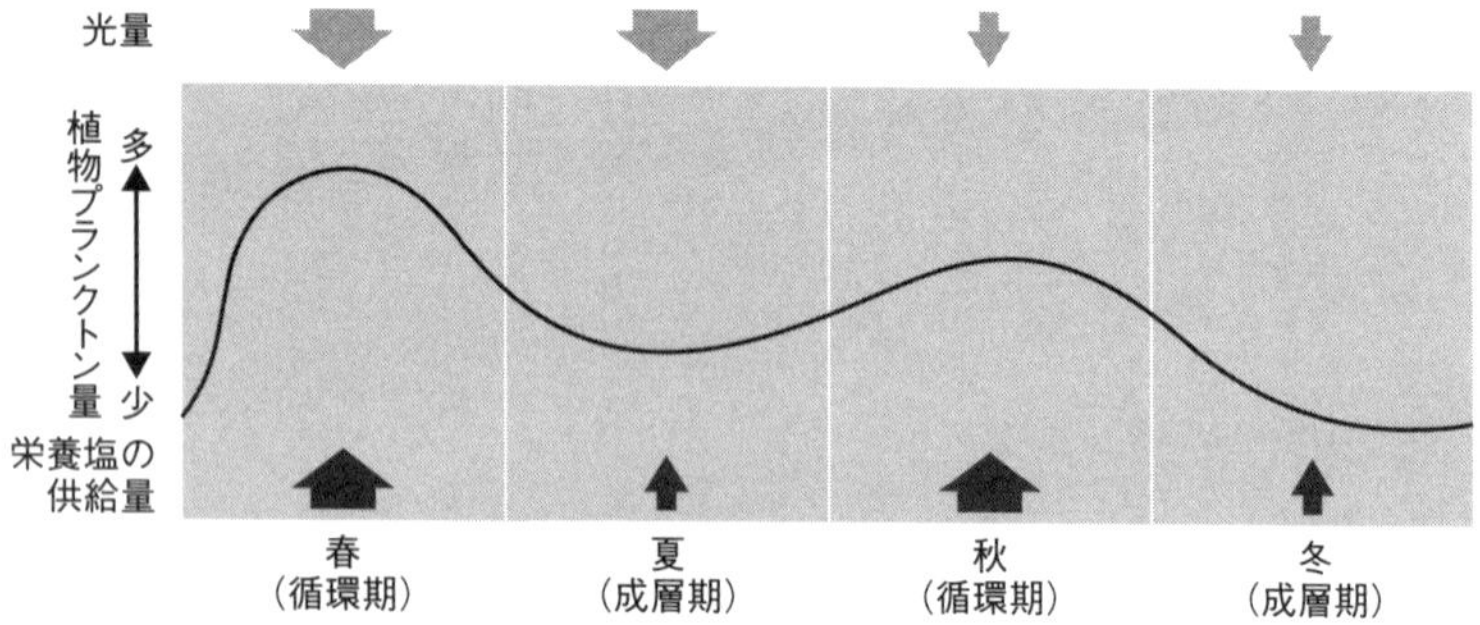

図3-10　深い温帯湖における植物プランクトン量、光量、および湖底からの栄養塩供給量の季節変化。

生活に大きな影響を与えているのである。

プランクトンの四季

湖の水質汚濁の原因となる植物プランクトンの大発生は、大量に供給された窒素やリンなどの栄養塩によって引き起こされる。湖に入った栄養塩は有機物に含まれて沈降し、湖底にたまる。これが水中に回帰すると、植物プランクトンの増殖を促して汚濁の原因となる。しかし、湖水が成層している夏の湖では深水層の水は動かない。そのため、湖底の栄養塩は表水層に運ばれず、表水層に多い植物プランクトンはそれを利用できない。このような湖では、湖外から川などを介して流入する栄養塩量が少なければ植物プランクトンは増えることができない。

ところが、春は状況が異なる。春の循環期には湖全体の水が混ざるので、湖底の栄養塩が表層にまで運ばれる（図3-10）。この時期、日本では三〜四月頃にあたり、水温は低いが日射しはかなり強い。したがって、低温に適応した植物プランクトン、とくに珪藻《けいそう》類が豊富な栄養塩を利用して増殖し、湖の透明度を下げることになる。珪藻は茶色いので、この時期の湖水は茶色く濁ってみえる。この現象をみた人は、この濁りが川からの土砂の流入のためと考えることが多いようだが、じつはこれは珪藻類のしわざである。

季節が夏になって成層期になると、湖底からの栄養塩の供給が抑えられて植物プランクトンの増殖速度は低下する。陸上では、夏は草木が生い茂り、生き物の生産速度《(注)》が最も高い季節だが、成層構造がつくられる深い湖では、湖外からの栄養塩の供給量が少なければ、夏は春よりも生物生産量が低い季節となるのである。

秋になると湖は再び循環期を迎える。これにより湖底から栄養塩が供給されるので植物プランクトンは再び増えることになる。しかし、秋の循環期は日本では一一～一二月頃に現れるので、このときの日射しはかなり弱い。したがって、光が不足するために植物プランクトンの増加量は春の循環期ほどは多くない。

そして冬。この季節は成層するため湖底からの栄養塩の供給がなく、光が弱く、水温も低い。冬は植物プランクトンにとっては最も厳しい季節である。

陸上とは異なる湖の四季

湖では季節に応じて湖内の水の動きが大きく変化する。その変化が湖内の環境を変え、生き物たちの生活に大きな影響を及ぼすのである。陸上の環境に比べて四季の変化が小さいように思える湖水中にも、はっきりとした季節変化がある。ただし、たとえば生き物の生産活動が最も活発になる時期が陸上と湖水中では必ずしも一致しないように、湖の中には陸上とは異なる生き物たちの四季がある。

（注）生産：Production　生物が生活過程を通じて生物体（有機物）をつくり出すこと。それにより体の成長と子供の生産（生殖）が達成される。

Column
●ミジンコこぼれ話

危険な満月の晩

アフリカ南部のモザンビークにあるカホラボサ湖では、ミジンコの個体群変動が月の周期と関係している様子が観察された。満月の頃になるとミジンコが急に個体数を減らすというのだ。

この湖のミジンコは、他の多くの湖のミジンコと同様に、昼間は魚を避けて暗い深水層におり、夜になると表水層に昇って餌を食べるという行動をとっている。調査の結果、満月の頃にミジンコが減るのは、魚に捕食されるためだとわかった。その頃は月の光で夜も明るく、ミジンコが魚にみつかってしまうらしい。

美しい満月の光に魅せられていては危ないのだ。

貧酸素層のはたらき

湖における貧酸素層を介した生き物たちの攻防

湖では、夏になると湖水が温かい表水層と冷たい深水層に分かれて混ざらなくなるため、表層と底層では環境が大きく異なる。とくに富栄養湖では、表水層から沈降した多くの有機物が分解して水中の酸素を消費するため、湖底付近の深水層に酸素濃度の低い層（貧酸素層）がつくられる。するとそこには魚が棲めなくなり、貝類が死ぬことから、大きな問題となる。しかし、貧酸素層は必ずしもすべての生き物に悪影響を与えるわけではない。そこには、生き残りをかけた生き物たちの攻防がある。

貧酸素層と生き物たちの分布

日光国立公園の標高一四七八mにある湯の湖《ゆのこ》は、面積〇・三五km^2、最大水深一二・五mの小さな富栄養湖である（図3-11）。この湖では氷に覆われていない四〜一二月の間、湖内の環境と生き物の分布が季節的な水温の変動とともに大きく変化する。

湖内における水深と時間（季節）に応じた水温の変化を図3-12aに示す。この図は縦軸に水深を、横軸に時間変化を置き、各調査日の各水深で測定した水温データを基に、同じ水温のところを線でつないだ（等値線を引いた）ものである。これにより、水深と時間に応じた水温分布の変動がわかる。この図では春と秋には等値線がほとんど垂直になっている。これは、表層から湖底まで水温がほとんど変わらなかったことを

図3-11　金精峠《こんせいとうげ》から望む湯の湖。

示しており、この時期が循環期であったことがわかる。一方、夏は水深一・五〜三mのところで等値線が込みあっている。これは、ここに水温躍層がつくられていたことを示している。そして、その層の上に水温がおよそ一八℃の表水層と、その下に一〇〜一二℃の深水層がつくられていたことが理解できる。

湖水中の溶存酸素濃度の分布も同様の図で示す（図3-12b）。これをみると、春（四〜五月）と秋（一〇〜一一月）の循環期には表層から底層までの溶存酸素濃度はおよそ七mg／ℓ(注)かそれ以上であり、酸素が十分あったことがわかる。夏の間も水深六m以浅では七mg／ℓ以上であったが、水深八m以深に三mg／ℓ以下の貧酸素層ができていた。この貧酸素層が生き物の分布に大きな影響を与えることになった。

湯の湖にはヒメマスやワカサギが生息している。彼らは酸素欠乏に弱く、春と秋の循環期には表層から底層まで広く分布しているが、成層期になると貧酸素層を避けて底層付近には分布しない。ところが、ここに棲む大型ミジンコのハリナガミジンコ（図3-13）は貧酸素層を好むような分布を示した。このミジンコは春には個体数が極めて少なかったが夏に大きく増加し（図3-12c）、そのとき成体の多くが湖底近くの貧酸素層に集まっていたのである（図3-12d）。しかし、秋になると再び湖水中から姿を消した。一方、この湖に多い小型のゾウミジンコ（図3-14）は、ハリナガミジンコと反対の個体群変動パターンを示した。すなわち、六〜七月に大きく個体数を増やしたが、貧酸素層が発達した八月に激減し、その後九月下旬にな

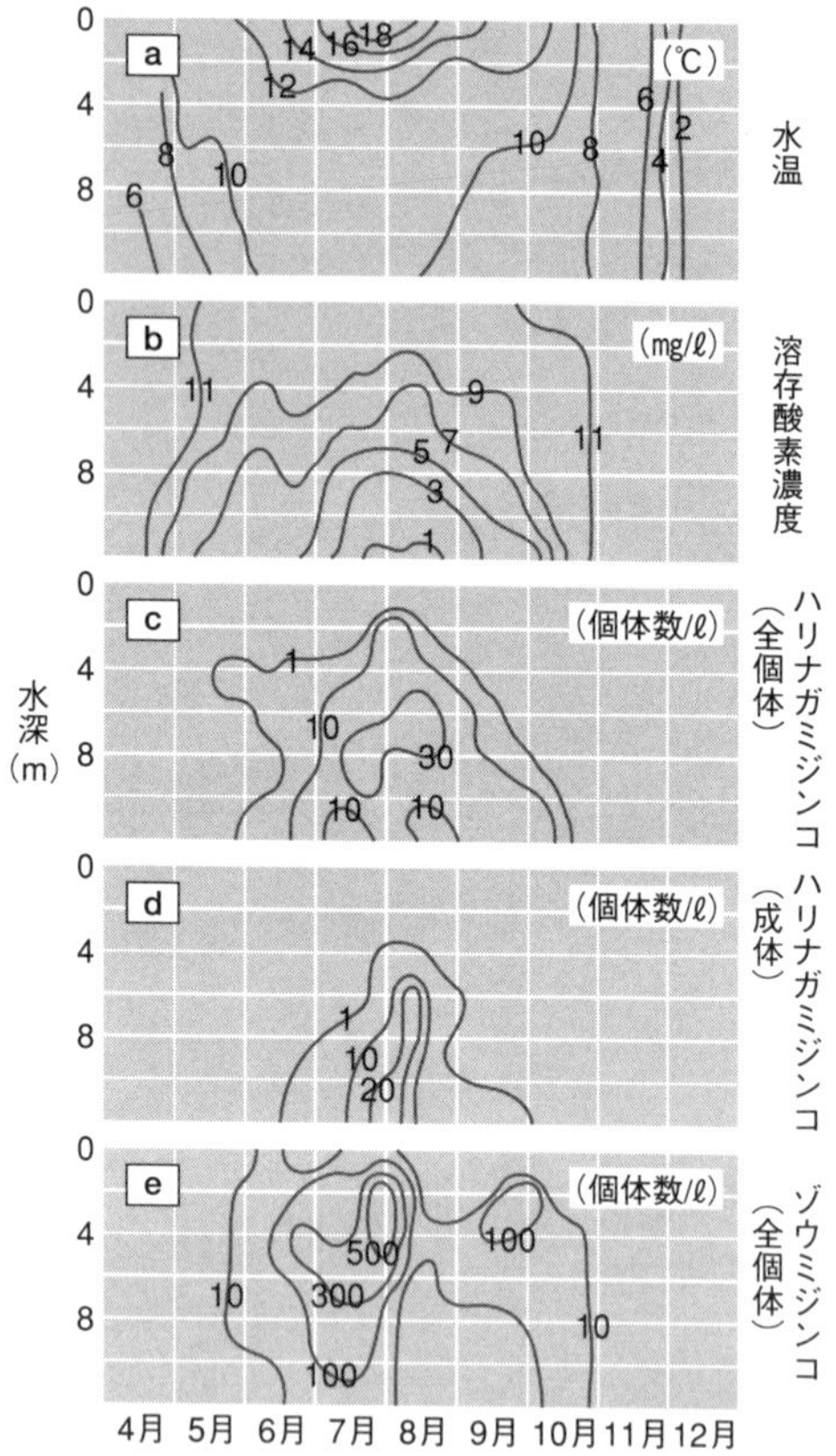

図3-12　湯の湖における1983年の水温(a)、溶存酸素濃度(b)、ハリナガミジンコの個体群密度(c)と成体の密度(d)、およびゾウミジンコの個体群密度(e)の水深と時間に応じた変化。

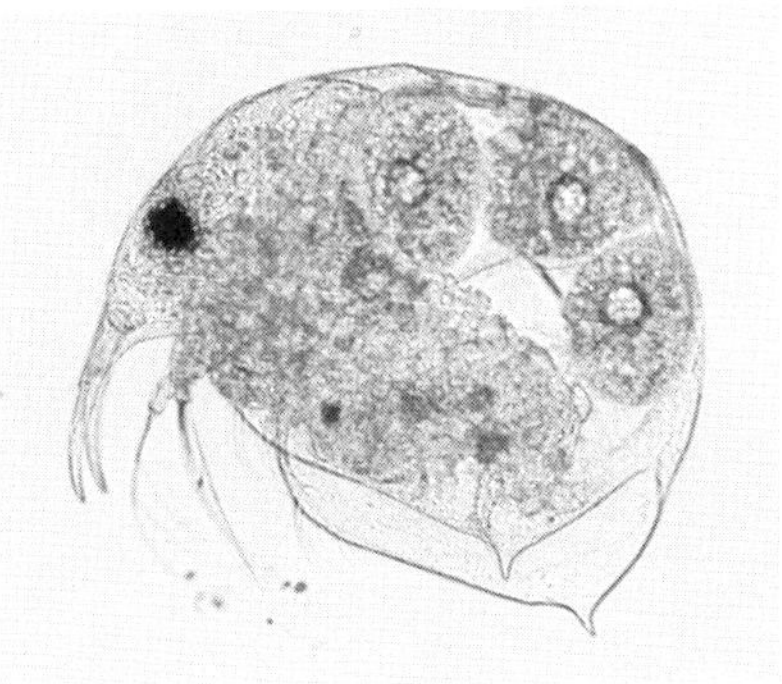

図3-14　ゾウミジンコ（体長0.2〜0.5mm）。

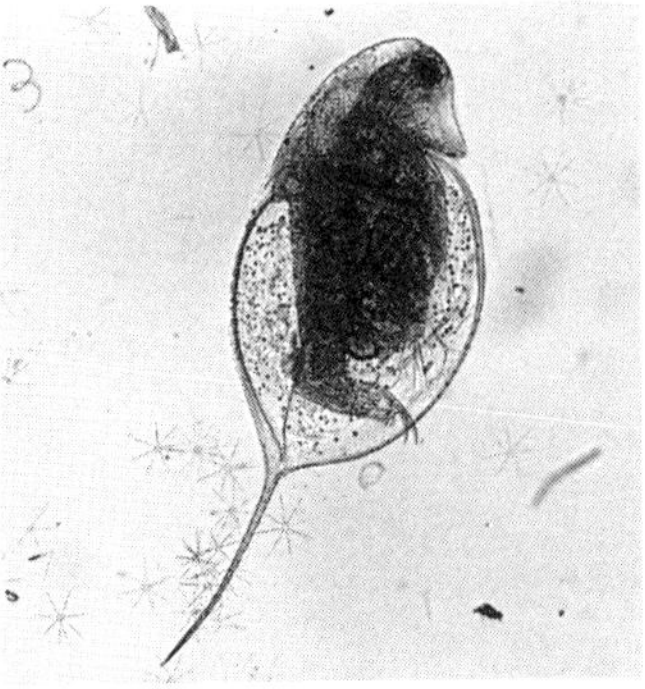

図3-13　ハリナガミジンコ（体長0.5〜2mm）。

って密度を少し回復させた（図3-12e）。

湯の湖のミジンコたちは、なぜこのような個体群変動を示したのだろうか。その理由を考えてみよう。

生き物たちの相互関係

植物プランクトン量の指標となる水中のクロロフィル濃度は循環期の春が最も高かった。したがって、この季節にハリナガミジンコが少なかったのは餌不足のためとは考えにくい。透明度が三〜四mの湯の湖では、水深一二・五mの湖底でも、魚にとってはミジンコをみつけるのに十分な明るさがあったと考えられる。したがって、このミジンコが春に少なかったのは、魚から逃れる場所がなくて食われてしまったのが原因だったのだろう。

ところが、夏になると貧酸素層の出現によって魚の分布しない場所がつくられた。これは、ミジンコにとって魚からの避難所ができたことを意味する。酸素欠乏はミジンコにとっても問題であるが、ハリナガミジンコは血液中のヘモグロビン色素を増やしてこの問題を克服した。これがあると酸素を効率よくとり込むことができるようになり、酸素濃度が低い環境でも生きていける。この色素をつくる能力は数種のミジンコが持っていることが知られている。ヘモグロビンは赤いので、これが増えるとミジンコの体は赤くなる。実際、湯の湖の貧酸素層に分布していたハリナガミジンコは赤い色をしていた。また、貧酸素層にとどまることにはミジンコにとってもうひとつの問題がある。そこが餌である植物プランクトンの少ない場所であるということだ。これに対してハリナガミジンコは、魚の活動がおさまる夜になって餌の多い表層に昇ることで応じた。

そして秋、湖に再び循環期が訪れて貧酸素層が消えると、ハリナガミジンコは魚からの逃げ場を失って個体群を崩壊させたのである。

一方、小型のゾウミジンコは魚に食われにくいので、湯の湖では魚が活発に活動している初夏に高い個体群密度を維持することができた。しかし、そのゾウミジンコが八月になって急に個体数を減らした。ちょうどハリナガミジンコが増えた時期である。ゾウミジンコは餌を介した競争で大型のミジンコより弱い。したがって、夏のゾウミジンコの大きな減少は、ハリナガミジンコとの競争に負けた結果と理解できる。その後、ゾウミジンコの個体群はハリナガミジンコが姿を消した九月に再び増加した。

環境問題の多面性

湯の湖では、貧酸素層がハリナガミジンコに魚からの避難所を提供し、浅くて魚の多い湖での生息を可能にした。そして、増えたハリナガミジンコが競争相手のゾウミジンコの増殖を抑えた。貧酸素層は生き物たちの相互関係を介して生物群集に複雑な影響を与えていることがわかった。

富栄養化が湖の環境問題とされる理由のひとつに、それが魚や貝などに悪影響を与える貧酸素層を生み出すことがある。しかし、生き物の中には貧酸素層を巧みに利用しているものもいるのである。このことは環境問題が持つ多様な側面を示している。

(注) 湯の湖の標高における水温一〇℃での純水中の飽和酸素濃度は九・一九mg/ℓなので、この水温での七mg/ℓの酸素飽和度は七六%となる。

Column
●ミジンコこぼれ話

ミジンコのタイムカプセル

ミジンコの耐久卵は母親の脱皮の際に産み落とされて湖底に沈む。すぐには発生をはじめず、孵化のための好機が訪れるのを眠った状態で待っている。しかし、何年も好機に恵まれないと湖底に積もる堆積物に埋もれて眠りつづけることになり、ついには目を覚ますことなく死んでいく。

堆積物の中では何年生きているのだろうか。年代の異なる堆積物を掘り出してその中の耐久卵の孵化を調べたところ、ゾウミジンコの卵が35年眠ってから孵化したという報告がある。長いこと埋もれていた耐久卵も、なにかのきっかけで湖底表面に戻されれば目を覚ます可能性がある。耐久卵はミジンコのタイムカプセルといえそうだ。

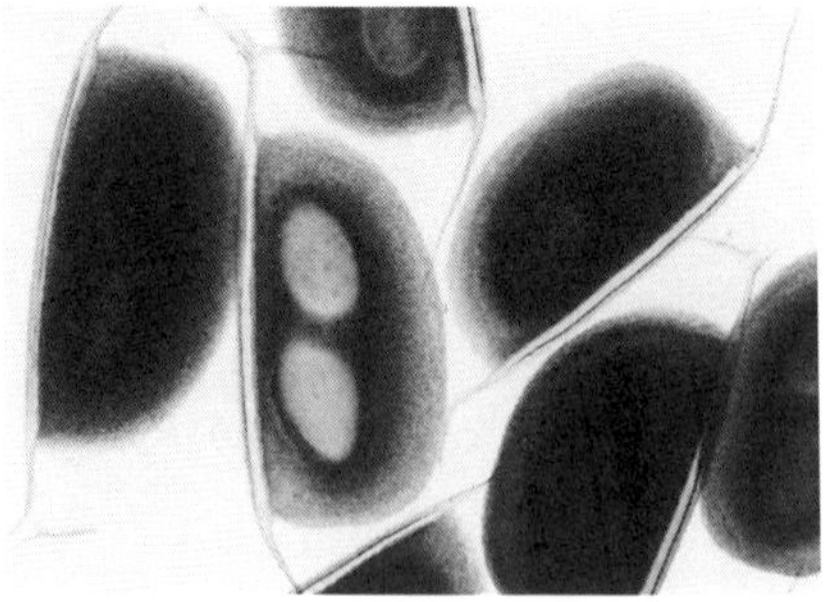

オオミジンコの耐久卵（写真＝高橋宏和）。

3時限 第6話

水草がつくる湖水環境

不均一な水環境が浅い湖でつくられるしくみ

太陽光が降り注ぐ湖の表水層では、植物プランクトンの活発な光合成によって二酸化炭素が消費され、酸素が生産される。そのため水中の溶存酸素量が増え、逆に二酸化炭素量が減ってpHが高くなる。一方、光が少ない深水層では、死んだ生き物（有機物）の分解に伴ってバクテリアの呼吸が活発になるため、表水層と逆の現象が起きる。その結果、湖水中の環境は、水深がたかだか十数mの湖でも、深さによって著しく異なることになる。

それとは対照的に、水平方向の環境の違いは小さい。湖の中の数km離れた複数の地点で調査しても、水深が同じなら水温や溶存酸素濃度などの数値は大きくは変わらないことが多い。しかし、同じ湖でも沿岸域では、地点によって環境が大きく異なることがある。その「水平方向の不均一な環境」は水草によってつくられるのである。

水草帯の水環境

浅い湖では沿岸域に水草が繁茂することが多い。最大水深が六m余りの富栄養湖、諏訪湖も例外ではなく、治水のための護岸工事がおこなわれるまでは水草の豊富な湖であった。その諏訪湖に、今でも自然の水草帯が残っている場所がある。そこには、岸から数十mの範囲に水草が分布しており、最も岸寄りで水深一〇～

五〇㎝のところにヨシやマコモの生える抽水植物帯がある。その外側の水深がおよそ八〇㎝のところではアサザを中心とした浮葉植物が湖面を覆い、さらに沖側にエビモやササバモなどの沈水植物が繁茂している。

夏にこの水草帯の水中の環境を調べてみた。水草帯の調査は楽ではない。まず、喫水線《きっすい》（船底が沈む深さ）が深い大きな船は浅い沿岸域では使えない。そのため船外機付きの平船を使う。それでもエンジンをかけて侵入するとスクリューに水草が絡まって動けなくなる。そこで船外機を水面上に持ち上げ、竿《さお》を使って船を押し進めることになる。しかし、水深が二m以上あるような深みで水草が繁茂しているところでは、竿がうまく使えず立ち往生してしまう。船が〝座礁〟してしまうのだ。そこから抜け出すのにひどく苦労した経験がある。

図3-15　諏訪湖の浮葉植物帯（アサザ帯）での調査風景。

やっとの思いで奥のヨシ群落にたどり着き、その中に船の舳先《へさき》を突っ込んで水中に溶存酸素計とpH計のセンサーを降ろした。すると、酸素計の値は〇・九〇㎎／ℓを示した（図3-16）。驚いたことに、そこには酸素がほとんどなかったのである。船をヨシ群落から出し、アサザが繁茂する浮葉植物帯で測定すると六・七八㎎／ℓという値になった。さらに沈水植物帯にまで移動すると、その値は一二・一九㎎／ℓにまで上昇した。

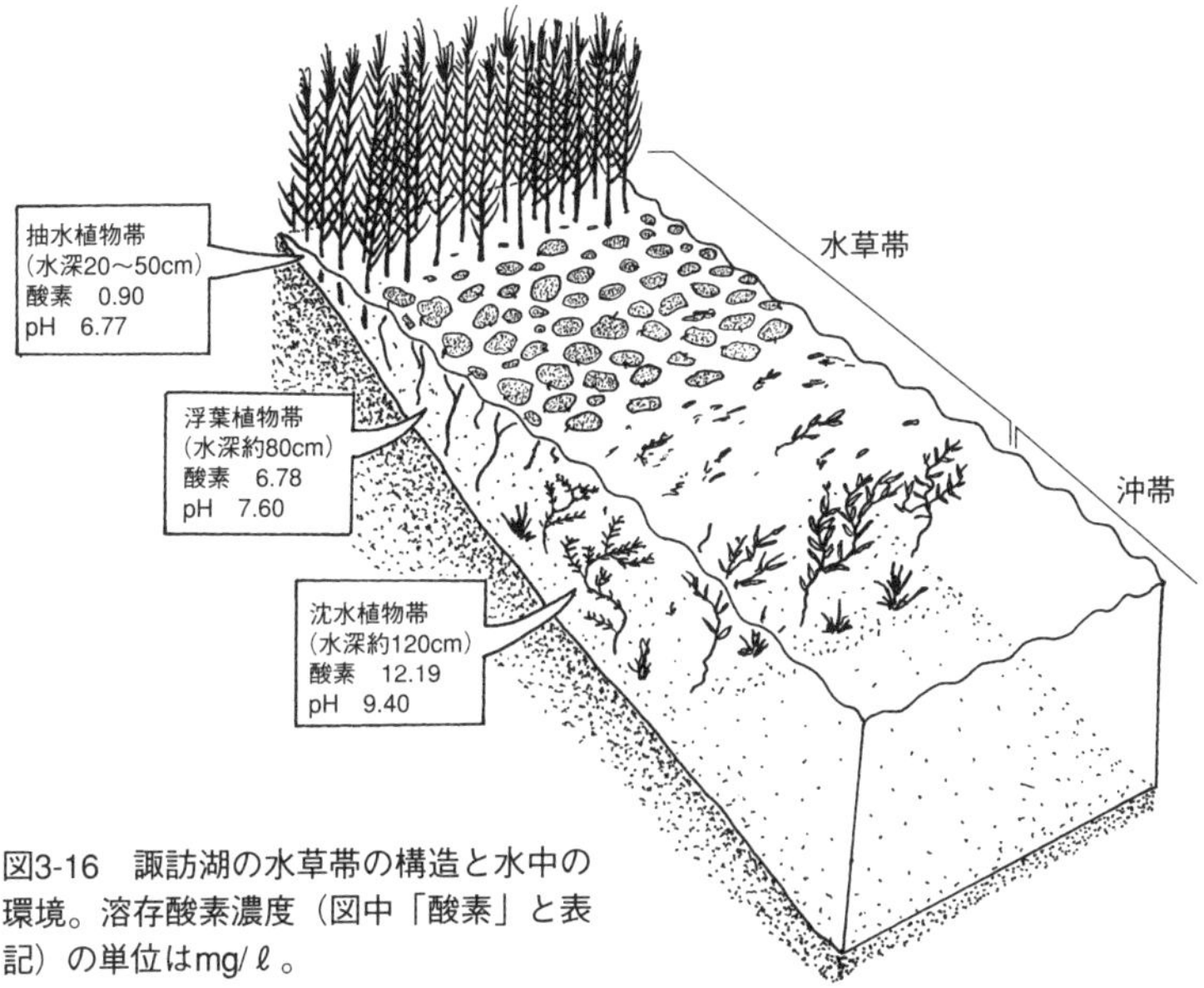

図3-16　諏訪湖の水草帯の構造と水中の環境。溶存酸素濃度（図中「酸素」と表記）の単位はmg/ℓ。

この日、沖では一面にアオコが発生しており、二kmほど離れた湖心の表層の溶存酸素濃度は一一・五五mg／ℓと過飽和状態であった。つまり、沈水植物帯の溶存酸素濃度は沖のそれとほとんど変わらなかったことになる。

pHも同様に変化して、ヨシ群落の中では六・七七とわずかな酸性を示したが、浮葉植物帯、沈水植物帯ではそれぞれ七・六〇、九・四〇と、沖側に行くほど値は高くなった（図3-16）。

岸からわずか数十mの範囲の中で、場所によって環境が大きく異なっていたのである。また、水草帯は稚魚を育む場所として重視されているが、貧酸素水界を生むことから、必ずしも稚魚によい環境ばかりを与えているわけではないこともわかった。

水中の環境を変える水草のはたらき

水環境に及ぼす水草の影響を考えるために、

水草帯の湖水環境を季節を追って調査した。春には溶存酸素濃度はどの地点でも六mg／ℓ以上と十分な量の酸素があったが、ヨシ群落内では五月下旬になると大きく低下し、六月には一mg／ℓを下回るようになった。その低い値は九月まで続き、その後回復した。pHも酸素濃度と同様に変動し、四月にはおよそ七・五であったものが五月下旬には七を下回り、その低い値は九月まで維持された。一方、水草帯で最も沖側にある沈水植物帯では、溶存酸素濃度やpHは六月にはそれぞれ一〇mg／ℓと九を超え、水草のない沖帯の環境と似ていた。

　水草帯の中の湖水環境が地点や季節によって異なったのは、それぞれの地点に繁茂する水草の特性が異なっていたためである。春になると、水草は湖底で越冬した種子、殖《しょく》芽《が》(注)、地下茎などから芽を出し、生長をはじめる。はじめのうちは植物体が貧弱で、水の動きを妨げる力はない。水草帯内の湖水は風によって攪拌されて沖の水とよく混ざるため、そこの環境は沖帯と変わらない。五月下旬になると抽水植物帯のヨシが水面よりはるかに高く背を伸ばして葉を広げ、光を遮って湖面を暗くする。すると、水中の植物プランクトンの光合成が抑えられ、一方で有機物の分解が進み、酸素濃度の減少と二酸化炭素の増加によるpHの低下が起きる。これは沖帯の深水層で起きている現象と同じだ。さらにもうひとつ、この水環境がつくられるのに必要なヨシのはたらきがある。それは、密生して水の動きを抑え、湖水の混合を妨げることである。もしヨシ群落の水が酸素の豊富な沖の水とよく混ざれば、貧酸素環境は生まれない。

　一方、アサザが群生している浮葉植物帯では、溶存酸素濃度やpHがヨシ群落内ほどには低くならなかった。これは、アサザの遮光効果、水の攪拌抑制効果がヨシよりも弱かったためだろう。

図3-17　諏訪湖の抽水植物帯（上）と水草帯が失われた湖岸（下）。

湖における水草帯の存在意義

浅い諏訪湖には深水層がないが、湖岸に水草が繁茂することで、そこに深水層と同じ環境がつくられていた。浅い湖では深い湖でみられるような安定した鉛直方向の環境の不均一性は生じないが、それは水草帯から沖帯へと水平方向につくられていたのである。

日本の多くの湖の沿岸帯は、コンクリート護岸によって水草のない単純な構造になっている。こうなると水草がつくる不均一な環境は生まれない。環境の不均一性は多様な生物群集をつくる重要な要因であることが知られており、水草帯は生物多様性の高い場所となっている。したがって、湖で豊かな生物群集を維持するためには水草帯の存在が欠かせない。

(注) 殖芽：新しい個体をつくるために（栄養繁殖するために）、植物体の一部が形態的・生理的に変化したもの。

Column
●ミジンコこぼれ話

水草帯はミジンコの隠れ家

繁茂した水草は魚が水草帯に入るのを邪魔する。そのため、そこは大型ミジンコのダフニアにとって魚を避けて逃げ込むよい場所となる。ところが、水草帯の湖水中には植物プランクトンが少ない。そこでダフニアは、昼は水草帯の中にいて、夜になると餌を求めて沖に出ていく。彼らは、深い湖では暗い深水層を魚からの避難所として利用して日周期鉛直移動をおこなっているが、浅い湖では水草帯を魚からの隠れ家にするために日周期水平移動をおこなっているのである。

それにしても、沖にいるダフニアはどうやって水草が繁茂する場所をみつけるのだろうか。

4
時限

湖水の動きと水環境

4時限 第1話

温暖化と湖の環境

水温上昇が湖水環境に与える影響

温暖化は最も深刻な地球規模の環境問題と考えられている。これは人間活動に伴って増えた温室効果ガスによって地面が温まり、気温が上昇するというもので、一〇〇年間で二℃程度という、これまでにない速さで年平均気温が上がると予想されている。

温暖化は湖の水温も上げる。水温が上昇すると水の比重が変わり、それにより湖内の水の動きが変化するだろう。湖水環境は水の動きに大きく影響されることから、温暖化は湖水環境を変えるに違いない。その環境変化について考えてみよう。

夏の湖内環境の変化

温帯域にある湖では、春に湖内の水温が一様になって湖水がよく混合する循環期があり、夏には表水層が温かくなって冷たい深水層と分かれて成層し、湖水が停滞する成層期となる。そして、秋になると表水層の水温が深水層と変わらなくなり、再び循環期が訪れる。

温暖化が進むと、この湖では春の早い時期から表水層の水温が高くなって成層期となる。夏には水温がさらに高くなり、表水層と深水層の間の温度差が大きくなる。そうなると湖の成層構造が強固なものとなり、湖面を強風が吹いても湖水が上下で混合することがなくなる。一方、秋には表水層の水温がなかなか下がらず、循環期の訪れが遅くなる。その結果、春から秋にかけての成層期の期間が長くなると予想される。

循環期における湖水の混合は、表層にある豊富な酸素を湖底に供給するはたらきを持っている。温暖化は強固な成層を長い期間つくることになるので、底層では長いこと酸素が供給されなくなり、貧酸素層が発達しやすくなる。ちなみに、秋に成層構造が崩れるときには、水温の低下に伴って湖水が混合する表水層がしだいに下に拡大していき（深水層が小さくなり）、ついにはそれが湖底にまで達して湖全体が循環するようになる。

ところが、成層構造がしだいに崩れていっても、完全に崩れるまでは湖底には酸素が供給されない。湖底の酸素は有機物の分解に伴って時間とともに低下していくので、湖底の溶存酸素濃度が最低になる時期は、強固な成層構造がつくられる夏ではなく、秋に成層が完全に崩れるときの直前となる。したがって、温暖化に伴って成層期間が長くなると、それだけ湖底の溶存酸素濃度が低下することになり、秋に完全な無酸素環境がつくられる可能性が高まる（図4-1）。そうなると、湖底に生息する貝類などには深刻な事態となるだろう。

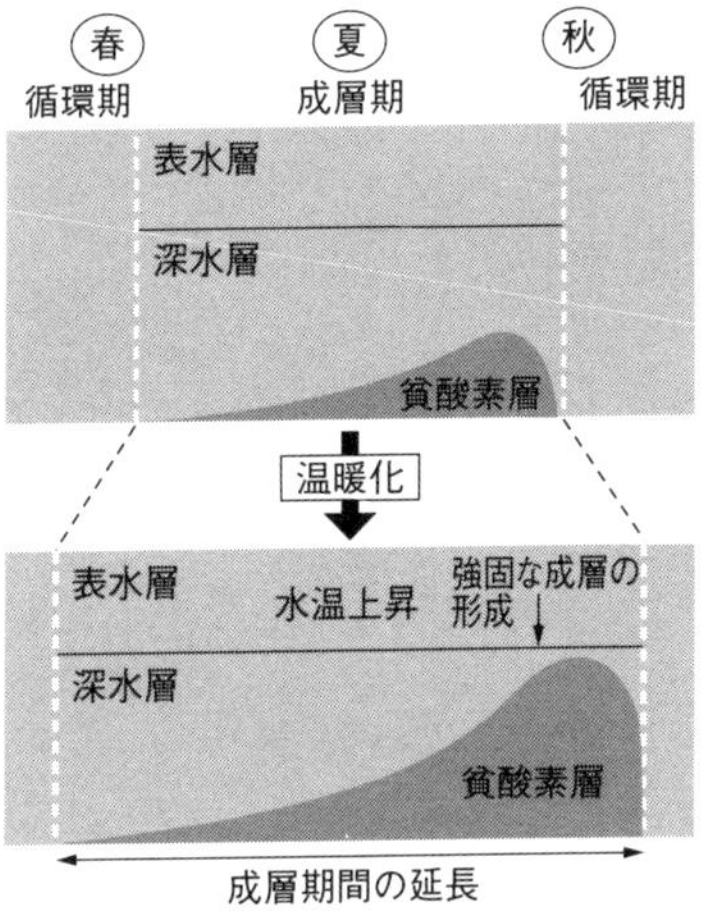

図4-1　温暖化によって変化すると考えられる貧酸素層の分布。

温暖化は表水層の水温上昇と深水層の貧酸素化を進めると考えられるが、これは冷水魚にとって大きな問題となる。それを示唆するできごとがアメリカ・ウィスコンシン州にあるメンドータ湖（湖面積三九・四㎢、最大水深二五m）で起きた。この湖には冷水魚のシスコが多く生息していた。この魚は二〇℃以上の水温を嫌い、表水層がその水温に達する夏季にはそこを避けて水温の低い深水層に分布する。しかし、富栄養化していたメンドータ湖では深水層に貧酸素環境がつくられていたため、彼らは深水層を利用することができず、夏の最高水温が二〇℃になる表水層でなんとか生き延びていた。ところが、一九八七年夏にこの地域を熱波が襲い、表水層の水温が二三℃を超えた。その結果、シスコが大量に死んでしまったのである。

冬の湖内環境の変化

湖の成層構造の季節変化は、湖が位置する場所の緯度によって異なる。温帯域の多くの湖では、冬には表水温が〇℃まで下がって氷が張り、湖水が上下で混合しなくなる。しかし、より南にある湖では真冬でも氷が張ることはなく、表水層の水温は深水層と同じ値にまでしか下がらない。すると冬が循環期となり、表水層の水温が深水層より高くなる初春から晩秋までが成層期となる。この湖で温暖化による冬の水温の上昇が起きると、冬でも表水層の水温が深水層よりも高くなり、一年を通して循環期がなくなることになる。すると、湖底の貧酸素化が著しく進むことになるだろう。このことを示唆する現象が、鹿児島県にある池田湖《いけだこ》（湖面積一一㎢、最大水深二三三m）で観察されている。

池田湖は二六mを超える高い透明度の記録を持つ貧栄養湖である（図4-2）。この湖では年間を通して最低水温は一一℃程度にしか下がらない。そのため、深水層には一一℃の水が保持されている（図4-3）。一九七七年二月には表層の水温が一一℃にまで下がり、湖底まで水温が一様になった。溶存酸素濃度をみると、

図4-2　池田湖全景（写真＝指宿市役所）。

この前の月には底層の濃度が二ml／ℓ（二・八六mg／ℓ）であったものが、二月には一気に四ml／ℓ（五・七二mg／ℓ）にまで上昇した。このとき、二〇〇mを超える湖底まで湖水がよく循環したことがわかる。

しかし、その後三年間は暖冬が続き、表層での年間最低水温は一一℃には下がらなかった。その結果、冬の循環期がなくなったのである。同時期の底層の溶存酸素濃度をみると、一九七七年二月に四ml／ℓまで上昇したが、その後は年を越えて低下し続け、一九八〇年二月には一ml／ℓ（一・四三mg／ℓ）を下回るまでになった。多くの魚は溶存酸素濃度が三mg／ℓを下回ると生きていけないので、これは、湖底付近に生息する魚類に大きな影響を与えたに違いない。

池田湖は貧栄養湖で湖水中の有機物量が少ないため、分解に伴う酸素の消費速度は低い。そのため、毎冬に循環期が訪れれば、湖底の酸素濃度は極端に

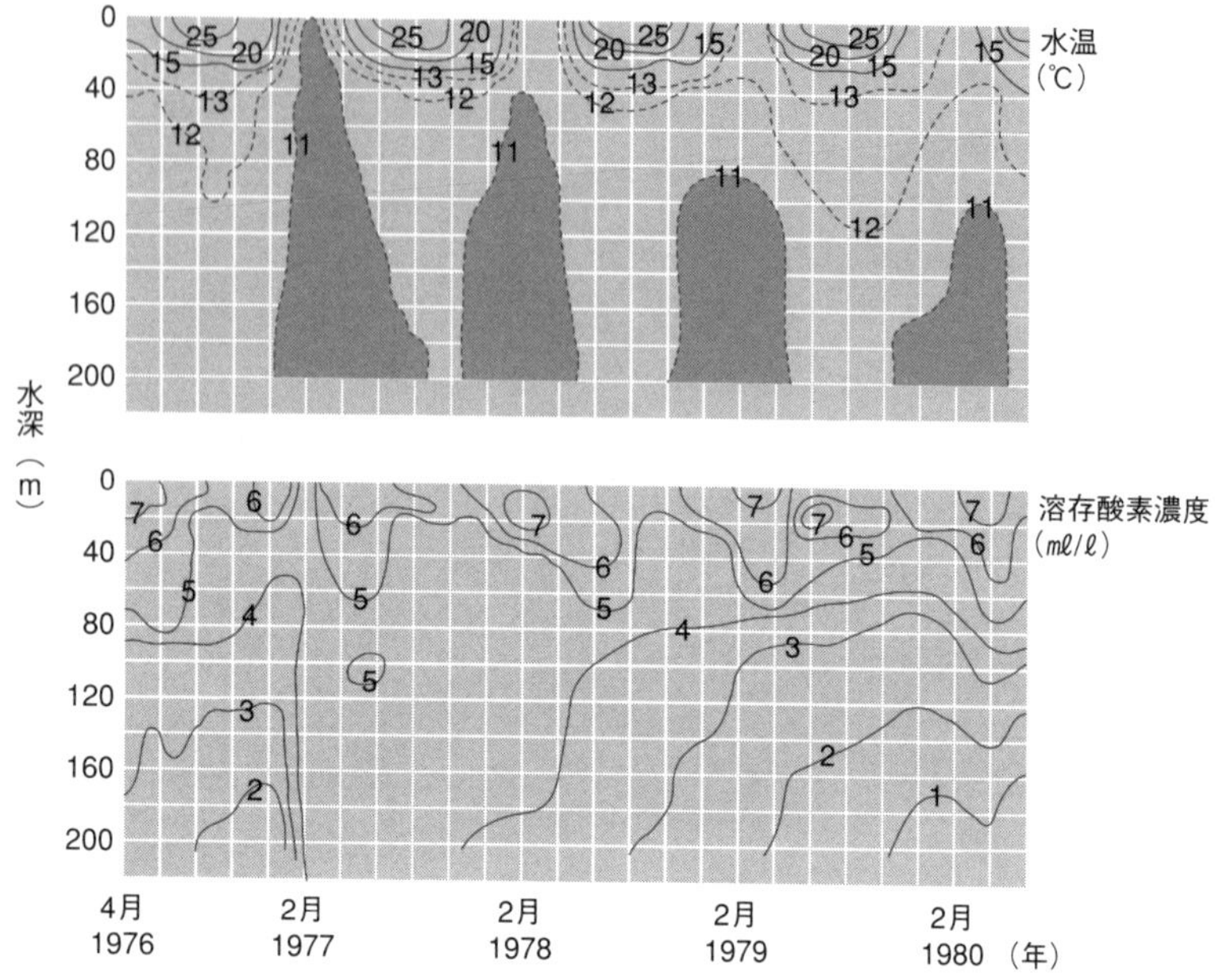

図4-3　池田湖における1976～1980年の水温と溶存酸素濃度（mℓ/ℓ）の水深と時間に応じた変化。上段の色の濃い部分は11℃以下（Sato〈1986〉より改変）。

低くなることはない。たとえば、循環期が現れた一九七七年二月の一年後の一九七八年二月には、底層付近の溶存酸素濃度は四㎖／ℓを少し下回った値にまでしか低下していない。もしこのときに湖水が循環すれば、底層の溶存酸素濃度は魚が死ぬ三㎎／ℓを切ることはなかったはずだ。しかし、暖冬が続いて三年間冬の循環期がなくなった結果、湖底には長いこと酸素が供給されなくなり、水質が良好な池田湖でも湖底に貧酸素層が出現するようになったのである。

温暖化は夏ばかりではなく、冬の水温も上昇させる。温暖化の湖水環境への影響を考えるとき、夏の影響が注目されがちであるが、冬にも重大な影響が現れることになるだろう。そしてまた、わずかな水温変化でも湖水環境が大きく変わることを理解しておく必要がある。このことも池田湖の事例が示している。この湖で循環期がなかった一九七八～八〇年の冬の表水層の水温は一二～一三℃だった。表水層の水温が深水層の水温よりわずか一～二℃上がっただけで循環期が消えてしまったのである。

Column

●ミジンコこぼれ話

ミジンコの家族計画

ミジンコは、餌が不足するようになると産卵数を減らして大きな卵をつくる。この卵からは体の大きな子どもが生まれることになる。大きな子どもは、それだけたくさんの栄養分を親からもらっているので飢餓に強い。

一方、魚が多い環境にいると、魚が出す匂い物質に反応して小さな卵をたくさん産むようになる。この卵から生まれた小さな子どもは、大きなミジンコを好む魚には食べられないので都合がいい。また、たくさんの子どもを産むことは、捕食者の多い環境中で子どもが生き残るチャンスを増す。

ミジンコは環境に応じて子どもを産み分けているのである。

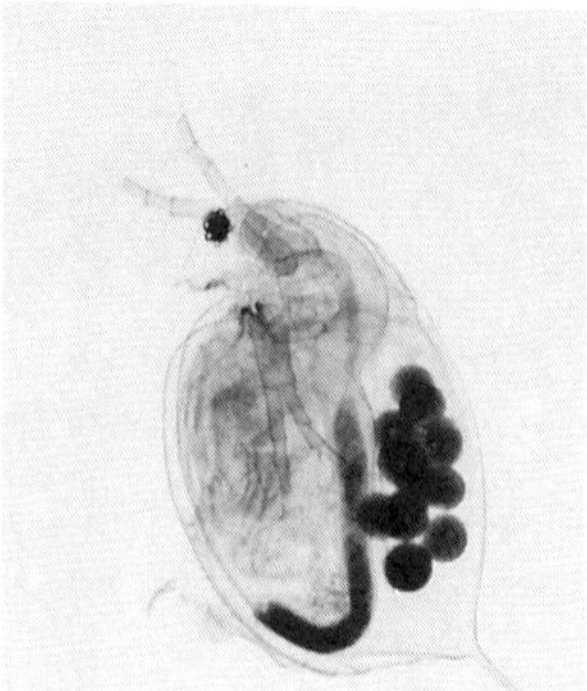

背中の育房に卵を抱えているオオミジンコ（写真＝高橋宏和）。

4時限 第2話

湖における氷のはたらき

氷に注目して温暖化影響を考える

物質は、温度が下がると形状を気体から液体、そして固体へと変化させ、それに伴い密度が高くなるため重くなる。ところが水は例外で、液体から固体（氷）になると分子が隙間の多い配列構造をつくることによって軽くなる。そのために氷は水に浮くのだ。気温が氷点下になる冬、水のこの特異な性質によって湖面は氷に覆われる。すると湖水からの熱の放出が抑えられ、また風による攪拌作用が湖水に及ばなくなるので、湖内の環境が大きく変わることになる。

地球温暖化は湖の環境にさまざまな影響を与えると予想されているが、そのひとつに冬季の結氷をなくすことによる湖内環境の変化がある。ここでは湖における氷のはたらきに注目して温暖化影響を考えてみよう。

氷が湖水を温める

湖の結氷は湖内の水温分布を大きく変える。その様子を、アメリカ・ミネソタ州のセバーソン湖（湖面積一〇・四ha、最大水深五・三m）を例にあげてみよう（図4-4）。この湖は浅いために湖水は一年を通してほとんど成層しない。ただし結氷期間は別である。一九六四年の九月から一一月の間、水温は表層と底層でまったく変わらず、一六℃から四℃まで時間とともに低下した。一一月下旬から翌年の四月までの結氷期間は、氷の直下では二℃以下になったが、湖底付近には密度が最も高いおよそ四℃の水がとどまっていた。風による湖水の攪拌がなくなったため、浅い湖でも水のわずかな密度の違いで湖水が成層したのである。氷が溶けた春、再び湖内の水温は表層から底層まで一様となり、時間とともに上昇した。

ところで、図4-4をみると、氷が張る直前の一一月下旬に、短期間だが湖底の水温が二℃以下にまで下がったことがわかる。これは、氷点近くまで冷やされた表層の水が風によって攪拌され、湖底にまで冷水が運ばれたためである。しかし、湖面が氷に覆われると湖水は成層し、湖底の水温はおよそ四℃になった。湖面を覆う氷は、氷温に近い冷たい水が湖底に降りるのを防ぐはたらきをもち、それによって湖底を温めているといえよう。

もし温暖化によってセバーソン湖の表層の水温が真冬でも一℃までしか下がらなくなったら、湖が氷に覆われなくなり、湖水が風に攪拌されて湖底も一℃になるだろう。これは結氷していたときよりも三℃低い。そうなると、「温暖化が冬の湖底の水温を下げる」という、奇妙な現象が起きることになる。

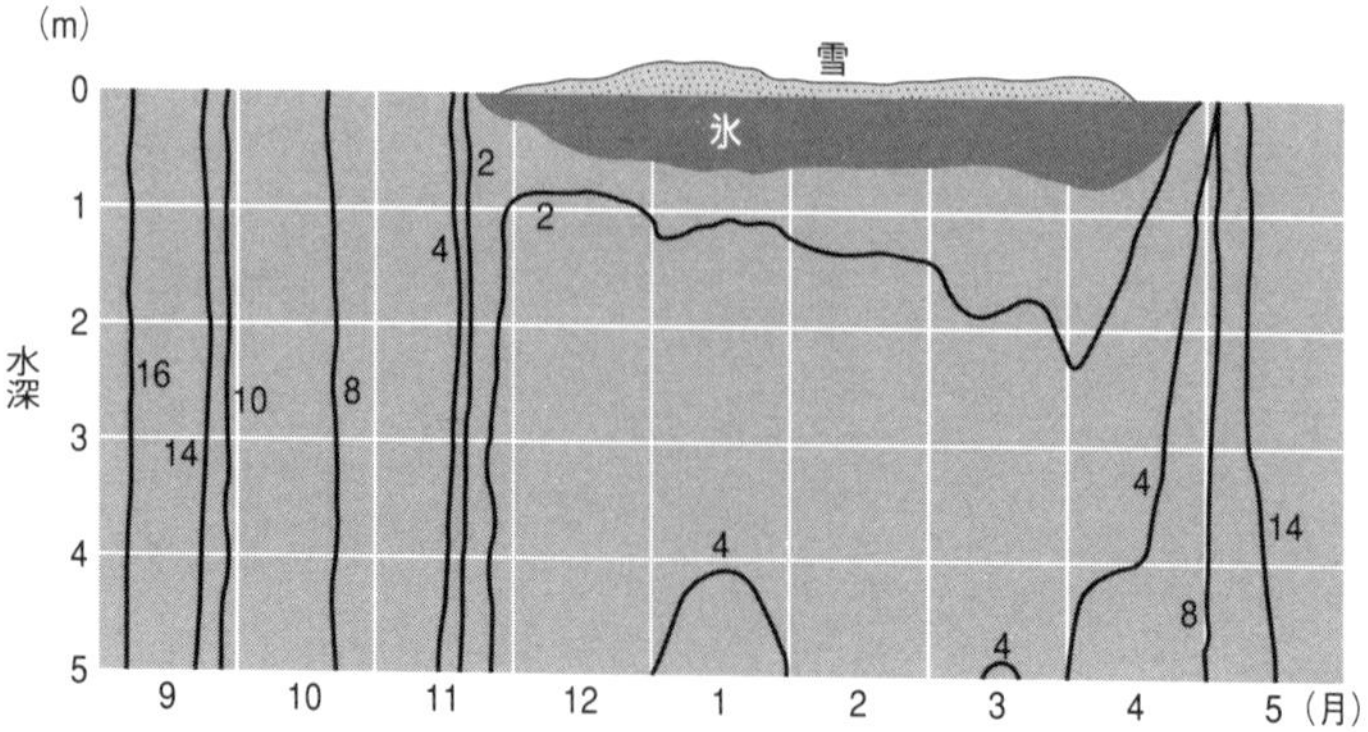

図4-4　セバーソン湖（アメリカ）における1964年9月〜1965年5月までの水温（℃）の水深と時間に応じた変化（Schindler & Comita〈1972〉より改変）。

氷が魚を殺す

氷は大気と湖面の接点をなくすので、大気から湖水への酸素の供給を絶つことになる。しかし、氷はある程度の光を通すので、氷の下では植物プランクトンの光合成による酸素の生産がある。ところが、厳寒となった一九六四〜六五年の冬のセバーソン湖では例年より結氷期間が長くなり、しかも雪が降り積もった。雪は光の透過を妨げて植物プランクトンの光合成を抑え、湖水の溶存酸素濃度を大きく低下させた。その結果、三月には湖水全体の酸素がほとんどなくなり、湖内の魚が全滅してしまったのである。冬季に氷の下で魚が大量に死ぬことは寒冷地の浅い湖でしばしば起きており、これを冬殺し（winter-kill）と呼んでいる。

セバーソン湖では一九六五年の夏に異変が起きた。例年なら〇・五mほどであった透明度が著しく上昇して五mを超えたのである。これは大型ミジンコのダフニアが大発生して植物プランクトンを食いつくしたためである。ダフニアはセバーソン湖では魚に食われて増えられなかったが、冬殺しで魚がいなくなったために大発生した。冬に湖を覆った氷が夏の水質を変えたのだ。

温暖化が進んで湖が凍らなくなると、このような冬殺しはなくなる。この場合、温暖化は魚を助けることになるだろう。

氷が温暖化を知らせる

温暖化は徐々に気温を上げるが、気候は毎年変動するので温暖化の傾向をきちんと把握するのは簡単ではない。長年にわたって気候変動を調査し、その変化の傾向をみいだす必要がある。現在、気象庁が気候の観測を続けているが、それも一〇〇年程度の歴史しかなく、それ以上の長期間にわたる気候変動の傾向はわからない。ところが、諏訪湖には長期の気候変動の様子を示す興味深い記録が残されている。それは氷の記録である。

標高七五九mに位置する諏訪湖は冬にしばしば氷で覆われる。そして、氷が割れて隆起し、その隆起が湖面を横断する「御神渡《おみわた》り」と呼ばれる現象が起きる（図4-6）。

諏訪には諏訪大社があり、その上社と下社が諏訪湖をはさんで南と北に分かれて建てられている。上社には諏訪大明神の男神の健御名方《たけみなかた》が、下社には女神の八坂刀売《やさかとめ》がまつられている。この男神は冬になると女神に会うために諏訪湖を渡るといわれており、御神渡りは神が湖を渡った跡とされてきた。そして、その跡を調べることで（御神渡り拝観）、その年の農作物の豊凶などを占った。したがって、御神渡り拝観は昔からの大切な神事であり、それゆえ氷の状況が記録され、八剣《やつるぎ》神社に残されてきた。この記録は一四四一年から今日まで続けられており、五六〇年以上にわたる世界で最も長い湖氷の記録となっている。このことは、一九九八年にアイルランドで開催された国際陸水学会議で話題となった。

この記録の中で、氷が張らなかった年「明海《あけのうみ》」と御神渡りがみられなかった年の回数を一〇年間ごとに分けて調べたところ、一九五〇年以降にそれが著しく増えていることがわかった（図4-7）。これは近年の温暖化の進行を示しているものと考えられる。

諏訪湖の氷の記録が気候変動をよく指標したのは、結氷がわずかな気温の変化に敏感に反応する気候のところにこの湖が位置していたという幸運による。また、諏訪湖畔に大明神が住んでいたことも幸いした。諏訪の神様が、湖の氷を通して地球環境変動を我々に知らせていたのだ。

図4-6　2003年1月に諏訪湖でみられた小規模の御神渡り。

図4-5　氷上でのプランクトン調査。

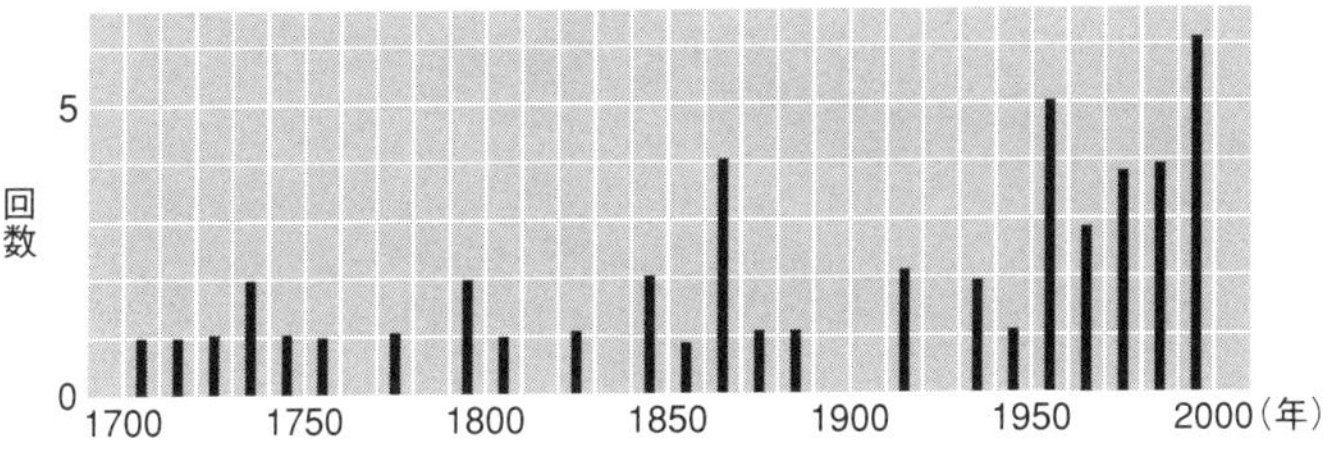

図4-7　1700～2000年の間の各10年間で、諏訪湖において明海の年と御神渡りがみられなかった年の回数（新井〈2000〉より改変）。

Column

●ミジンコこぼれ話

ミジンコに食べられて増える藻類

スファエロキスティスという藻類（植物プランクトン）は、4〜32個の丸い細胞が透明な寒天質の覆いに包まれて群体をつくっている。群体は小さいので（およそ50μm）、大型のミジンコには食べられてしまう。ところが、この藻類は食べられることでかえって元気になる。ミジンコの腸の中に入っても細胞は覆いによって消化液から守られ、一方で肛門から排泄されるまでの間に腸内にある栄養塩を吸収して活性を高めるのである。ミジンコに食べられることで活性を上げて増殖速度を増し、他の藻類との競争に勝利する。驚くべき戦術を行使している植物だ。

生き物の大きさと水環境

水の粘性がつくるプランクトンの世界

湖水中には、体長が一μm以下のバクテリアから一mに達するコイまで、さまざまなサイズの生き物が生息しているが、彼らをとりまく水の物理的環境はそれぞれ異なっている。

水の分子は共有結合で結びついている二つの水素原子とひとつの酸素原子からなるが、その水素原子は隣の水分子の酸素原子とも弱い水素結合でつながっている。そのため水の分子は互いに引きあっており、それが水の粘りけを生んでいる。これを粘性と呼び、それを産み出す力を粘性力という。この力は生き物の移動を妨げようとする力である。一方で、生き物が泳ぐときには水かきなどを使って大量の水を後ろへ押しやるが、その際、水の中にそれを押し返す慣性力が生まれ、その力が生き物を前に進ませる。したがって、生き物にとっての泳ぎやすさは粘性力と慣性力のバランスで決まる。そして、粘性力に対する慣性力の相対的な大きさは、生き物の体長と遊泳速度に比例することがわかっている。

このことは、体の大きな生き物ほど慣性力の影響をより強く受けることを意味する。すなわち、十分に大きな生き物には粘性力は無視でき、水は粘りけのないさらさらとした存在となる。一方、小さな生き物は粘性力の支配を受けることになるので、水はべたべたとした存在になり、まるで蜂蜜の中にいるようになるのである。

粘性力と慣性力の強さがほぼ同じになるのは、生き物の体長がおよそ一mmになったときである。そこで、生き物にとっての水の物理的環境は、この体長を境に大きく変わることになる。一㎜前後の体長を持つ湖水中の生き物の多くはプランクトンである。そのため、プランクトンをとりまく水環境は生き物の体長に応じて大きく異なり、それが彼らの泳ぎ方にも影響を与えている。

生き物の体長と泳ぎ方

体長が三㎜に達する大型ミジンコのダフニアは慣性力が支配している世界にいて、長い腕のような遊泳肢を大きく振り下ろして一気に前進する。もしこのミジンコの体が〇・一㎜になって粘性力の影響を強く受けるようになると、遊泳肢を振り下ろして前に進んでも、下げた遊泳肢を持ち上げると水が粘りつくために体が元の位置に戻ってしまい、前進することができない（図4-8）。このような環境の中で泳ぐには、遊泳肢を短くして小刻みに動かし、また振り下ろした遊泳肢を体に沿うようにして戻す方法が有効となる。それを体現したのが繊毛《せんもう》を使って泳ぐゾウリムシだ（図4-9）。ゾウリムシと同じぐらいの体長を持つワムシは長い刺を持っているものが多く、形はゾウリムシと大きく異なる（図4-10a）。しかし、その刺は遊泳には使わず、ワムシもやはり繊毛を使って泳いでいるのである。そして体をゆっくりと旋回させながら水の中を滑るように進む。

泳ぎ方は、ミジンコの間でも体の大きさに応じて異なる。体長〇・二～〇・五㎜の小型のゾウミジンコはダフニアよりも相対的に短い遊泳肢を持ち（図4-10b、4-10c）、それを小刻みに動かす。その結果、体はツツツツ……と連続的に水中を進むことになる。これは、ピッピピッピッと、遊泳肢のひと搔《か》きごとに進むダフニアとはずいぶんと違う。

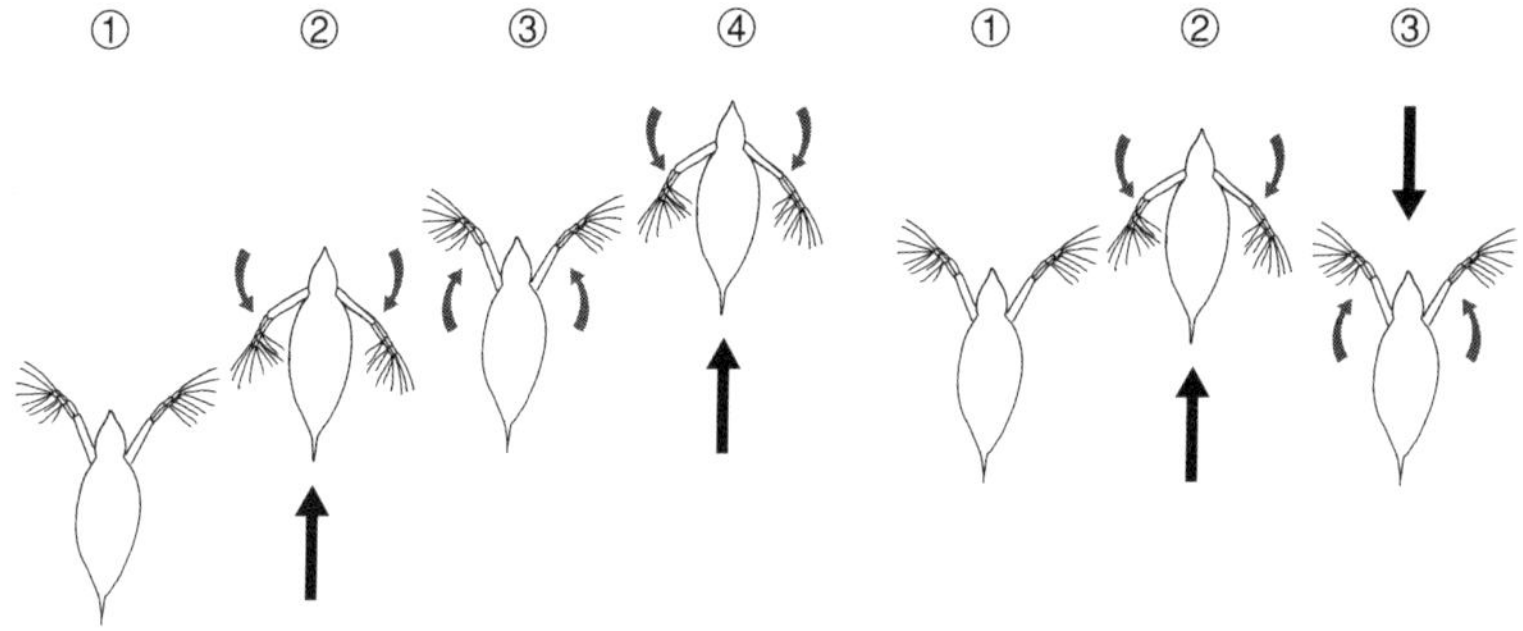

図4-8　慣性力が支配している世界では、長い遊泳肢を前後させることで前進できる（左：①から④へ）。一方、粘性力が支配していると、振り下ろした遊泳肢を持ち上げると、体が元の位置に戻ってしまい前進できない（右：①から③へ）。

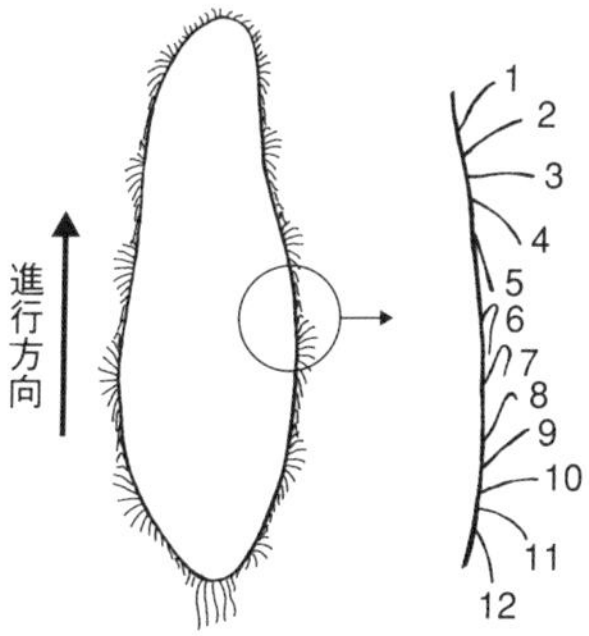

図4-9　ゾウリムシ（体長約0.1mm）の繊毛の動き（1から12へ）。

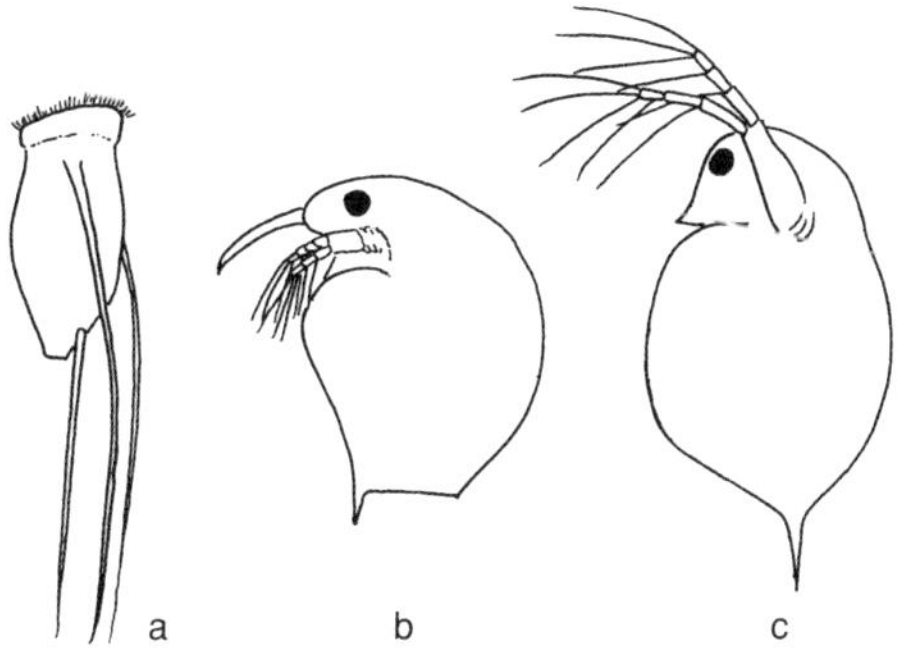

図4-10　a：ミツウデワムシ（体長0.1mm）。繊毛を用いて泳ぐ。b：ゾウミジンコ（体長0.5mm）。遊泳肢の長さは体長の半分程度しかない。c：ダフニア（体長3mm）。体長とほぼ同じ長さの遊泳肢を持っている。

水の粘性と沈降速度

植物プランクトン（藻類）は単細胞生物だが、湖には単一細胞で生活しているものだけでなく、細胞どうしがくっついて大きな群体をつくっているものも多い（図4-11）。藻類は単細胞で生きていけるのに、なぜ群体をつくるのだろうか。それは、捕食者から逃れるための適応だと考えられている。群体をつくって体を大きくすると、ミジンコやワムシなど、口の小さな捕食者には食べられにくくなる。

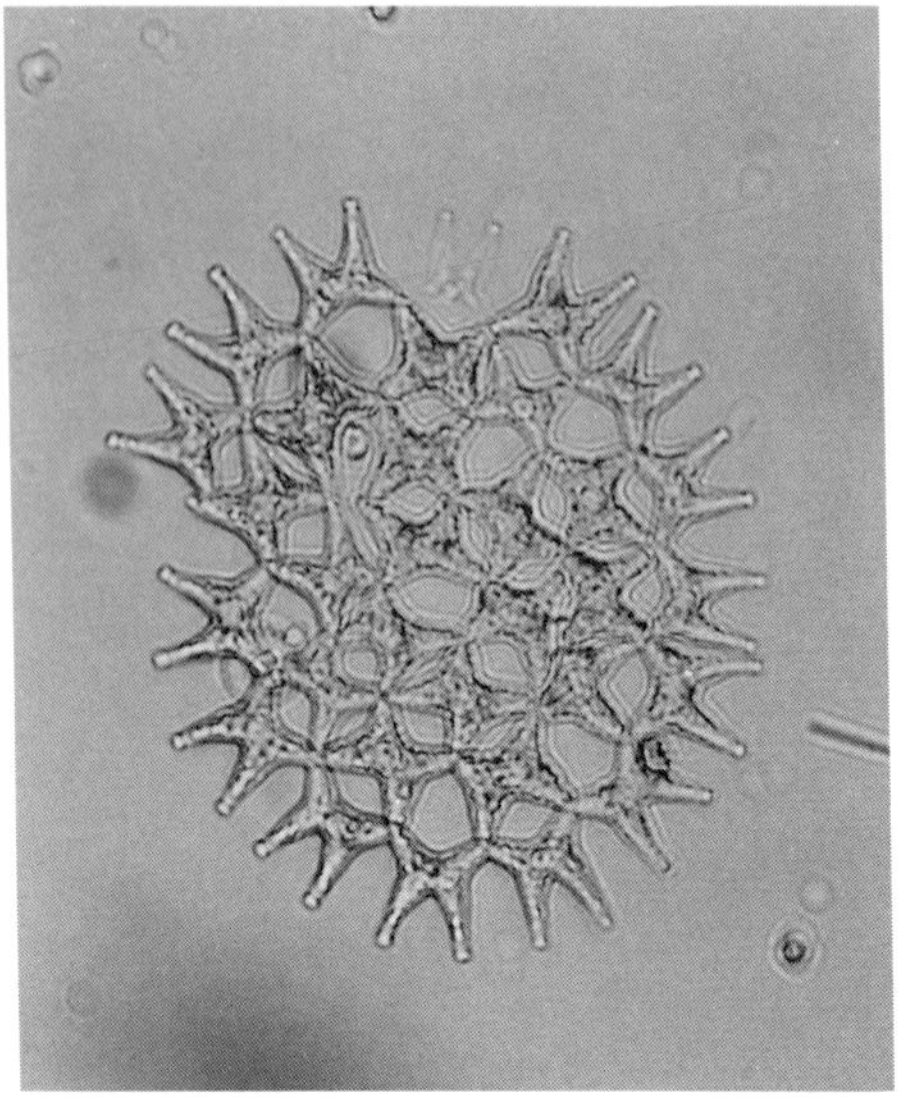

図4-11　クンショウモ。H型の細胞が集まり群体（直径約0.1mm）をつくっている（写真＝荒河尚）。

しかし、群体には不都合なこともある。それは沈降速度が高くなることだ。

藻類の多くは遊泳力がないので、重力により湖水中を沈んでいく。この沈降に対しても、それを抑える力として水の粘性力がはたらいている。そのため、沈降速度は重力と粘性力に左右されることになる。重力によって物質の沈降速度はしだいに上昇するが、粘性力も速度に比例して大きくなるので、速度があるレベルにまで達すると二つの力が等しくなって沈降速度は一定となる。そして、この速度は物質の比重と体長に比例することになる。したがって、藻類にとっては、体長が増すほど、すなわち群体が大きくなるほど沈降速度が高くなるのである。

沈降速度が高いと、温かく光の豊富な表水層にいる藻類は、より短い時間で暗い深水層にまで降下してしまう。深水層では光量不足で光合成が抑制される。また、いったん深水層に入ると、そこには風による攪乱効果が及ばないので湖水は動かず、藻類はただ沈降するほかはなくなり、ついには死ぬことになる。一方、低い沈降速度を持つ単一細胞の藻類は、長い間表水層に留まることができ、その間に盛んに増殖することができる。

群体をつくると捕食者に食われにくくなるという利益が得られるが、沈降速度が高くなるという不利益を被ることになる。ここでも、生き物の大きさが重要な意味を持っている。

水の中のアリス

不思議の国のアリスは体の大きさを変えてさまざまな冒険をした。このアリスが水中の世界に入ったらどうだろう。はじめのうちはすいすいと泳ぎ、魚とともに水中の散歩を楽しむことだろう。ところが、もし彼女がゾウリムシと友達になろうとして、キノコを食べて体を〇・一㎜にまで小さくしたならば、水が蜂蜜のようになるために、繊毛を持たないアリスには泳ぐことができなくなる。そのとたん、自分のあやまちに気づき、大粒の涙を流すに違いない。

私たちは、小さな生き物の世界を理解しようとして、自分がその生き物と同じ大きさになった様子を想像する。しかし、体が小さくなるということは、周りの石や動植物との相対的な大きさが変わるだけでなく、自分をとりまく大気や水などの物理的環境が変わることでもあるのだ。

Column

●ミジンコこぼれ話

ミジンコの匂いが藻類の形を変える

緑藻のイカダモは、湖水中では2〜8個の細胞からなる群体をつくっているが、フラスコの中で培養すると群体をつくらずに単一細胞になってしまう。その理由がよくわからなかった。ところが、そのフラスコにミジンコを飼っていた水を入れると、イカダモが群体をつくったのである。群体形成にはミジンコが放出する匂い物質が関わっていたことになる。群体をつくるとミジンコには食われにくくなる。イカダモは匂い物質を介して捕食者の存在を知り、形を変えていたのだ。

フラスコの中で単一細胞になったのは捕食者がいなかったからで、そこには湖水中にはない不自然な環境がつくられていたといえよう。

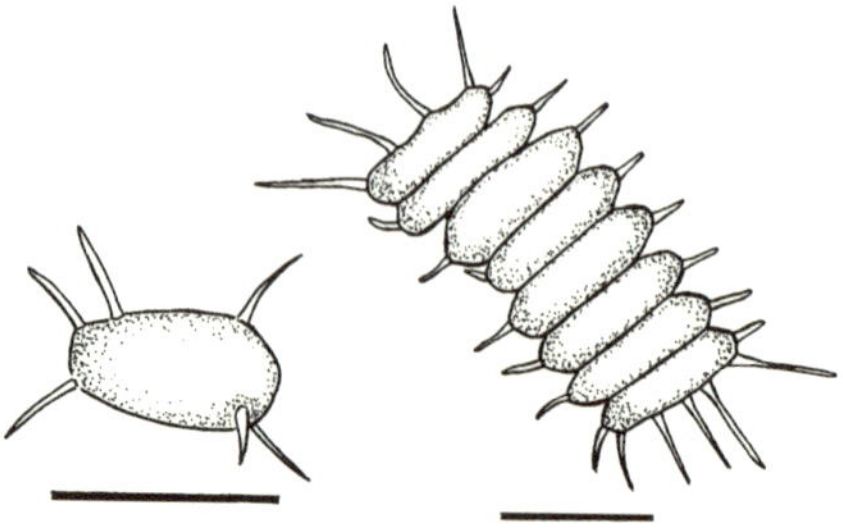

イカダモの単一細胞（左）と群体（右）。
スケールは5μm（Hessen & Van Donk〈1993〉より再作図）。

湖水が揺らぐ
風がつくる湖水の動き

風のない穏やかな日でも海岸には絶えず波が打ち寄せてくる。これは遠く離れたところで吹いた風によってつくられた波が伝わってきたものである。波は湖にも生じる。しかし、面積が海に比べてはるかに小さな湖では、波はその場の風によってつくられ、また風が止むとすぐに消えてしまう。したがって、湖の波は風の変化に敏感に反応して短時間で大きく変わる。波は湖水を動かすので、風は湖水環境に大きな影響を与える存在である。そこで、湖における風のはたらきについて考えてみる。

風による湖水の攪拌効果

深い湖では、夏になると湖水が成層して表水層と深水層ができるが、最大水深が六mほどの浅い諏訪湖には深水層はできない。その諏訪湖でも数日間風が吹かない日が続くと、穏やかではあるが湖水は成層する。すると、湖は富栄養化しているため、底層で有機物の分解が進んで酸素濃度の低い貧酸素層が生まれ、湖底に生息する貝類に大きなダメージを与えることになる。しかし、風速一〇m／秒ほどの強い風が吹くと、湖水は上下によく混合され、成層は崩れて湖底に酸素が運ばれるようになる。これは湖底の生き物を助けることになる。また、風による水の攪拌は水中の粒子の沈降を妨げ、植物プランクトンが光の豊富な表層に長くとどまって増殖するのを容易にする。この風のはたらきは、とくに比重が大きく沈みやすい珪藻類には重要

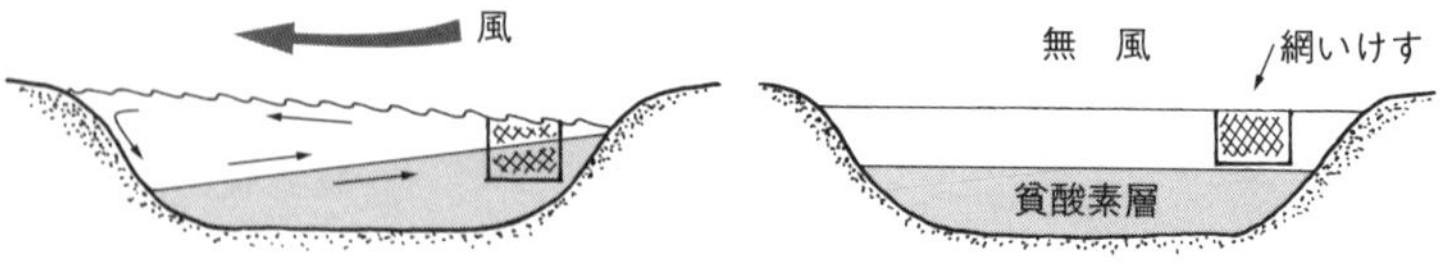

図4-12 諏訪湖で起きた風による貧酸素層の変化。無風のときにつくられた貧酸素層（右）は、風が吹くと風上側が上昇して網いけすを飲み込んだ（左）。矢印は水の流れを示す。

である。

諏訪湖を吹く風でも、三〜六m／秒程度の風速で一定方向に二〜三日吹き続くと、湖水が大きく波立つことはなく成層も崩れないが、表層の水が風下側に吹き寄せられて湖面が上昇する。すると、その水の重さで底層にある貧酸素層が反対方向に押しやられ、風上側で盛り上がるようになる（図4-12）。このとき、風上側では酸素のない黒い水が湖底からわき上がってくるようにみえたことから、人々はそれを「すす水」と呼んでいた。諏訪湖でこのすす水が発生すると、網いけすの中のコイが全滅するという事件がしばしば起きた。網の中に閉じ込められていたコイがすす水で窒息したのである。湖面を吹く比較的穏やかな風も、水の中の生き物に意外な影響を与えるのである。

湖水の振動

風によって風下側の湖面が上昇した後に風がおさまると、上昇した湖面が水の重さで下がるので、それに圧《お》されて今度は風上側の湖面が盛り上がる。そしてまた、風上側と風下側の湖面の上下が入れ替わる。このようにしてしばらくのあいだ、湖面が上下に振動することがある。この現象は静振と呼ばれており、琵琶湖や霞ヶ浦では数cm程度の振幅で数時間の周期を持った振動が観測されている。

ところで、水面の振動は湖面だけではなく、夏に安定した成層構造ができる深い湖では湖水中でも起きる。湖が成層すると表水層と深水層に分かれるが、これは冷たく重い水（深水層）の上に温かく軽い水（表水層）が乗っていると考えることができよう。このような湖では、風の吹き寄せによる湖面の水位の変化は表水層の厚さを変え、それが深水層の表面の水位に影響を及ぼすことになる。その様子が中禅寺湖《ちゅうぜんじこ》でみられた。

中禅寺湖は日光国立公園にあり、表面積一一・一km²、最大水深一六三mの貧栄養湖である（図4-13）。湖の形は南北に短く（一・八五km）、東西に長い（六・五四km）。国立公害研究所の村岡氏と平田氏（当時）は一九八二年七月に西の岸から一kmほどの地点の水深一一mのところに水温計を置き、水温を連続的に測定した。この水深は表水層と深水層の境にあたる。

水温計の値は、調査を開始した七月八日から、

図4-13　半月山からみた中禅寺湖（写真＝栃木県とちぎ観光センター）。

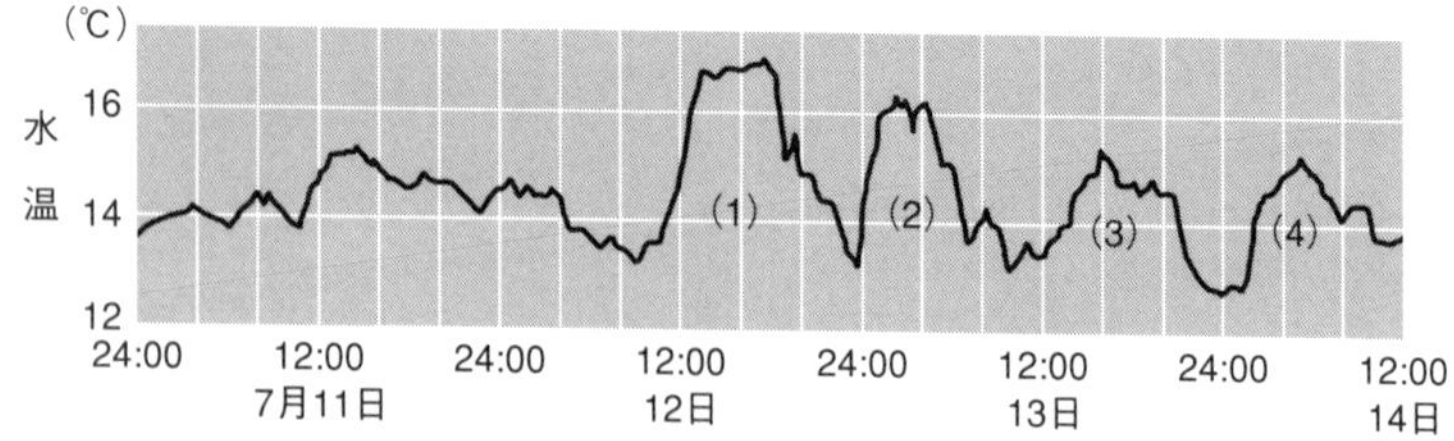

図4-14　1982年7月に中禅寺湖の西側湖岸近くの水深11mで連続測定した水温の変化（一部の期間を示す：村岡・平田〈1984〉より改変）。図中の数字は表水層と深水層の境界面の振動の回数を示す。この振動は8回続いた。

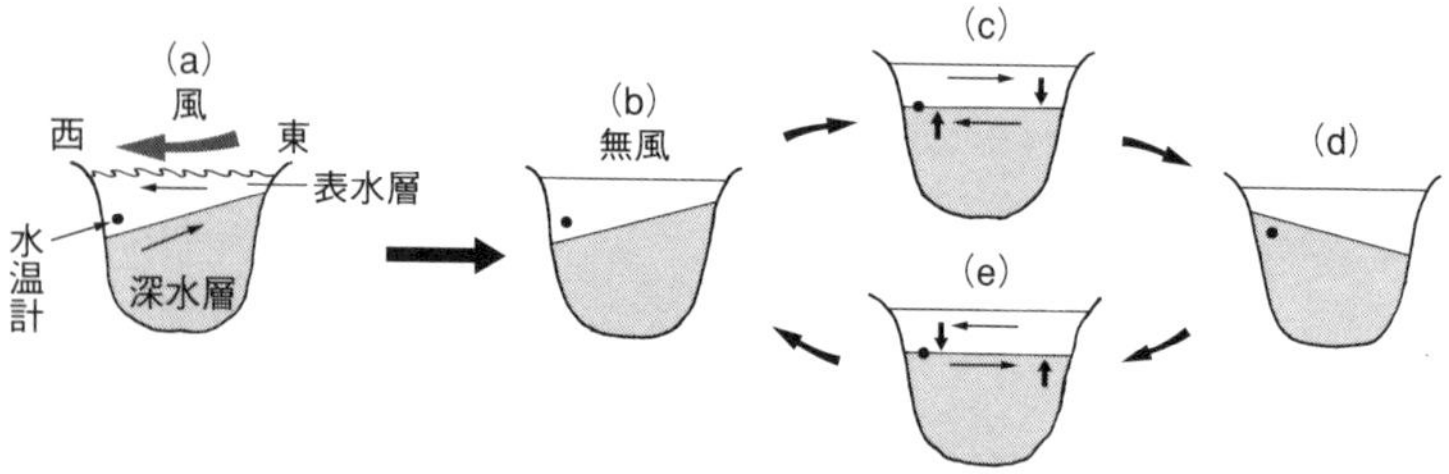

図4-15　中禅寺湖で東風が吹いた後に生じた表水層と深水層の境界面の振動の模式図。境界面に固定した水温計は、振動に応じて表水層に入ったり（b）深水層に入ったり（d）した。湖水中の細い矢印は水の流れを示す。

一二日の昼までほぼ一四℃で大きな変化はなかったが、一二日の午後になって急に一六・八℃にまで上昇した（図4-14）。これはその日の朝六時から午後二時頃まで吹き続いた風速三〜四m/秒の東風のためと考えられる。その風に表層の水が西側に吹き寄せられて表水層が厚くなって深水層が下がり、水深一一mに固定した水温計が温かい表水層の水に覆われたのであろう（図4-15a）。

その後風は穏やかになったが、おもしろいことに、水温計の値は、およそ一二〜一五℃の間を周期的に上下した（図4-14）。この周期的な水温変化は四日間にわたって八回続いた。これは表水層と深水層の境界面が振動したことを示している。連続的な東風が西側の深水層の表面を押し下げたが、風がおさまると反動でその面が大きく上昇し、そしてまた下に沈むという振動が生まれたのである（図4-15b～4-15e）。その際、固定されていた水温計がその振動に伴って表水層に入ったり深水層に入ったりしたために水温が周期的に変動したと考えられる。これは深水層表面が波打ったのであり、このときの周期は一二～一三時間、振幅が二～四mと計算された。このような深水層表面の振動は内部静振と呼ばれ、比較的湖面積が大きく明瞭な成層構造ができる深い湖でしばしば観察されている。わが国最大の湖、琵琶湖では、周期四三時間、振幅一〇mの内部静振の観測記録がある。

内部静振が起きると、風がなくてもそれに伴って表水層と深水層の中に流れが生じ、それが反転を繰り返す（図4-15c、4-15e）。これはプランクトンの分布に影響を与えるに違いない。

命を吹き込む風

湖では吹き続いた風がおさまるとすぐに湖面は穏やかになる。しかし、深い湖では、その湖面の下で、その後も水が大きく、そして静かに揺らいでいるのである。その様子を想像すると、まるで湖が呼吸をしているように思えてくる。そして文字通り、風が湖に命を吹き込んだように思えてくる。風が湖底に酸素を運んだり、プランクトンの沈降を抑えて温かい表水層での生き物たちの活動を支えていることを考えると、この思いもあながちまちがいとはいえないのではなかろうか。

Column

●ミジンコこぼれ話

貧酸素層への魚のダイビング

アメリカのトロウトレイク沼では、魚の分布を調べるためにさまざまな水深に魚の罠をしかけたところ、深水層に発達した貧酸素層の中の罠にマッドミノーが捕らえられた。多くの魚は酸欠に弱く貧酸素層には生息できないが、この魚は平気なのだろうか。否。かごに閉じ込めて貧酸素層に吊るすとすぐに死んでしまったのでそうではない。

この沼におけるマッドミノーの行動をくわしく調べたところ、この魚は貧酸素層に飛び込んでそこにいる動物プランクトンのフサカ幼虫を捕食し、すぐに酸素のある上層に戻っていることがわかった。フサカ幼虫は、大型ミジンコのダフニアと同様に、酸欠に強くて昼間は魚のいない貧酸素層に逃げ込んでいる。しかし、この戦術はマッドミノーに対しては有効ではないようだ。敵は手ごわい。

4 時限 第5話

湖は環境変遷の語り部

湖底堆積物から過去の環境を読みとる

温故知新。人類がこれまで自然環境に影響を与え生態系を変えてきた歴史をたずねることは、これからの自然とのつきあい方を知ることにつながる。もっとも、それは過去の記録がないと難しいのだが、湖の環境の変遷については、湖自身がその記録を残している。

湖では水が淀んでいるため、湖水中の多くの物質は沈降して湖底にたまる。その中で分解しにくいものは堆積物の中に長く残ることになり、それを調べることで過去の湖水環境の変化を知ることができるのである。

堆積物の採取

湖底の堆積物を調べるには、まずはそれを採集しなければならない。そのためには、船上からおもりのついた直径五cm程度の円筒をまっすぐに降ろして湖底泥に突き刺し、一定の深さの堆積物を抜き取る。浅い湖ではダイバーが潜って円筒を突き刺すこともある。この方法で数十cmから一m程度の深さの湖底泥をとることができる。物質が湖底に一年間で堆積する量は深さでおよそ〇・一～数mmであり、一般に貧栄養湖で少なく富栄養湖で多い。したがって、一mの深さの堆積物をとることができれば、その中には数百年～数千年間に堆積した物質が含まれていることになる。

堆積物から過去の環境を知るには、それぞれの物質が堆積した層の年代がわからなければならない。そのために堆積物中の鉛やセシウムの放射性同位体（注）の放射能が測られる。それらの金属は、湖底に堆積した後に一定の速度で崩壊して放射能を失うので、それを測ることで堆積してからの時間がわかるのである。また、火山の噴火で放出された火山灰や洪水の際に大量に流入した土砂が堆積物中に層をつくっていることがある。もしその噴火や洪水の起きた年がわかれば、それによりその層の年代がわかり、湖底表面からその層までの堆積速度を割り出すことができる。

図4-16　ダイバーによって諏訪湖から採取された湖底堆積物（写真＝木勢佳織里）。

歴史を語る生物遺骸

堆積物の中にはさまざまな生き物の遺骸が残されている。その遺骸を調べることで、当時生息していた生物相を知ることができ、そのときの環境を推し量ることができる。

生物遺骸の分析には植物プランクトンの珪藻とミジンコがよく用いられる。その理由は、珪藻やミジンコの殻は分解しにくい珪酸質やキチン質でつくられているので遺骸として残りやすいこと、またこれらの生き物は数多く湖に生息しているので堆積物の中から遺骸をたやすくみつけだせるためである。数が多いと年代ごとの個体数の変動も追いかけやすい。

一九八〇年にイギリスのラウンド湖の湖底から八〇cmの深さの堆積物が採集され、その中の珪藻遺骸が調べられた。この湖の堆積速度は年平均で約一・一mmであったので、八〇cmの深さの堆積物は七〇〇年ほど前に沈降したものと推定された。分析の結果、表層から一五cmほどの深さのところ、年代では一八五〇年頃に、珪藻の優占種がそれまでのサミダレケイソウの一種やオビケイソウの一種からヌサガタケイソウの一種とイチモンジケイソウの一種に替わっていた（図4-17）。新たに優占するようになった二種の珪藻は酸性化した湖で特徴的にみられる種であったことから、この頃に湖の酸性化が進んだと考えられる。

珪藻群集の種組成から水中のpHを推定する計算式が考案されており、それを用いてラウンド湖の湖水のpHの変遷が推定された。それにより、一八五〇年以前にはpHは五・五より高かったが、その後急速に低下し、一九七〇年代には四・六に至ったと結論づけられた。これには、産業革命以後の酸性降下物量の増加が原因したと考えられている。近年、北欧では湖沼の酸性化が大きな環境問題として注目されるようになったが、一五〇年以上も前から人間活動に伴う湖沼の酸性化は進んでいたのである。

スイスのチューリッヒ湖では堆積物中のミジンコ遺骸が調べられた。この湖には二種のゾウミジンコが生息しており、一方は貧栄養湖でよくみられる種で、もう一方は富栄養湖に特徴的な種である。この二種の優占度が一八九〇年頃を境に入れ替わった（図4-18）。貧栄養湖の種から富栄養湖の種に替わったのである。この頃に湖の水質汚濁が進んだのだろう。ところが、貧栄養湖の特徴種が一九六五年頃になって再び増えはじめた。この頃は湖に流入していた排水の下水処理場での処理効果が高くなり、湖の水質浄化が著しく進ん

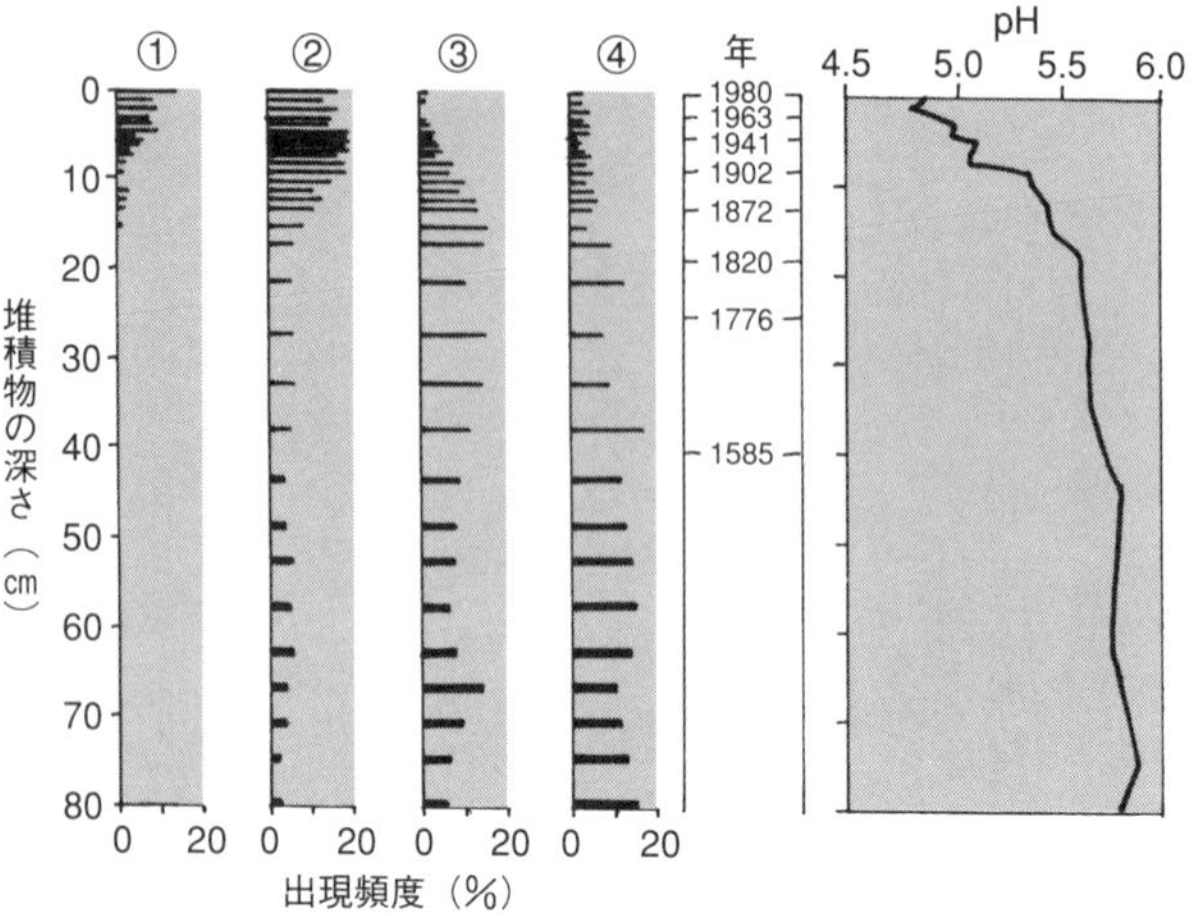

図4-17　ラウンド湖の堆積物中の4種の珪藻（①*Tabellaria quadriseptata*〈ヌサガタケイソウの1種〉、②*Eunotia veneris*〈イチモンジケイソウの1種〉、③*Anomoeoneis vitrea*〈サミダレケイソウの1種〉、④*Fragilaria virescens*〈オビケイソウの1種〉）の出現頻度（左）、および珪藻組成から推定された湖水のpH（右）の変遷（Flower & Battarbee〈1983〉より改変）。

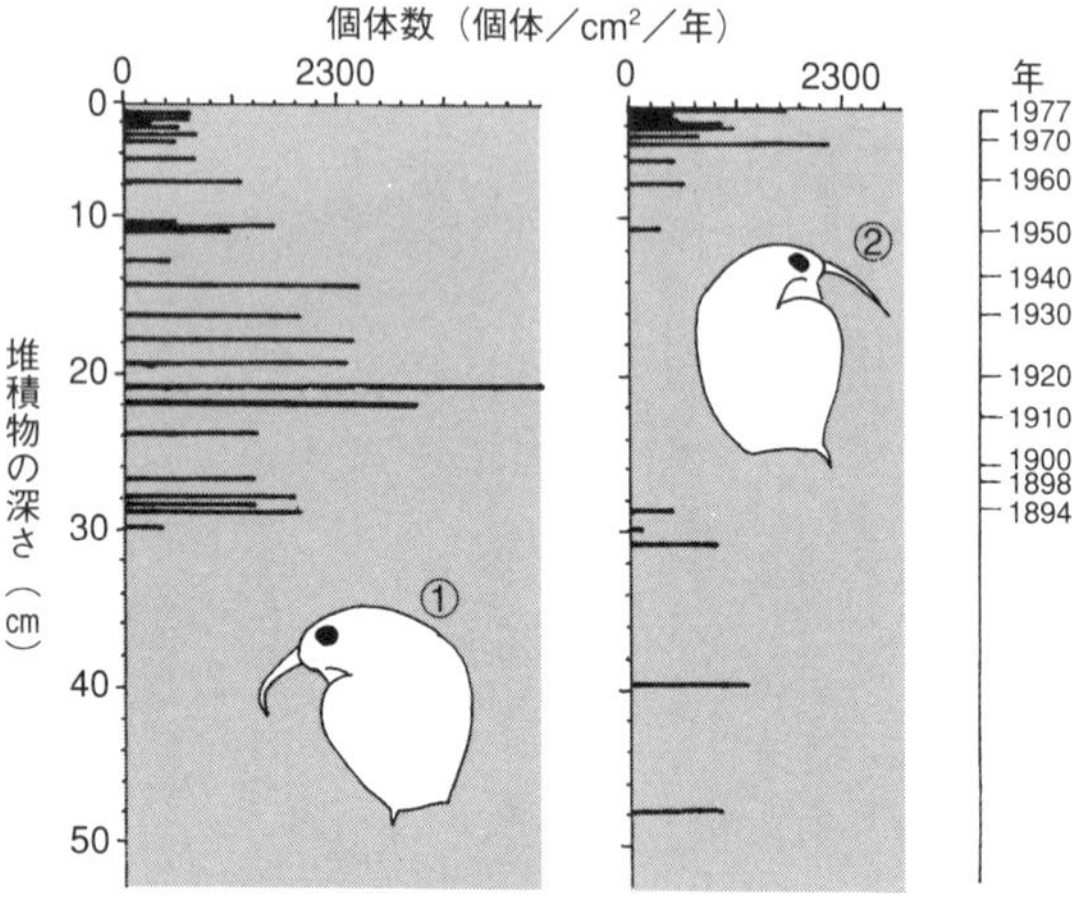

図4-18　チューリッヒ湖の堆積物中の2種のゾウミジンコ（①*Bosmina longirostris*〈富栄養湖の特徴種〉、②*Bosmina longispina*〈貧栄養湖の特徴種〉）の1㎠当たりの個体数の変遷（Boucherle & Zullig〈1983〉より改変）。

だ時期である。したがって、一種のゾウミジンコの出現頻度は、湖の水質変化に応じてよく変化していたことがわかる。

一方、湖の堆積物の中には、湖内で生息していた生き物の遺骸だけではなく、河川を介して湖外から流入してきたものも含まれている。たとえば、環境を汚染するカドミウムや水銀などの重金属、DDTやPCBなどの難分解性化学物質などである。堆積物中のこれらの物質量を測定することで、有害化学物質汚染がひどかった年代を知ることができる。また、陸上植物の花粉も含まれている。花粉は堆積当時の湖の周りの植生を教えてくれる。これまでの花粉分析で、大昔に人間が湖の周辺を開拓して森林を農地に変えた時期や、人間が持ち込んだ害虫によって一部の樹種が激減したことなどが明らかにされた。

湖は環境変化を映す鏡

湖水中に生活する多くの生き物にとって、湖は閉鎖的な世界である。彼らは環境が不適になってもそこから逃げ出すことができず、環境変化を甘んじて受けなければならない。さらに、プランクトンを中心とする湖の生き物の多くは世代時間が短いため、変化する環境に応じて容易に変動する。その結果、生物群集は環境変化をよく反映することになる。湖は環境変化を映す鏡といえるのではなかろうか。そのうえ、湖はその環境変化の記録を湖底に残している。湖は環境変遷の語り部でもあるのだ。

（注）放射性同位体：同じ元素で放射能を持つもの。

Column

●ミジンコこぼれ話

ミジンコの毛づくろい

植物プランクトンの多くの種は、多数の細胞が互いにくっつきあって群体をつくっている。大きな群体はミジンコには食べることができない。しかし、それ以上にミジンコにとっては迷惑な存在だ。餌を集めるのに使っている胸脚の毛にこの群体が絡みつくため、ミジンコは餌が食べられなくなるからだ。

このようなとき、ミジンコは後腹部の先端にある尾爪《おづめ》を使う。後腹部は上下に動かすことができ、それによりこの爪を胸脚のところまで持ち上げて、そこに絡まっている群体を体の外にかき出すのである。つまり、ミジンコはこの尾爪を使って胸脚の毛づくろいをしているのだ。水中を泳ぎながら器用なことをしているものだ。

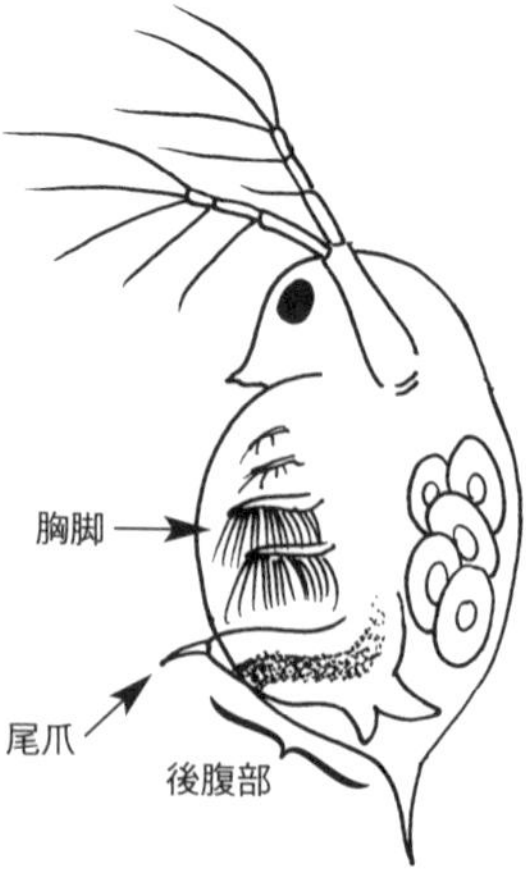

4 時限 第6話

湖の誕生と老齢化

湖の一生と人との関わり

どんなものにも誕生と死（崩壊）がある。湖も例外ではなく、誕生以来、年齢を重ねるにつれて変化し、やがては死を迎えることになる。私たちは湖を観光の場、漁業の場、飲料水や農業用水の貯蔵庫などとさまざまに利用しているが、そのような湖とつきあっていくには湖の一生を理解する必要があるだろう。

湖の誕生

湖はさまざまな要因によってつくられる。成因によって分類した日本の代表的な湖を表4-1にあげる。

日本は火山国であり、火山活動によってつくられる湖が多い。そのような湖には、噴火によってできた火口に水がたまった火口湖や、火山活動で火山体に生じた大きな陥没が湖になったカルデラ湖がある。また、噴火の際に流出した溶岩や土砂崩れで川がせき止められて湖が誕生する。これはいわば自然のダム湖であり、堰止《せきとめ》湖と呼ばれる。他に、断層がずれて地面が陥没してできた断層湖や蛇行していた川が直線的になり、褶曲《しゅうきょく》部分が残されて生まれた三日月湖（図4-19）がある。洪水時には、堤を越えた河川水が地面を掘ったり、窪地に流れ込んで湖がつくられることもある。さらには、川や海流のはたらきによって海岸に砂が運ばれ、そこの一部が海から切り離されて湖が生まれる（図4-20）。これを海跡《かいせき》湖と呼ぶが、その多くは海水と淡水が混じる汽水湖である。三日月湖や海跡湖は浅く、カルデラ湖には深いものが多い。

表4-1
成因に基づいた湖の分類と代表的な日本の湖

湖の分類	代表的な日本の湖
火口湖	御池(宮崎県)、蔵王御釜(宮城県)
カルデラ湖	摩周湖(北海道)、池田湖(鹿児島県)
堰止湖	中禅寺湖(栃木県)、大鳥池(山形県)
断層湖	琵琶湖(滋賀県)、諏訪湖(長野県)
海跡湖	サロマ湖(北海道)、八郎潟(秋田県)

図4-19　平野を蛇行して流れる石狩川につくられた三日月湖（写真＝北海道開発局石狩川開発建設部）。

図4-20　サロマ湖。砂州によって海岸が仕切られて生まれた海跡湖。手前はオホーツク海（写真＝北見市常呂町）。

湖の老齢化と寿命

湖の成因や誕生時の水深はさまざまであるが、その後ほとんどの湖はしだいに浅くなる。川から流れ込んできた土砂や湖の中でつくられた有機物（植物プランクトンなどの生物体）が沈降し、湖底に堆積するからである。諏訪湖は最大水深が六m程度しかない浅い湖だが、この湖は断層湖で、生まれたときは約三〇〇mの水深があったとされている。

湖の水深は湖水中の環境を決める大きな要因である。したがって、湖水環境は湖が浅くなるとともに変わることになる。

湖が深いと夏には湖水が成層するため、湖底にたまった栄養塩は表水層に供給されない。そうなると、植物プランクトンは増加しにくく、湖の透明度は高く維持される。ところが、湖が浅くなって水深が一〇mを下回るようになると、湖水は成層しなくなり、湖底にたまった栄養塩が風の攪拌によって表層に運ばれるので、植物プランクトンの大量発生が起きやすくなる。すなわち、湖は浅くなるにつれて富栄養化する。

さらに浅くなって水深が数m程度になると、それまで湖岸にしか生えていなかった水草が、しだいに沖の方に分布を広げるようになる。浅くなるほど湖底に光が到達しやすくなるのでますます水草が増え、ついには湖全体を水草が覆うようになる。そうなるとそこは湿原と呼ばれる。そして、さらに浅くなると湿原が埋まって乾燥化が進み、草原となって森林へと遷移していく。つまり、湖は年をとるにつれて浅くなって富栄養化し、湿原を経て乾燥化が進み、ついには死を迎えるのである（図4-21）。

湖の寿命は、生まれたときの深さや堆積速度で異なるが、およそ数千年から数万年程度のものが多い。しかし、例外的な存在として、古代湖と呼ばれる寿命の長い湖がある。それには、シベリアのバイカル湖（年齢は約三〇〇〇万年）を代表に、アフリカのタンガニーカ湖（二〇〇〇万年）や日本の琵琶湖（四〇〇万年）などがある。

なぜ、このような古い湖が存在するのであろうか。じつは、これらの湖は誕生してからも地盤の断層活動により湖底が深くなっているのである。そのため長いこと湖が埋まらずに維持されている。湖は閉鎖的な環境を持つので、古代湖に棲む生き物には長いあいだ隔離された環境の中で独自の進化を遂げて固有種となったものが多い。一方、数千年から数万年程度の寿命では新しい種が生まれるには時間が短いため、ほとんど

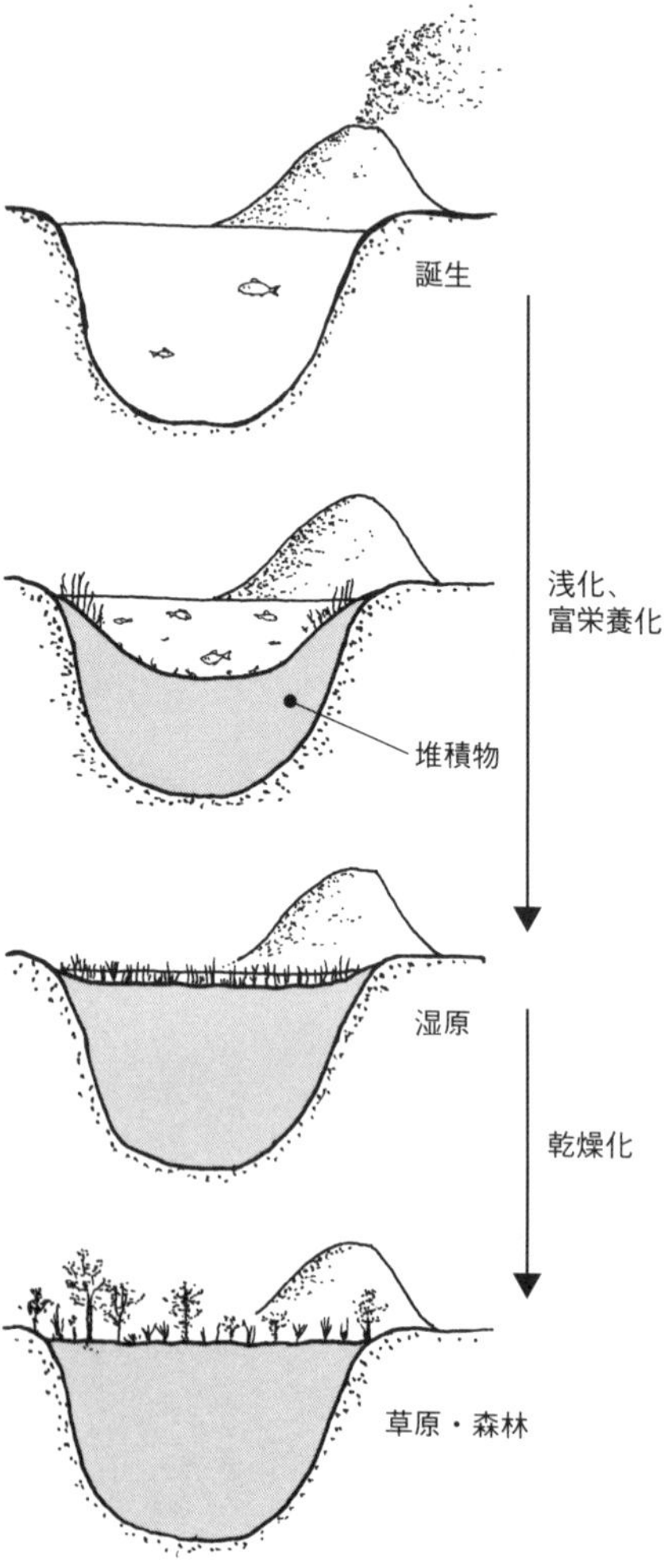

図4-21　年齢に応じた湖の変化

の湖には固有種はいない。

湖の一生とその管理

湿原の環境は満々と水をたたえた湖のものとは異なり、また乾燥化が進んだ草原や森林のものとも異なることから、そこには特徴的な生物種が多くみられる。そのため、貴重な生態系がつくられており、重要な保全対象となっている。湿原は一生のうちで末期にある湖で、放っておけば乾燥化が進んで失われるものである。湿原を保全するうえで最も重要なことは乾燥化を防ぐことであるが、それを人為的におこなえば自然の流れを人の手で変えることになる。そのことから、それはすべきではないという考えも生まれてくる。

しかし、ここで考えてみよう。我々は自然を改変することで、湖に対してその一生のさまざまな段階で影響を及ぼしている。たとえば、防災のために土砂崩れや洪水を抑えることで、堰止湖や氾濫原《はんらんげん》に生まれる湖の発生を抑えている。また、河口域や海岸の改修は海跡湖の形成に影響を与えている。これらは湖の誕生を妨げていることになる。ダムを造ることで下流の湖への土砂の流入量を減らし湖の堆積速度を下げ、さらに湖底を浚渫《しゅんせつ》することで湖の浅化を防いでいる。これは湖の老齢化を妨げていることになる。一方で、森林の伐採による裸地化は降雨時の土砂の流出量を増やし、下流の湖の浅化を速めて湖の寿命を短くする可能性も考えられる。湖の誕生や老齢化、そして寿命を変えることは湿原の形成に影響を与えることになる。すなわち、我々はすでに湿原の盛衰に人為的な影響を与えているのである。

湿原に限らず、湖の環境保全を考えるときには湖の一生を考え、そのさまざまな成長段階に我々が影響を与えていることを理解し、そのうえで対策を考えていく必要があるのではなかろうか。

Column

●ミジンコこぼれ話

みえないミジンコ

日本に生息する最大のミジンコはノロである。細長い体と太く長い遊泳肢を持ち、中央にある脚で小型のミジンコを捕らえて食べる捕食者だ。体は大きいが著しく透明で、みつけるのが難しい。

諏訪湖のプランクトンをネットで集めてビーカーに入れてみていると、泳ぐはずのない藻類の群体が動いていることがある。目を凝らしてよくみると、そこにノロがいる。長い遊泳肢を不器用そうに大きく振って泳いでおり、それによって周りの群体が動かされていたのだ。

小型のミジンコを捕らえるには体が大きいほうが有利だが、大きな体は魚にみつかりやすい。そこで、こんなにも透明な体を持つようになったのだろう。

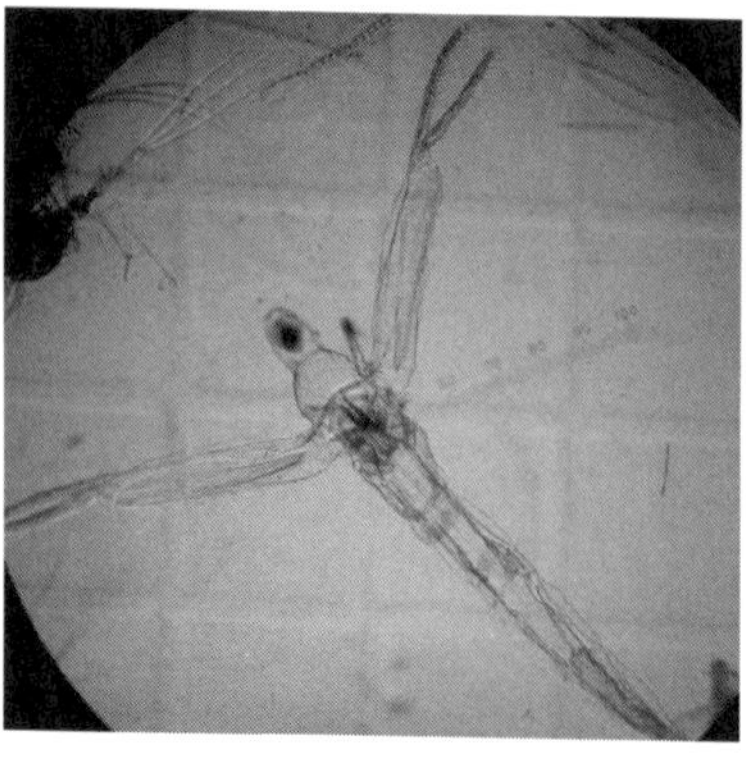

透明なミジンコ、ノロ。体長は最大で約10mm（写真＝森山豊）。

5
時限

湖の生物群集を調べる

5時限 第1話

生き物の数を調べる

湖水中の未知の世界の扉を開く鍵

湖にはどんな生き物が棲んでいて、彼らはそこの生態系でどのような役割をはたしているのだろうか。これは湖に限らず、生態系を理解するための基礎的な課題である。それに答えるためには、まず、生き物たちの種類と個体数を明らかにする必要がある。ところが、この基本的なことが意外と難しいのである。湖の生態系で中心的な役割をはたしているプランクトンを例に、そのことを考えてみよう。

プランクトンの採集

湖のプランクトン採集というと、船上からプランクトンネットを水中に沈め、引き上げている光景をよくみるだろう（図5-1）。これは、ネットを一定距離曳くことで定量的に水中のプランクトンを濾《こ》し集めているのである。これで採集されるのは、ミジンコなどの甲殻《こうかく》類やワムシ類である。採集した動物はホルマリンで固定して保存し、後で顕微鏡を使って種類を分けて計数することになる。

しかし、この方法には問題がある。ネットを曳くと網目がつまって水が抜けなくなり、多くの湖水がネットの口から外に流れてしまうのだ。すると、実際にネットが濾過《ろか》した水量は期待した量（ネットの口の面積×ネットを曳いた距離）よりもずっと少なくなる。

より定量的に採集するには、採水器を用いて一定量の湖水をとるのがよい。とった水を船上でネットに流し込んでプランクトンを濾し集める。私たちは、容量六ℓのバンドーン採水器（図5-2a）で二回とった湖水（一二ℓ）を船上で細かい網目のネット（目合い〇・〇四㎜）で濾している（図5-2b）。こうすると、体長が〇・一㎜よりも小さなワムシも逃すことなく集めることができる。この方法でとった諏訪湖のミジン

図5-1　動物プランクトンの採集のため、プランクトンネットを水中に沈める（写真＝河鎮龍）。

図5-2a　バンドーン採水器を水に沈める（写真＝河鎮龍）。

図5-2b　採水器でとった湖水をネットで濾してプランクトンを集める。（写真＝河鎮龍）

コとワムシの密度は最大でそれぞれ約五〇〇個体／ℓと五〇〇〇個体／ℓとなり、水中をネットで曳く方法で求めたものより二〜五倍高い値となった。

ただし、採水器を用いた方法にも問題がある。プランクトンの数が少ない貧栄養湖では、分析に足るだけの数のプランクトンを採集するには大量の水を濾さなければならない。その水を採水器でとることは大きな労力を要するのである。

このように比較的容易に採集できるプランクトンでも、正確に数を把握しようとするとさまざまな問題があり、そのための工夫が必要となる。

微生物の数

プランクトンの中には体長が〇・〇四㎜（四〇㎛）を下回る小さなものも多く、それらは網目を抜けてしまうためネットで集めることはできない。そのほとんどが微生物（単細胞生物）であり、植物プランクトン（藻類）、原生動物、バクテリアなどが含まれる。

原生動物には、繊毛虫《せんもうちゅう》、鞭毛虫《べんもうちゅう》、アメーバなどがおり、バクテリアを餌にしている。大きさは二〜五〇㎛の範囲に入るものが多い。昔はプランクトンネットで採集されており、また固定のために使われたホルマリンで細胞がつぶれてしまったことなどから、湖水中の数はかなり少なく見積もられていた。そのため、その存在が軽視されていた。しかし、一九七〇年代後半になって、採水器でとった原生動物を特別な試薬で固定して観察するようになり、より正確に個体数が推定されるようになった。その結果、密度は最大で百万細胞／㎖にもなることがわかった。

一九七〇年代後半は、バクテリアについても数の推定値が大きく変わった時期である。顕微鏡ではバクテリアの生細胞と死細胞の区別ができない。そこで、それまでは生細胞の数を調べるために寒天培養法が使われていた。これは、培養液を混ぜた寒天上に、バクテリアの細胞がまばらに分散するように希釈した湖水を撒くというものだ。数日間放置するとひとつの細胞から増えたバクテリアの塊が寒天上につくられる。この塊を数えることで最初にあったバクテリアの生細胞数を推定するのである。しかし、生細胞でも与えられた培養条件では増えないバクテリアが多くいることがわかり、この方法は湖水中のバクテリア数の推定に適さないと考えられるようになった。

そこで新たな方法が考案された。DNAは細胞が死ぬとすぐに壊れるため、生細胞だけが持っているものであることから、それと特異的に結合する蛍光色素でバクテリアを染め、蛍光をあてて光っている細胞を顕微鏡下で計数するというものである。この方法で得られたバクテリアの密度は、寒天培養法で推定されたものよりも一〇〜一〇〇倍も高くなり、多いところでは一〇億細胞／mℓに達することがわかった。

このように微生物の計数方法が開発された結果、多くの微生物の湖水中の密度が修正され、微生物の重要性が見直されるようになった。そして、一九八〇〜九〇年代には微生物の生態研究が大きく進んだのである。

微生物の新たな世界

その後の研究で、植物プランクトンが水溶性の有機物を細胞外に排出していることがわかり、それをバクテリアが餌として利用していることが明らかになった。さらにそのバクテリアが多くの原生動物に食べられており、その原生動物はミジンコのよい餌となっていることが示された。これにより、湖水中に、植物プランクトン→バクテリア→原生動物→ミジンコという微生物を介した食物連鎖が存在することが明らかになったのである。植物プランクトンからミジンコまでの食物連鎖は、これまで直接的な食う—食われる関係を示す一本の矢印だけで描かれていたが、そこにはもっと複雑な食物連鎖があり、微生物が重要な役割をはたしていたのだ（図5-3）。

プランクトンの数を正確に知ることは、たやすいようで、じつはとても難しい。今後、採集方法や解析方法がさらに改善されれば、水の中にまた新しい世界がみいだされるかもしれない。生き物たちの未知の世界の探検で、熱帯林や深海が注目されているが、同じような未知の世界が湖や池の中にもあるのだ。

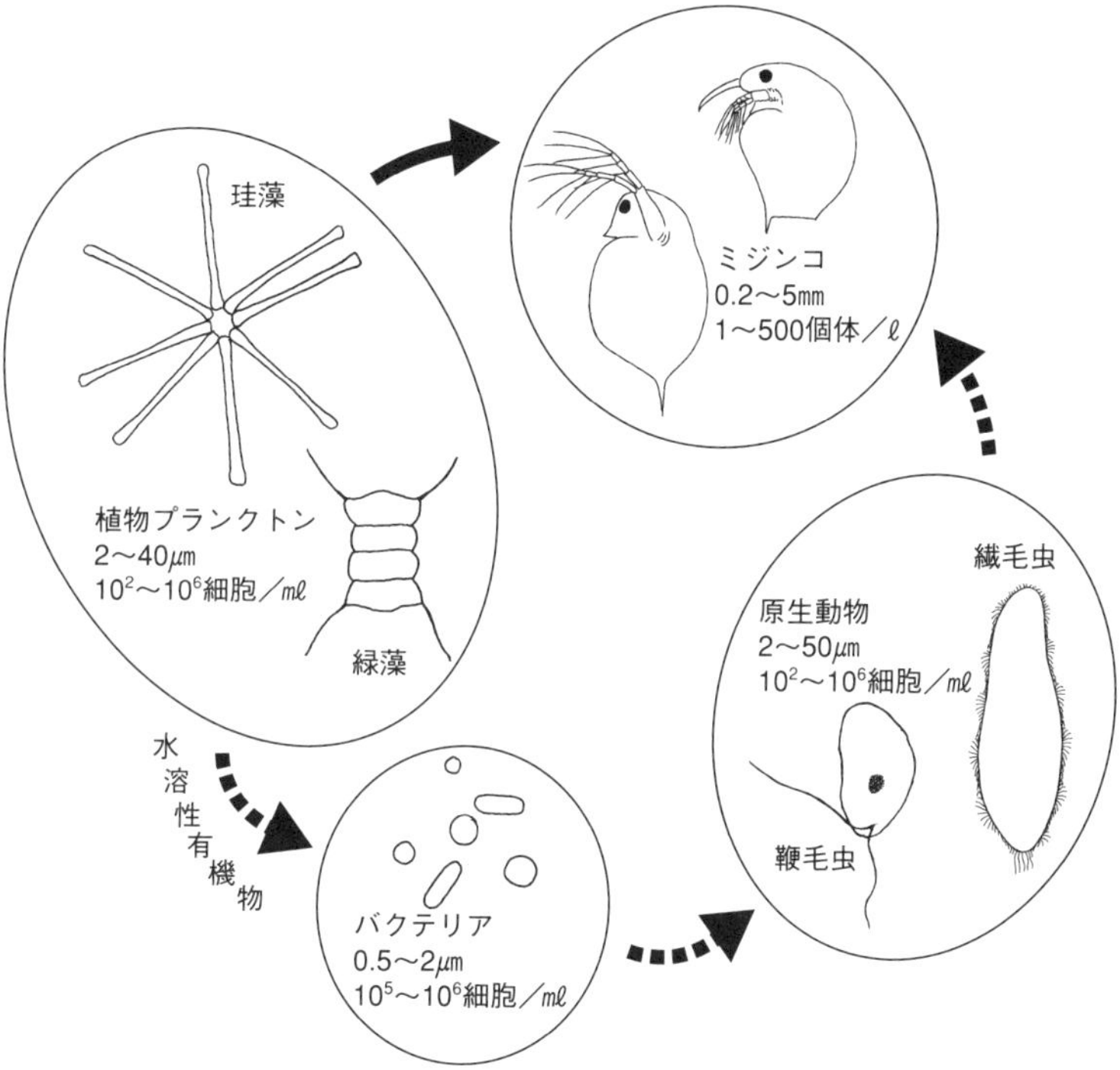

図5-3 植物プランクトンから植食性動物プランクトン（ミジンコ）への食物連鎖（中野〈2000〉に基づく）。実線の矢印：従来の食物連鎖。波線の矢印：微生物を介した食物連鎖。生物グループごとに、体長と湖水中での密度を記す。

Column

●ミジンコこぼれ話

第一触角の役割

ミジンコの吻《ふん》（くちばしのように突出した部分）の基部には小さな第一触角がある。これは雌より雄のほうが大きく、雌雄の区別に使われる。しかし、そのはたらきはよくわかっていない。

タマミジンコの雌は他の種よりも大きな第一触角を持つが、雄のものはさらに大きく、その長さは体長の半分以上にも達する。ある日、雄がこの触角を使って雌にしがみついているところをみた。タマミジンコはそれを交尾に利用していたようだ。雄を雌とともに試験管に入れて行動を観察した。すると、雄は、成体だけでなく成熟していない雌にも見境なくしがみついた。その様子をみたとき、「おい、しっかりしろよ」、思わず哀れな雄に声をかけてしまった。

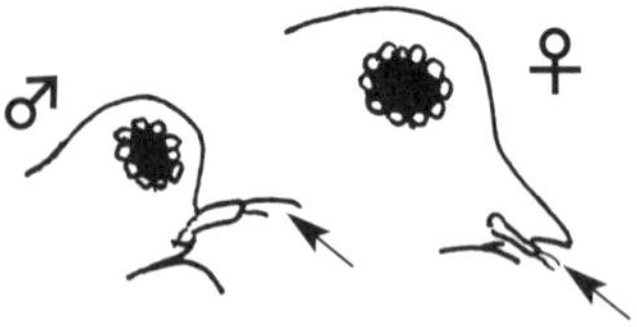

ミジンコ（*Daphnia pulex*）の雄（♂）と雌（♀）の頭部。矢印は第一触角を示す。

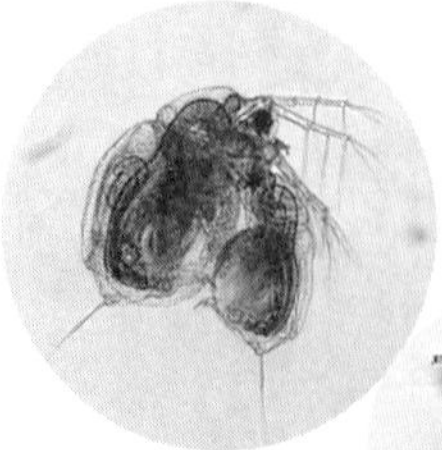

交尾をしているタマミジンコ。体が小さいほうが雄。第一触角で雌にしがみついている。

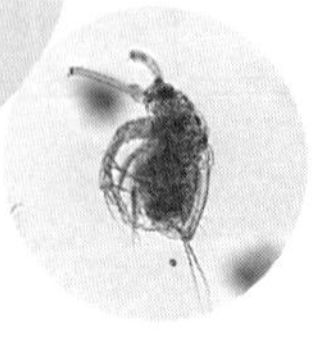

タマミジンコの雄。長い第一触角を持っている。

5時限 第2話

ミジンコと藻類の関係

陸上と異なる湖水中の動植物関係

生態系の中には無数の生き物たちがいるが、彼らは単独では生きていけず、必ず他の生き物と関わりを持っている。その関わりのなかでもとくに重要なものは食う—食われる関係だ。なぜなら、それにより食物連鎖がつくられ、生き物を介したエネルギーの流れの経路が決まるからである。したがって、食う—食われる関係を解き明かすことは生態系の理解に欠かせない。そのためには、生き物たちが何を餌としているのかを明らかにする必要がある。ただし、たとえば植物とそれを食べる動物の関係は、湖水中と陸上では大きく異なる。

ここでは、湖の生態系における主要な植物である植物プランクトン（藻類）とそれを食べる代表的な植食動物のミジンコとの関係を、陸上の動植物の関係と比較しながら考えてみる。

ミジンコの餌を探る

陸上では昆虫が食草に群がって食べている。その行動を観察すれば、彼らの餌が何かは明確にわかる。ところが、水中のミジンコについてはそう簡単ではない。

ミジンコは体の前部に五対の胸脚《きょうきゃく》を持ち、その第三胸脚と第四胸脚には細かい毛（濾過肢毛《ろかしもう》）が生えている（図5-4、5-5）。この脚を動かして殻の中に湖水をとり込み、それに乗って流れてきた藻類などの粒子を濾過肢毛で濾《こ》し集めて口に運んで食べる（図5-6）。そのため、ミジンコは濾過摂食者と呼ばれている。餌となる藻類はプランクトンとして水中に比較的均一に分散しており、また多くの藻類種が混在している。そうなるとミジンコの行動を観察しても何を食べているのかわからない。では、それを明らかにするにはどうしたらよいのだろうか。

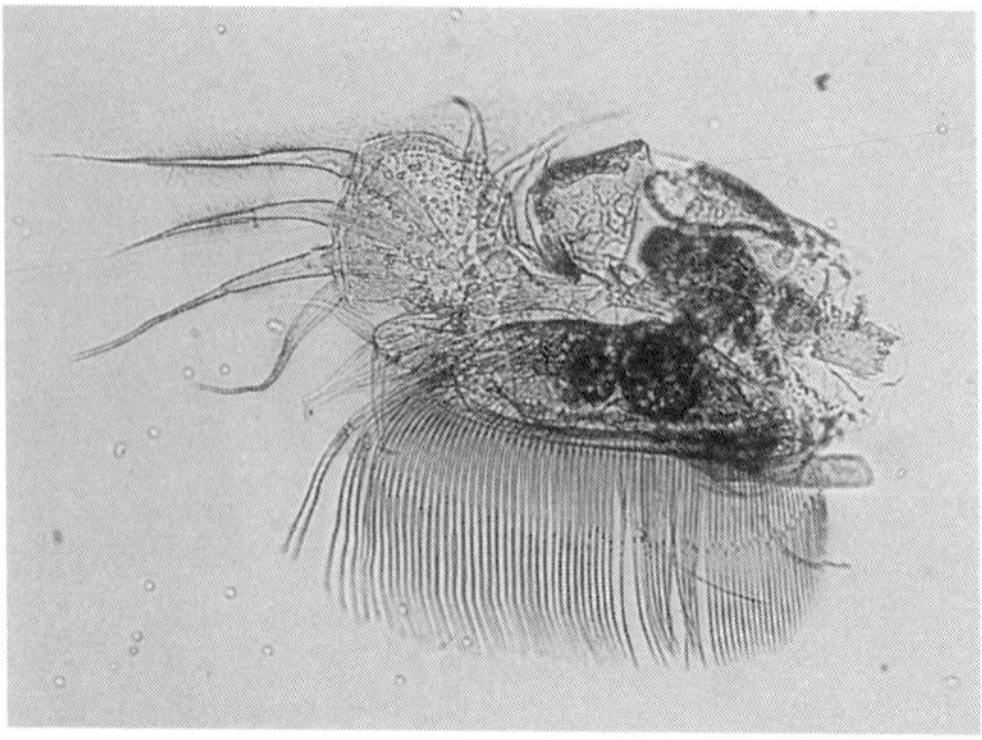

図5-4　ダフニアの体から切り取った第三胸脚。櫛のような濾過肢毛がついている。

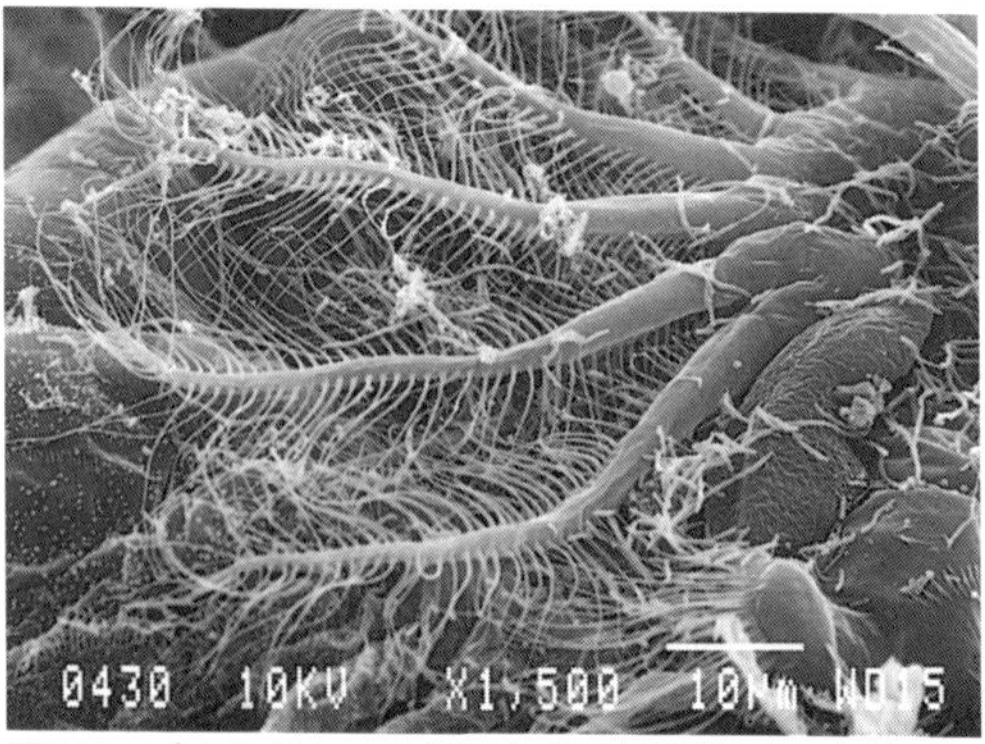

図5-5　ゾウミジンコの第三胸脚の濾過肢毛。白線（スケール）は10μm。

ひとつの方法としてミジンコの腸の中身を調べるということが思いつくだろう。実際にそれをやってみると、さまざまな藻類種がみいだされる。そしてその多くが珪藻類である。ところが、これはミジンコが珪藻類を好んで食べていることを必ずしも示してはいない。なぜなら、珪藻類は消化されにくい殻を持っているためその殻が腸の中に残るが、他の餌生物の中には消化液によって細胞が壊れてしまい種類を特定できないものが多いからである。

ほかに、さまざまな藻類を含む湖水が入った容器にミジンコを加え、一定時間後に容器の中の藻類の種類と数を調べるという方法が考えられる。この実験では、その時間内に数を減らした藻類種がミジンコに食べられたということになる。ただし、これにも問題はある。容器の中の環境（水温、光環境、水の動きなど）が自然環境と異なること、また増殖速度の速い生き物は、その一部がミジンコに食べられても、その分を増殖によって補ってしまうので、実験

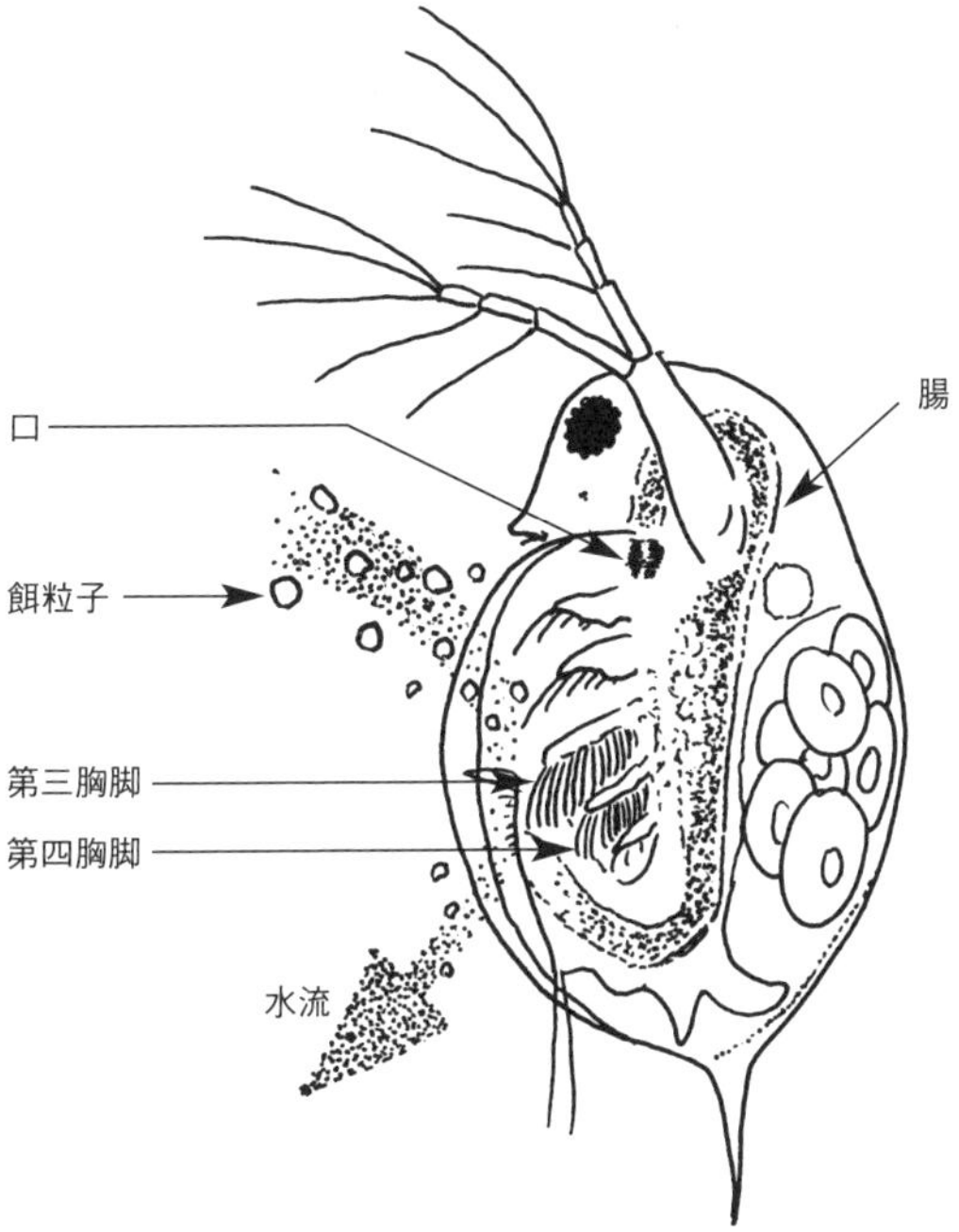

図5-6　ダフニアの摂食に関わる器官の構造と水の流れ。

終了時に数の減少がみられないということも起こりうる。

放射性同位元素(注)を用いて藻類を標識する方法もある。特定の藻類を培養し、培養液に放射性同位元素を加えてそれを藻類にとり込ませる。その藻類をミジンコと共に飼育水に入れ、一定時間後にミジンコをとり上げて体の中の放射能を測るのである。この方法だと、他の藻類と混ぜても標識された藻類が食べられたかどうかがわかる。ただし、この場合も容器に閉じ込めて実験をおこなうので、実験環境は自然環境とはどうしても異なってしまう。また、湖水中の藻類種はどれも実験室で培養できるわけではないので、それができない種については実験ができない。

図5-7　ミジンコの摂食実験の様子。大きなビーカーで飼育していたミジンコをピペットで拾い出し、その体長を顕微鏡下で測った後、一定量の植物プランクトンが入った小さな実験用容器に移している。

ミジンコが自然環境下で何を食べているかをきちんと知るのは難しく、その方法の開発が重要な研究テーマになる。

生き物たちの戦略

それでも、さまざまな観察や実験がおこなわれてきた結果、多くのミジンコは積極的には餌を選んではおらず、食べられる大きさの餌を食べているということがわかってきた。

ただし、食べられる餌の大きさはミジンコの種によって異なる。大型ミジンコのダフニア（成体の体長：

一・五〜四㎜）は小型のゾウミジンコ（約〇・五㎜）よりも大きな餌（四〇㎛以上）を食べることができる。体が大きいほうが口も大きいことから当然の結果だろう。ところが、ダフニアの濾過肢毛は体の大きさに似合わずかなり細かく（毛の間隔は一㎛以下）、バクテリアなどの小さな餌も効率よく食べることができる。一方、ゾウミジンコは濾過肢毛間隔が粗く、小さな餌を食べるのはあまり上手ではない。したがって、ダフニアが餌にする粒子の大きさの範囲はゾウミジンコのものよりもずっと広く、より多くの種類の餌を食べられることになる。ダフニアは食べるスペシャリストといえそうだ。そのため、ダフニアのほうが湖の中で生きていくのに有利であるように思われる。

しかし、ダフニアの大きな体は魚にみつかりやすく、魚の強い捕食影響を受けてしまう。一方、小さなゾウミジンコは魚にみつかりにくい。ゾウミジンコの形態は、餌を食べることよりも魚から逃れることを優先した結果ではなかろうか。ただし、魚の多い湖は一般的に富栄養化していて餌が豊富なので、ゾウミジンコには餌を得ることに専心する必要がなかったのだろう。研究の結果からそれぞれのミジンコたちの生き残り戦略が

図5-8　ダフニアは食べるスペシャリスト（左）。餌を介した競争に強い。一方、ゾウミジンコは魚が多く餌の豊富な富栄養湖に適応している（右）。

みえてきた（図5-8）。

陸上と湖水中との違い

湖の生き物たちの生活を陸上のものと比較してみると、両者の間での大きな違いは生き物の分布様式にあることがわかる。陸上では植物は極めて不均一な分布をしている。どこに行っても同じ種の植物があるわけではなく、ある昆虫の食草は特定の場所に生えていることが多い。昆虫はその食草をみつけると、そこに群がって餌を食べる。その結果、昆虫も不均一な分布をすることになる。

一方、湖では藻類もミジンコもプランクトンとして湖水中に分散しているので、ミジンコの周りにはいつも餌があることになる。しかし藻類種が混在しているため、好みの餌を選択することが困難だ。もし餌の中に毒を持つ藻類が含まれていると（実際、一部のラン藻は毒を持っている）、ミジンコはいったん集めた餌を胸脚で殻の外に掃き出す。すると、おいしい餌も一緒に掃き出してしまい、食べることができない。昆虫は食草をみつけるのに苦労するが、ミジンコは餌を選別するのに苦労している。

湖の中には陸上とはずいぶんと異なる生き物たちの世界がある。

（注）放射性同位元素：元素は同じだが質量が異なり放射能を持つもの。生物の標識には炭素や水素の放射性同位元素（^{14}C、^{3}H）が使われることが多い。

Column
●ミジンコこぼれ話

表面張力に捕まるミジンコ

ビーカーの中でミジンコの飼育実験をしていると、水面に浮いてしまう個体が出る。水面に近づいたときに水の表面張力に捕まってしまうのだ。そうなると自力では水中に戻れない。上から水滴爆弾を落としてやると水中に生還させることができる。しかし、長いあいだ浮いていると死んでしまうので、これは研究者にとってやっかいな問題だ。

「水中の生き物が表面張力に捕まるなんてまぬけだなぁ」と思われるかもしれない。ところが、この現象は水が動かないビーカーの中で起きるもので、野外の湖ではほとんどみられないようだ。

「まぬけだからじゃなくて、自然界にない環境に私たちを閉じ込めるのがいけないのよ」。ミジンコの怒った声が聞こえてきそうだ。

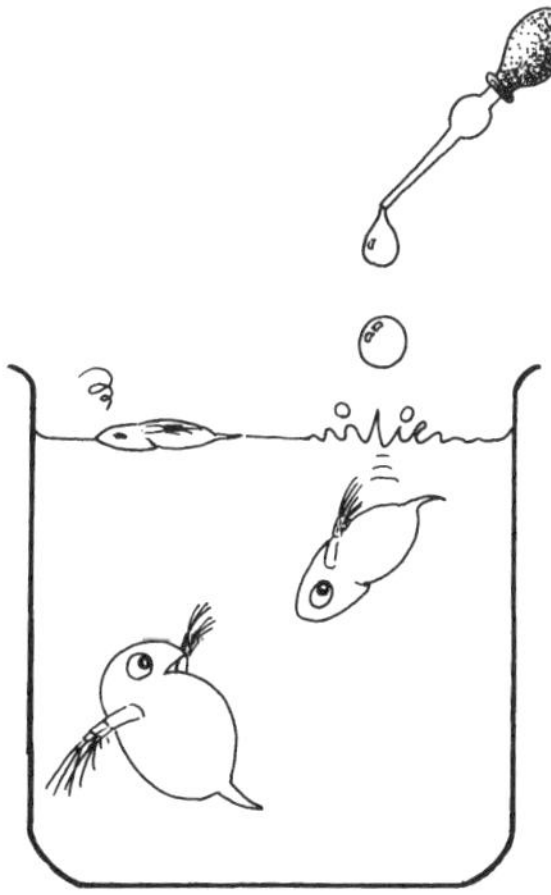

5時限 第3話

夜の湖は生き物たちの社交場

夜間調査が明かした湖水中の世界

自然界に生息する生き物たちの生態を知るためには野外調査がおこなわれるが、ほとんどの場合、それは昼間に実施される。ところが、生き物には昼と夜で異なった顔を持っているものが多い。湖の生き物たちはどうだろう。それを調べるために、諏訪湖で昼と夜にプランクトンの調査をしてみた。

夜間調査のいろは

昼と夜の間でのプランクトンの種類や密度の違いを明らかにするには、一定の調査地点を決め、そこで昼夜の調査をする必要がある。しかし、夜の湖上は真っ暗で、その中で調査地点をみつけるのは難しい。この問題を解決するには、まず昼に調査をおこなう。そのときに調査地点にブイを設置し、そこに暗くなると間欠的に光るライトを固定する。そうすれば暗い中でも容易に調査地点にたどり着くことができる。そして真夜中。調査道具を船に積み込み、救命胴衣を身につけて船に乗り込む。その際、船の行く先を明るく照らせる懐中電灯や作業中に手元を照らせるヘッドライトを忘れてはならない。また、調査を終えて戻るために、船着き場に遠くからみえるライトを置いていく。調査を終えて帰るときに、これを目印に船を進めると楽だからだ。

さて、いよいよ暗い湖面に船を出す。湖の周りでは昼間の喧噪が嘘のように静まり返っている。昼間吹いていた風もおさまり湖面も静かだ。はじめのうちはその静けさに怖さを感じるが、慣れるとかえってそれが心地よい。静けさに酔いしれていると、まもなく船は調査地点に到着し、暗闇の中での環境要因（水温、溶存酸素、pHなど）の測定とプランクトン採集がはじまる。

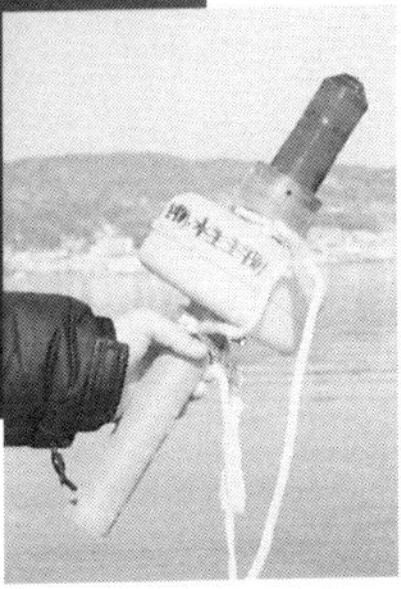

図5-9　夜になると間欠的に光る夜間灯（右の写真）を、ブイにつけているところ。

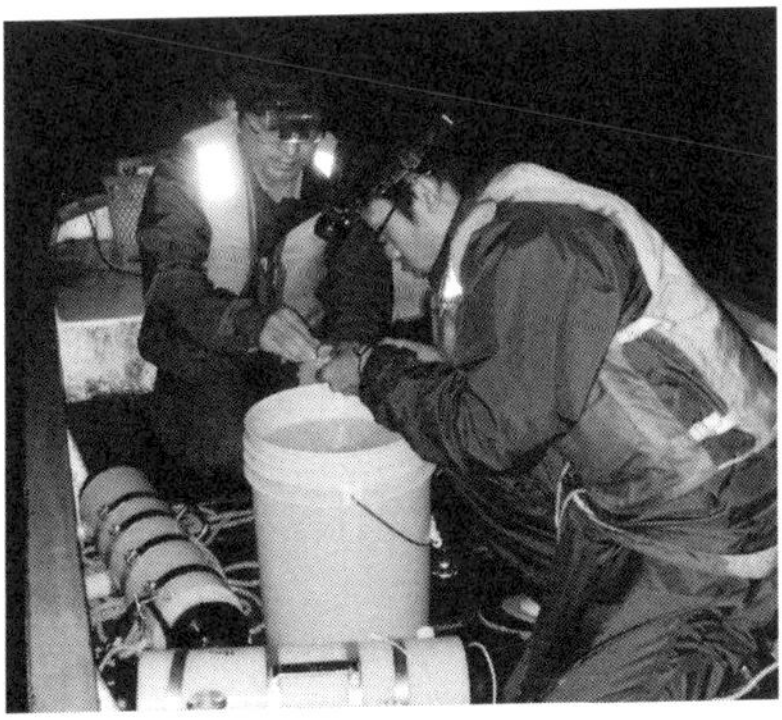

図5-10　夜間調査風景（写真＝河鎮龍）。

昼と夜のプランクトンの分布

諏訪湖は湖の中央でも水深が六mしかない浅い湖である。そこで、夏（七月）の昼と夜に水深〇mから六mまでの間で一mごとに採水器を用いて動物プランクトンを集め、顕微鏡で種類を分けながら個体数を調べた。すると、昼にはどの水深のサンプルからもほとんどみいだせなかったアサガオケンミジンコの成体（体長〇・七～一・二mm）が、夜になって多く採集されるようになった。湖水中の平均密度を計算してみると、昼の〇・二七個体／ℓに対して夜は二・八七個体／ℓになり、夜の値は昼の一〇・六倍にもなった（図5-11）。昼には多くの個体が水中から姿を消していたのである。ではどこに行ってしまったのだろうか。じつは、彼らは湖底に降りていたのだ。プランクトンといっても、ときには底生動物のように振る舞うのである。同じことは体長が三～八mmの大型の捕食性ミジンコ、ノロでもみられた。昼の湖水中の密度は夜の密度の半分以下しかなかったのである（図5-11）。

なぜ彼らは昼に湖底に降りたのか。それは、彼らが大型で魚にねらわれやすいため、魚の捕食を避けるためにとった行動だったと考えられる。

魚が多く生息して水深が二〇mを超えるような深い湖では、魚に食べられやすい大型の動物プランクトンは、夜に餌の多い表水層にいて、昼になると魚を避けて暗い深水層に降りるという行動をとることが知られている。諏訪湖は浅いので深水層はない。そこで、アサガオケンミジンコやノロは昼に湖底でじっとしていることで魚から逃れていたのだろう。そうなると、通常の昼間のプランクトンの調査ではこれらの動物プランクトンの存在を見逃してしまう可能性がある。

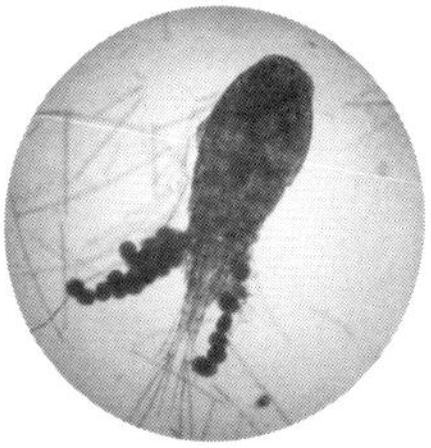

アサガオケンミジンコ
（写真＝笠井あずさ）

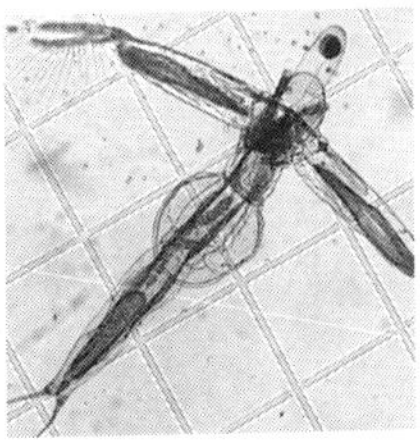

ノロ

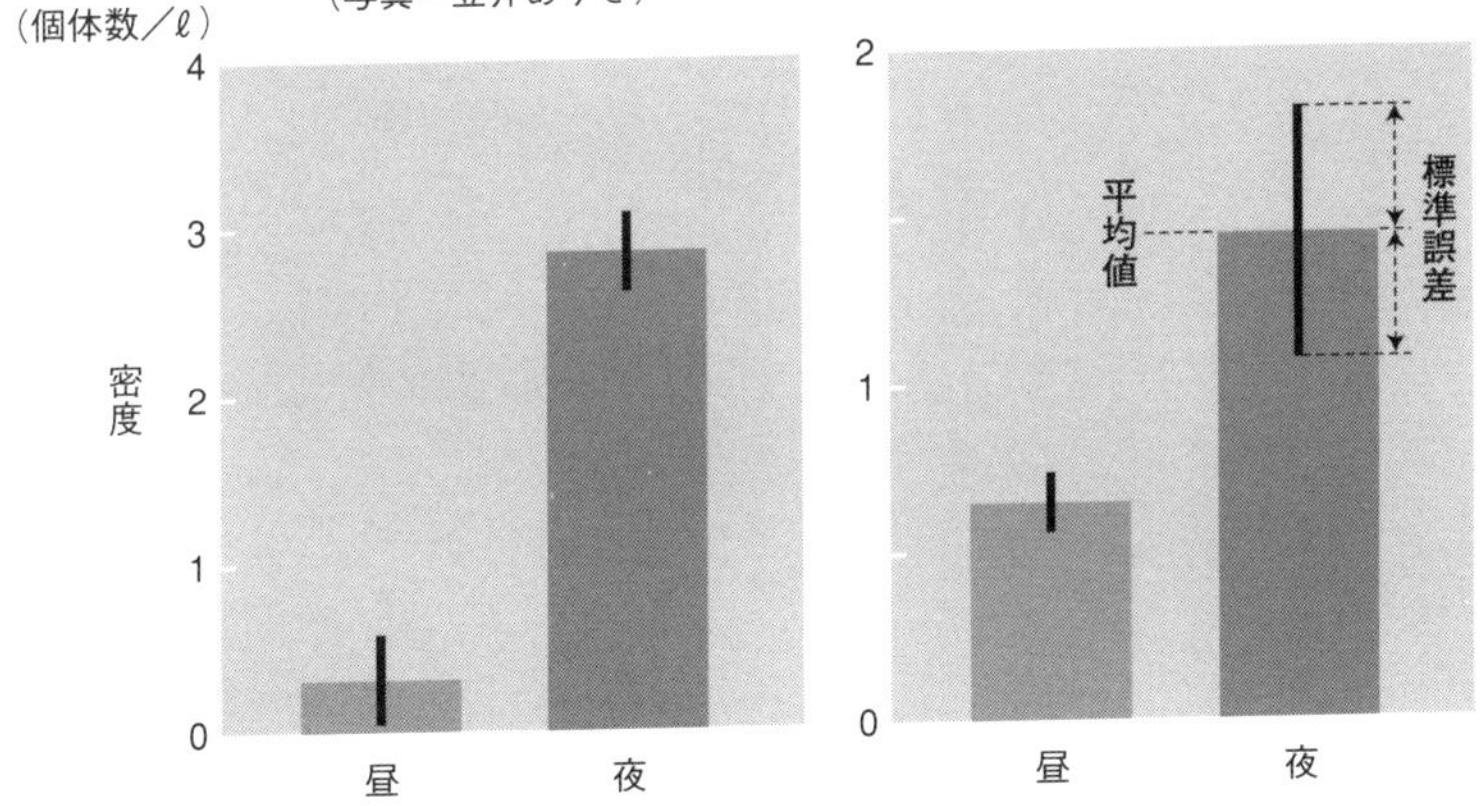

図5-11　7月の諏訪湖におけるアサガオケンミジンコとノロの昼と夜の密度（Chang & Hanazato〈2004〉より再作図）。

魚を避けて夜に行動するのは動物プランクトンばかりではない。諏訪湖の湖底にはユスリカの幼虫が多く生息している。ユスリカは双翅目昆虫で、成虫は蚊に似ている。幼虫は湖底の表面の泥に潜って生活をしており、時期が来ると蛹になる。やがて湖底を離れて浮上し、水面にたどりつくと背中が割れてそこから成虫が飛び出す（羽化する）のである（図1-12参照）。ユスリカの天敵も魚だ。幼虫の時期は湖底の泥の上で身をひそめており、蛹になって浮上するときに最も魚にみつかりやすい危険なときを迎える。そこで、彼らはその羽化を昼間にはおこなわず、まだ暗い早朝におこなうという習性を持っている。

夜の調査からわかること

このようなことから考えると、湖水中の多くの生き物は昼よりも夜のほうが活発に活動しており、それには魚の捕食を避けるという意義があることがわかる。

エビやトンボの幼虫（ヤゴ）などは水草帯に多く生息している。湖や池では水草が増えるとこれらの生き物が増えるので、水草帯は多様な生物群集を育む重要な役割をはたしているといえる。なぜエビやヤゴは水草帯を好むのか。それは水草帯が魚からの隠れ場になるからである。

私はかつて中沼《なかぬま》という茨城県にある小さな湖で昼夜の調査をしたことがある。中沼の岸はすべて石で護岸されており、水草はほとんどなかった。そのためエビの姿はみえなかった。ところが、夜になり、ゴムボートに乗るために湖岸の水面をライトで照らしたところ、多くの小さな点がきらきらと光るのをみつけた。よくみるとそれはエビの目で、ライトの光が反射して光っていたのである。昼間はまったくみることができなかったのに、夜になって多くのエビが水中に出てきていたのには驚いた。彼らは昼間は湖岸の石積みの間に

図5-12 中沼での調査風景。この湖には船がないのでゴムボートを持参。

隠れていたようだ。

夜の湖水中は、魚を恐れる多くの生き物たちの社交場のような賑わいがある。しかしこのことは、見方を変えると、魚が湖水中の生き物たちにいかに大きな影響を与えているかを示しているといえよう。日本人の多くが望む魚の多い湖は、水の中の多くの生き物たちにとっては必ずしも好ましい環境ではないのである。

通常おこなわれる昼間の湖沼調査だけでは湖の生き物たちの本当の姿が捕らえられていないことがわかった。また、強風で湖が荒れている日も調査はおこなわれないため、我々は生き物たちが荒れた湖水中でどのような生活をしているのかを知らないことになる。

どうやら、湖には我々の知らない生き物たちの姿がまだ多く隠されているようだ。

Column

●ミジンコこぼれ話

湖の中の卵どろぼう

ポーランドのグリビッチとスチボーは、ドイツの小さな湖で、ケンミジンコが増えると大型ミジンコのダフニアの抱卵数が減ることに気づいた。さらにそのとき、採集したサンプルの中にダフニアの背中の育房に入り込んでいるケンミジンコをみつけた。このケンミジンコは育房に侵入し、そこにある栄養価の高い卵を食べていたのである。ダフニアは卵を育房内に産み、それが一人前の子供に育つまで外敵から守っている。ところが、その卵を殻の隙間から押し入って奪うものがいたのだ。

ケンミジンコは、小型ミジンコに対しては捕まえて体をかじるが、戦いではかなわない大型のダフニアを相手にすると卵をねらうというしたたかな捕食者だったのである。

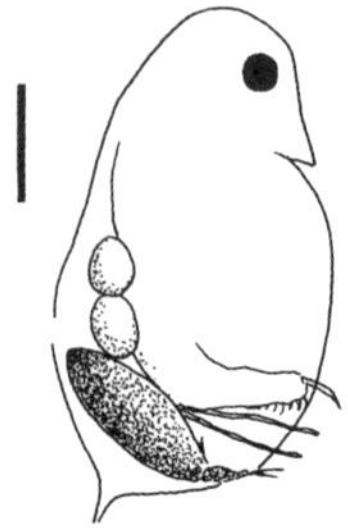

ダフニアの育房に入り込んでいるヒゲナガケンミジンコの仲間。図のスケールは0.5mm（Gliwicz & Stibor〈1993〉より作図）。

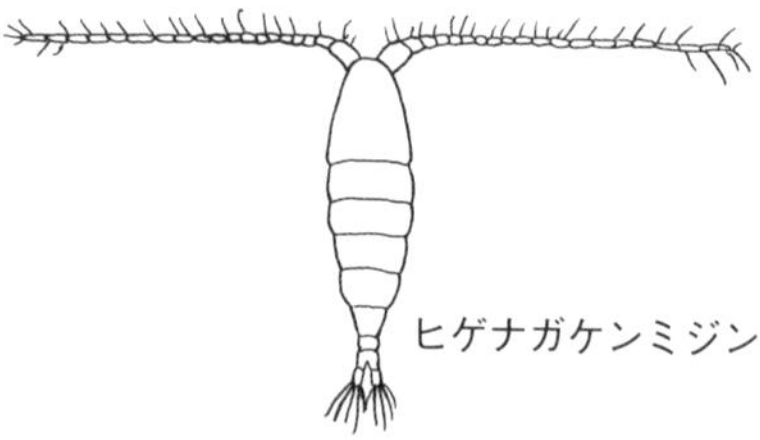

ヒゲナガケンミジンコ

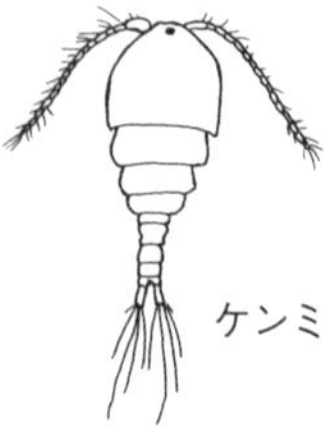

ケンミジンコ

5時限
第4話

湖の生物群集を調べる
隔離水界を用いた実験的解析

生き物たちは、餌のとり合い（競争）や食う—食われる関係といった生物間相互作用を介して、微妙なバランスを保って群集を維持している。ところが、彼らをとりまく環境が変わると、そのバランスが崩れて群集をつくっている生物種の構成（群集構造）が大きく変化することになる。その変化がどの環境要因によってどのように引き起こされるのかを知ることは、環境と生物群集の関わりを知るうえでたいへん重要な意味を持つ。

生物群集の解析方法

生物群集に対する環境要因のはたらきは、野外の生き物たちの変動を観察しているだけではわからない。なぜなら、野外では多くの物理的、化学的、生物的要因が生き物たちの環境をつくっており、その中から生物群集の変動の鍵を握っている要因をみいだすのが難しいからである。そこで、群集レベルでの実験的な解析が必要となる。その実験では、ひとつの生物群集がつくられている場所をいくつかに仕切って実験区をつくり、実験区の間で環境要因を変えて群集を比較するという方法がとられる。もし群集構造に違いが生じれば、実験的に変化させた要因が重要なはたらきをもっていたことがわかる。

この実験で大切なことは、同じ生物群集を各実験区につくることである。そうでないと比較ができない。

しかし、これがなかなか難しい。たとえば草地を考えてみよう。一見単純な草地にみえても、よくみるとそこにはさまざまな種類の草がパッチ状に分布しており、それに応じて動物たちの分布も不均一になっている。そのため、草地の一部をいくつかに仕切っても、その中に同じ生物群集がつくられるとは限らない。ところが湖沼は別で、生態系の主要な構成員であるプランクトンが水中に比較的均一に分散しているため、水界の一部を仕切るだけでほぼ同じ生物群集をその中に閉じ込めることができる。この仕切った水界は隔離水界と呼ばれ、湖沼の生物群集の研究に広く利用されている。

隔離水界を用いた実験

隔離水界は対象とする生物群集や研究目的に応じてさまざまな大きさ、形のものがつくられる（図5-13～5-15）。

図5-13は、尾瀬ヶ原《おぜがはら》総合学術調査で私たちが尾瀬ヶ原に散在する池（池塘《ちとう》）の生態系のしくみを調べるためにつくった隔離水界である。ステンレスパイプを用いて、三〇cmの長さの足をつけた底面積一m^2、高さ一二〇cmの長方形の枠を八基つくり、それぞれにポリエチレンシートの筒をくりつけた。これらの物資は群馬県の鳩待峠《はとまち》から山道をかついで持ち込み、現場の近くで組み立てた。体力が要求されるたいへんな仕事だった。

さて、つくった隔離水界はゴムボートに乗せ、水深約八〇cmの池の中央で水中にまっすぐに降ろして底泥に差し込んだ。これにより、〇・八t（面積一m^2×深さ〇・八m）の池の水を底の泥とともに隔離したことになり、それぞれの隔離水界の中には池の中と同じプランクトン群集がつくられた。

図5-13　尾瀬ヶ原の池塘での隔離水界実験

③隔離水界実験がはじまり、水界内のプランクトンを採集している。 ← ②隔離水界を池の中央でボートの上からまっすぐに降ろし、底泥に差し込んだ。 ← ①筒状にしたポリエチレンシートをステンレスの枠にくくりつけてつくりあげた隔離水界。

図5-15　白樺湖でおこなった隔離水界実験。

図5-14　諏訪湖に設置された100tの容量を持つ大型隔離水界（縦5m×横5m×深さ4m）。

この実験では、隔離水界の上に紫外線を通す透明シートと通さない透明シートを張り、プランクトン群集に及ぼす紫外線の影響を調べた。その結果、ヤマヒゲナガケンミジンコが昼間に紫外線を避けて底層に降りることが示された。湖では多くの動物プランクトンが昼間に魚を避けて深水層に降りることが知られているが、降り注ぐ紫外線量が多い標高の高い湖沼では、表層を避ける行動は紫外線によっても引き起こされるようだ。

アメリカ・イリノイ大学のリンチは面積〇・二五ha、最大水深二・五mの池に直径一m、深さ一・八mの隔離水界を設置し、そこにブルーギルの幼魚（体長七〜

一〇㎝）を一～五個体放流して動物プランクトン群集の変動を四〇日間観察した。魚を入れない隔離水界では体長三㎜に達する大型のダフニアが優占し、体長が〇・五㎜に満たないゾウミジンコはわずかしかいなかった（図5-16）。ところが、魚を入れた水界ではどこでも大型のダフニアが姿を消し、ゾウミジンコが数を増加させた。これは、魚がダフニアを食い尽くしてしまい、それまで餌の競争でダフニアに負けていたゾウミジンコが競争から解放されて増えたのである。

動物プランクトン群集の種組成には、捕食と競争という生物的要因が大きく影響していることが実験的に明らかにされた。それにしても驚いたことは、容量一・四tの隔離水界に体長七㎝程度の魚をわずか一匹入れただけで、動物プランクトン群集の種組成が大きく変わってしまったことだ。湖沼生態系に及ぼす魚の影響の強さが示されたといえるだろう。

隔離水界の問題点

隔離水界は湖沼の生物群集、ひいては生態系に影響を与える要因を実験的に解析できるという大きな利点をもっている。しかし問題もある。隔離水界は水中に壁をつくることになるため、風による水の攪拌を抑えてしまう。水の攪拌はプランクトンの沈降を妨げる効果があるため、それを抑えることで水中の生物群集に影響を与えることになる。また、壁があることで、そこに付着する生き物、たとえば付着藻類や付着ミジンコなどが時間の経過とともに増えてくる。湖沼の沖帯にはほとんど生息しない付着生物が増えることで、生態系のはたらきが変わってしまう恐れがある。

実験をおこなう際に大事なことは、実験装置にはどんなものにも必ず長所と短所があることを理解してお

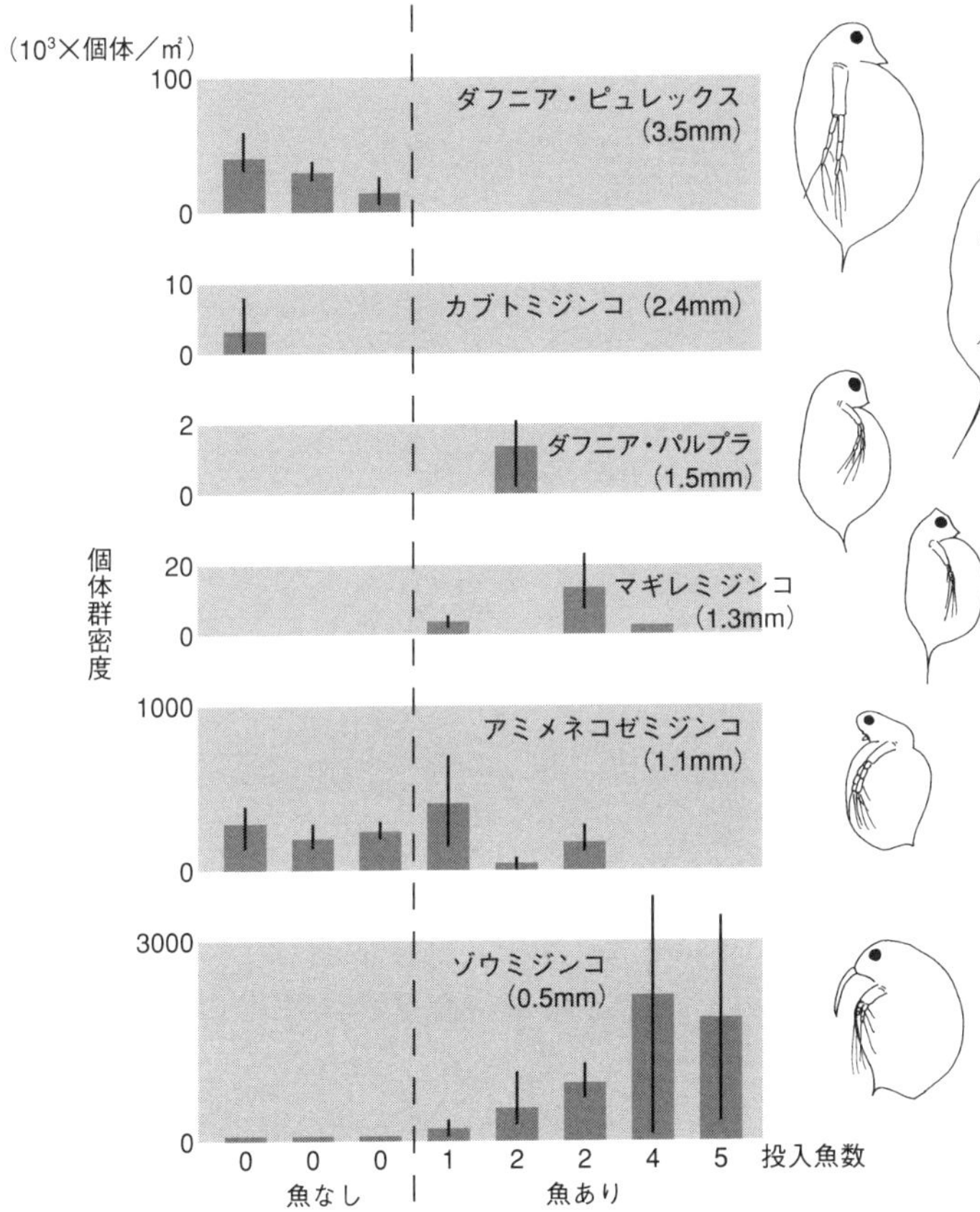

図5-16　ミネソタ州のプリーザント池で40日間おこなった隔離水界実験（ブルーギルの幼魚を投入）で、最後の3週間（3サンプル）における各水界内の各種ミジンコの平均密度（Lynch〈1979〉より改変）。縦棒は3サンプルのデータの範囲を示す。（　）内の数字はミジンコの最大体長。

くことである。そのうえで、目的に応じて最も適した装置と実験デザインを用いる必要がある。

壁の問題を低減するには大きな隔離水界をつくればよいだろう。なぜなら、水界が大きくなるほどその中の水の容量に対する壁の面積の割合が小さくなるからだ。

ところが、容量が数百tにもなる大きな隔離水界をつくって実験をした研究者が、新たな問題に頭を悩ませていることを国際会議で吐露していた。隔離水界の枠が多くの鳥のとまり場になり、しかもよりによってその鳥たちのほとんどが隔離水界の内側に尻を向けてとまるため、鳥の糞が水界内に落とされてそこが富栄養化してしまったというのだ。隔離水界実験は鳥という新たな厄介者を抱えることになった。

私たちは長野県白樺湖に隔離水界を設置し、魚を排除してミジンコと植物プランクトン群集の関係を調べていた。ところがある日、ひとつの水界に体長が三〇cmにもなる大きなブラックバスが入っているのをみつけた。「実験中」の掲示があったにもかかわらず、隔離水界に近づいたボート上の釣り人が魚を入れたのだろう。人が容易に近づける場所での隔離水界実験では、実験をだいなしにする最大の厄介者は、鳥ではなくて人のようだ。

図5-17　隔離水界実験の厄介者たち。

Column

●ミジンコこぼれ話

ワムシとミジンコの競争関係

湖にはワムシが多く生息する。これは体長が0.1～0.2mm程度の小さな動物プランクトンだ。植物プランクトンやバクテリアを餌とするので、ミジンコとは競争関係にある。

大型ミジンコのダフニアが増えるとワムシが減る現象が多くの湖で観察されており、これは餌のとり合いでワムシが負けたためと理解されてきた。しかし、それだけではなく、ダフニアに近づいたワムシが、餌を食べているダフニアの濾過器にまき込まれて物理的なダメージを受けて死ぬことがみいだされ、それもワムシ減少の大きな原因であることがわかった。

ワムシにとってのダフニアは、じゃまなものを踏みつぶしながら進んでいく戦車のような存在なのだろう。

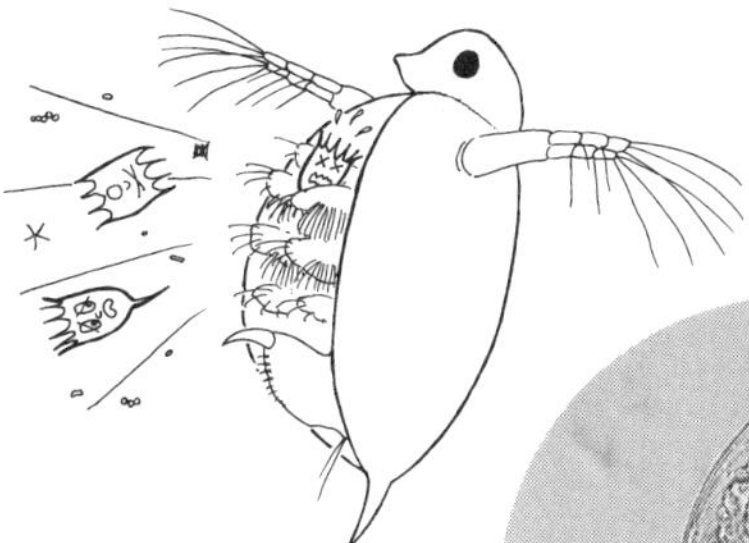

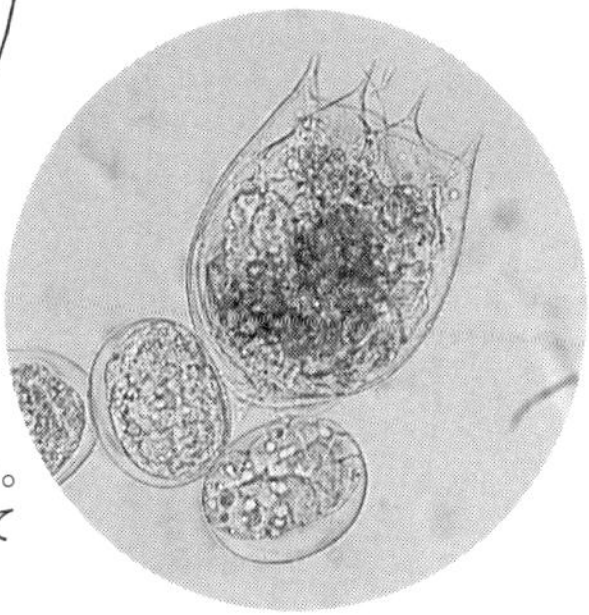

ツボワムシ（体長0.2mm）。体の外に丸い卵を抱えている。

5
時限
第5話

水槽を用いた生態系実験

環境教育に貢献するプランクトンたち

湖のプランクトン群集の大きな特徴は、生態系の重要な役割を担っているすべてのグループの生き物がその群集に含まれていることにある。太陽エネルギーを使って有機物をつくる植物プランクトン、それを食べる植食動物のミジンコやワムシ、動物を餌とするフサカ幼虫やケンミジンコなどの捕食性動物プランクトン、そして有機物の分解者、バクテリアもプランクトンとして存在している。さらにそれらが水中に比較的均一に分散しているため、湖の一部を仕切った隔離水界にはすべての生物グループが閉じ込められることになり、そこにはひとつの生態系がつくられる。隔離水界の中の環境を実験的に変えれば、その環境変化の生態系への影響を解析できる。これは隔離水界の大きな利点だ。しかし、この実験は船がなくてはできない。また、現場での大がかりな実験は大きな費用と労力を必要とするので、誰にでも簡単にできるわけではない。

プランクトン群集のもうひとつの特徴

ところが、プランクトンにはもうひとつの大きな特徴があり、そのためプランクトン群集を使った生態系実験が容易にできる。その特徴とは、ほとんどの種が湖底に大量の休眠胞子や耐久卵を残しているということである。これらの胞子や卵は、プランクトンが低温や餌不足などの不適な環境にさらされたときにつくられ、その状態で悪環境を耐えしのぐ。環境が好転したときにそれらから孵化した個体が増殖して湖水中に再びプランクトンの世界をつくるのである。しかし、このときにすべての休眠胞子や耐久卵から新しい個体が生まれるわけではなく、湖底で休眠状態を続けるものも多い。そこで、湖底の泥をとって水槽に入れて水を満たしておくと、泥の中に残っていた耐久卵の一部から孵《かえ》った個体によってプランクトン群集がつくられる。つまり、隔離水界をつくらなくても、湖から少しの泥をとってくることができれば、水槽の中にプランクトン群集をつくることができるのである。

水槽を用いた生態系実験の実際

私は屋外に設置されたコンクリート水槽を使ってプランクトン群集をつくり、さまざまな実験をおこなってきた。そのひとつでは、動物プランクトン群集に及ぼす魚（モツゴ、図5-18）とフサカ幼虫（図5-19）の影響を調べた。九基のコンクリート水槽（縦一・五m×横二m×深さ〇・七m）を用い、そこに霞ヶ浦の底泥五kgを入れ、水深〇・五mになるように地下水を入れた（容量一・五t）。三基の水槽には体長五〜七cmのモツゴを四匹ずつ入れ、他の三基には近くの池で採集したフサカの卵塊を入れた。卵からはまもなく幼虫が生まれ、動物プランクトンを食べるようになった。そし

図5-18　モツゴ。関東地方ではクチボソとも呼ぶ。湖や池沼に多い。

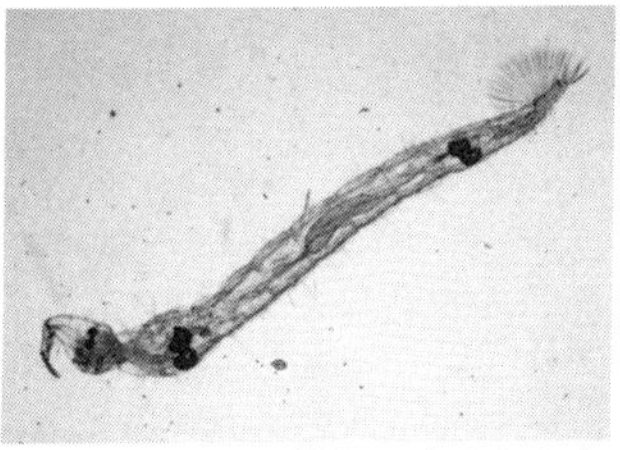

図5-19　フサカ幼虫。生まれたとき（1齢）の体長は約1mm。終齢（4齢）では約1cmになる。

図5-20　屋外のコンクリート水槽（容量1.5t）を用いた生態系実験。殺虫剤影響を調べるためにおこなった実験で、殺虫剤がコンクリート面に吸着するのを防ぐためにポリエチレンシートをかぶせている。プランクトンを定量的に集めるために、採水器を使って一定量の水をとる。

て、残りの三基には捕食者を入れなかった。実験は六～七月の五二日間おこない、その間、週に二回の頻度で動物プランクトンを採集し、個体数の変動を調べた（図5-20）。

捕食者を入れない水槽では、はじめに小型のニセゾウミジンコが増えたが、優占種は実験後半に中型のオナガミジンコと大型のカブトミジンコ（ダフニアの仲間）に替わった（図5-21）。ところが、モツゴの水槽では、カブトミジンコが食べられて個体数を増やすことができず、逆にニセゾウミジンコとオナガミジンコが数を大きく増やした。一方、フサカの水槽ではこれらのミジンコがほとんど姿を消し、カブトミジンコが優占した。

魚は大型のミジンコに強い捕食影響を与え、フサカ幼虫は小型や中型のミジンコの増殖を抑えたのである。

この結果から、動物プランクトン群集の種組成には捕食者が強い影響を与えていること、またその影響は捕食者の種類によって大きく異なることがわかった。

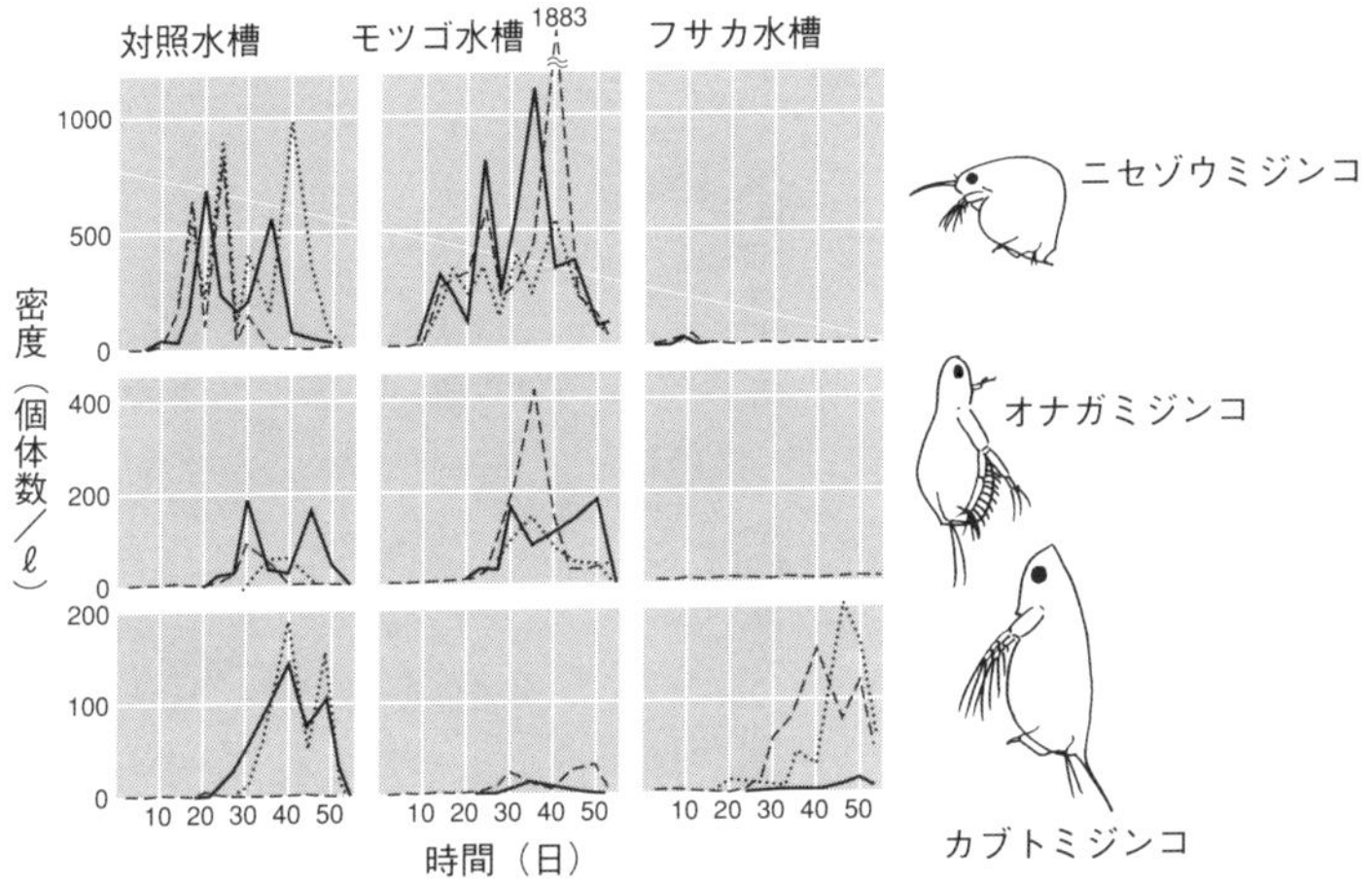

図5-21　三つのグループのコンクリート水槽（捕食者を入れない対照水槽、モツゴを入れた水槽、フサカ幼虫を入れた水槽）でのミジンコ類の密度の変動（Hanazato & Yasuno〈1989〉より改変）。それぞれのグループごとに三つの水槽を用意し、それぞれの水槽の値を異なる折れ線（実線、破線、点線）で表した。

家庭や学校での水槽実験のすすめ

水槽実験は、プランクトンの休眠胞子や耐久卵を含む泥と水槽があればどこででもできる。その泥は、湖のものでなくても身近な池や田んぼからとったものでもよい。そのため、家庭や小中学校でもプランクトンを利用した生態系実験ができるのである。

以下に、実験をおこなう際の要点を記しておこう（図5-23）。

水槽の大きさは実験の目的に応じて変える必要がある。我々が用いた最小の水槽は容量二〇ℓのバケツだ。ここに湖の泥一kgを入れて水を満たした。植物プランクトンが増えるのに光が必要なので、水槽は日当たりのよい場所に置く。蒸発により水槽の水が減るので、その分の水を補充することを忘れてはならない。栄養塩不足で植物プランクトンが増えられないこともあるので、はじめに窒素（硝酸カリウムなど）やリン（リン酸水素二カリウムなど）を適量投与しておくといい。それが難しいなら、分解しやすい落ち葉や畑などにまく肥料を入れてもいいかもしれない。ただし、投与する量はすべての水槽で等しくすることが肝要だ。

　水温が二〇℃程度なら、水槽に泥と水を入れてから七～一〇日で水が濁ってくる。植物プランクトンが増えたのである。それに続いてワムシやミジンコなどの動物プランクトンが現れ、時間とともにプランクトンの種類組成が変化していく。この変化を追うには、週に一～二回の頻度でプランクトンを採集して調べるといいだろう。

　採集では、水槽から一定量の水をとり、その中の生き物をプランクトンネットで濾し集める。家庭での実験ならストッキングでつくったネットでもよい。水をとるときには、底の泥をまき上げないように棒で軽く水を攪拌して、プランクトンを均一に分散させるとよい。また、このとき大量の水をとると、水槽内のプランクトンをとり過ぎることになり、それがプランクトンの個体群に影響を与えてしまうので注意が必要だ。

図5-22　50ℓのバケツを使った室内での実験。ここでは各水槽にヒーターを入れて水温を変え、プランクトン群集に及ぼす温暖化の影響を調べている。

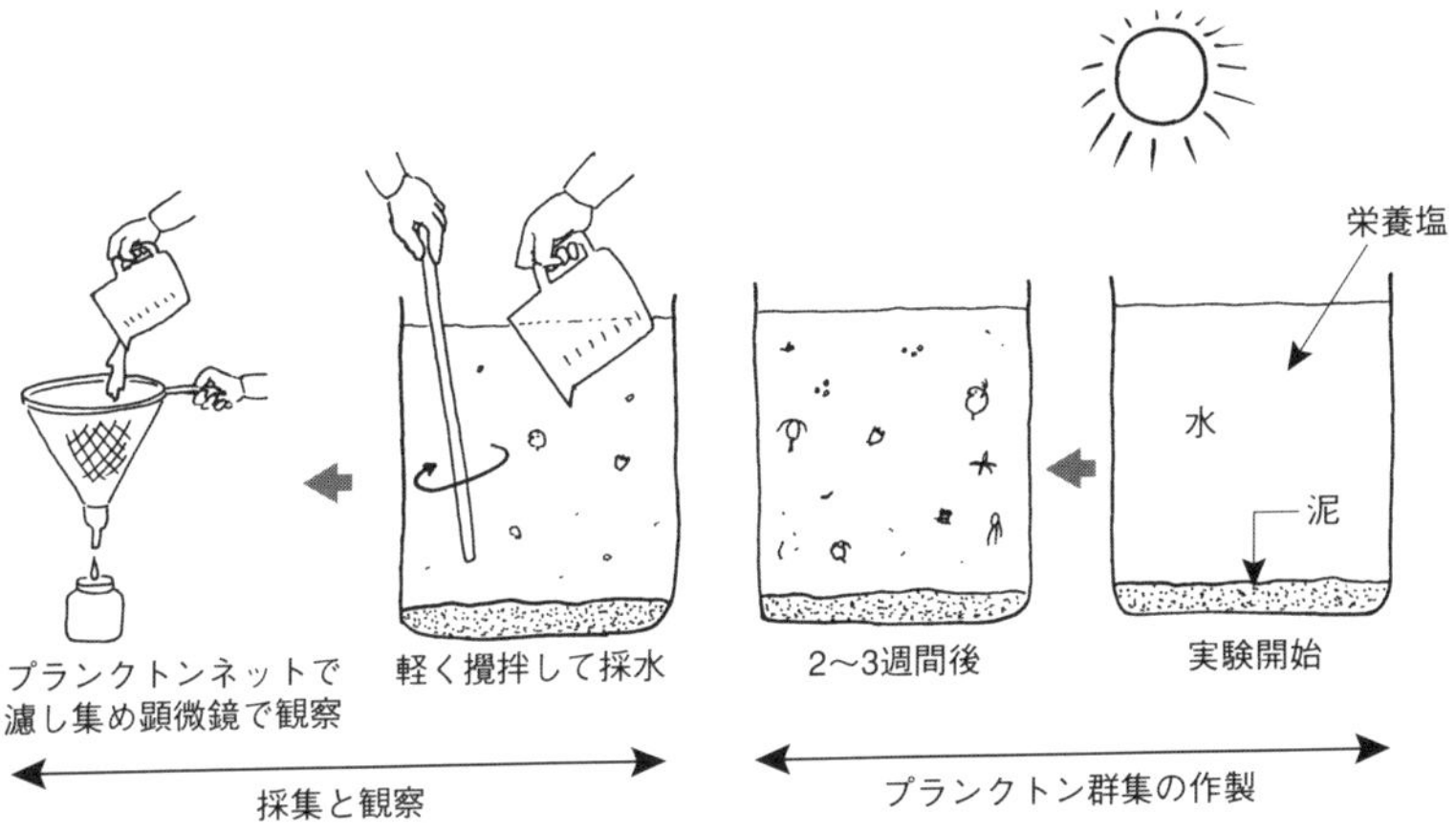

図5-23　水槽を用いた生態系実験の手順。

二〇 ℓの水槽なら一回の採水量はせいぜい五〇〇 mℓ程度だろう。そして、採集したプランクトン個体は、顕微鏡を使って種類を見分けながら数える。

実験では複数の水槽をつくり、一部の水槽の中の環境を人為的に変え、水槽間でプランクトン群集を比較する。たとえば魚を入れてみたり、富栄養化の影響をみるために水槽に入れる窒素やリンの量を変えてもよいだろう。合成洗剤を入れてみてもおもしろいかもしれない。ただし、魚を入れる場合には、たかだかメダカを数匹入れるにしても、容量一 t ぐらいの水槽が必要になる。

生物群集に及ぼす環境変化の影響は複雑であり、それを子供たちに理解させることには大きな教育的意義がある。それにはプランクトン群集を利用した水槽実験が有効だ。湖や池のプランクトンは、学校での環境教育に大いに貢献してくれるものたちなのだ。

Column

●ミジンコこぼれ話

殺虫剤の思わぬ影響

大型ミジンコのダフニアは、普段は水中で上下にピコピコとホッピング運動を繰り返している。しかし、殺虫剤にさらされると、苦しいからか、クルクルと旋回運動をおこなうようになる。この異なる行動をしているダフニア2個体を、同時にブルーギルの幼魚のいる水槽に入れてみた。すると、ブルーギルは旋回運動をしている個体を真っ先に食べた。旋回運動が魚の注意を引いてしまったようだ。

湖が殺虫剤に汚染され、その濃度がダフニアを殺すほどには高くなかったとしても、その薬剤がダフニアの行動を変えたならば、魚にみつかりやすくなって湖からダフニアが姿を消してしまうかもしれない。

殺虫剤はミジンコに思わぬ悪影響を与える可能性がある。

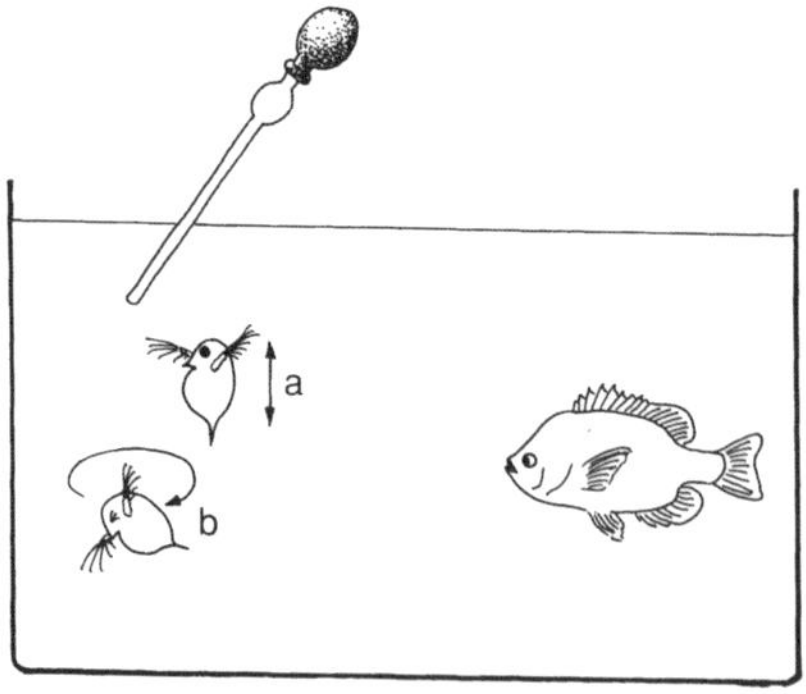

ホッピング運動をしているダフニア（a）と旋回運動をしているダフニア（b）をピペットでブルーギルのいる水槽に入れて魚の行動を観察。

6
時限

湖から環境問題を考える

6時限 第1話

生物多様性は低下しているか

プランクトン群集が投げかける疑問

近年、生物多様性ということばが広く使われるようになり、人間活動の生態系への悪影響として生物多様性の低下がとり上げられるようになった。人間は環境を変え、生態系を破壊して生物多様性を喪失させているというのである。私はこれまで、生態系に与えられる人為的ストレスのひとつとして殺虫剤に注目し、その人工化学物質がプランクトン群集に及ぼす影響を大型水槽を用いて実験的に解析してきた。その結果、「人間が生物多様性を喪失させている」という表現に抵抗感を持つようになった。

水槽実験でみられた殺虫剤の影響

容量一・五tの屋外水槽に霞ヶ浦の泥を入れて水を満たすと、まず植物プランクトンが増え、そしてさまざまな動物プランクトンが現れてきた(図6-1上)。はじめはワムシ類(成体の体長〇・一~〇・二㎜)が増え、次に小型ミジンコ(〇・五~一㎜)の優占に替わり、最後に大型のダフニア(二~三㎜)が水槽を席巻し、群集は安定した。ダフニアは競争に強く、これが増えるとほかの多くの種は姿を消してしまう。ここで分解の早い殺虫剤、カルバリルを五〇〇㎍/ℓになるように投与した。この濃度は河川などで観察される濃度より数十倍高く、殺虫剤に弱いダフニア個体群は崩壊した。その後、ワムシや小型ミジンコが増え、最後にダフニアが回復し、再び群集を優占するようになった。

このプランクトン群集の遷移を出現した種数の変化でみると、ワムシや小型ミジンコの優占時には種数は多いが、ダフニアが増えるとその値は低下した（図6-1下）。ところがそこに殺虫剤が投与されると、水槽の中は再びさまざまなワムシや小型ミジンコで賑やかになり、種数は一気に上昇した。殺虫剤がプランクトン群集の多様性を上げたのである。

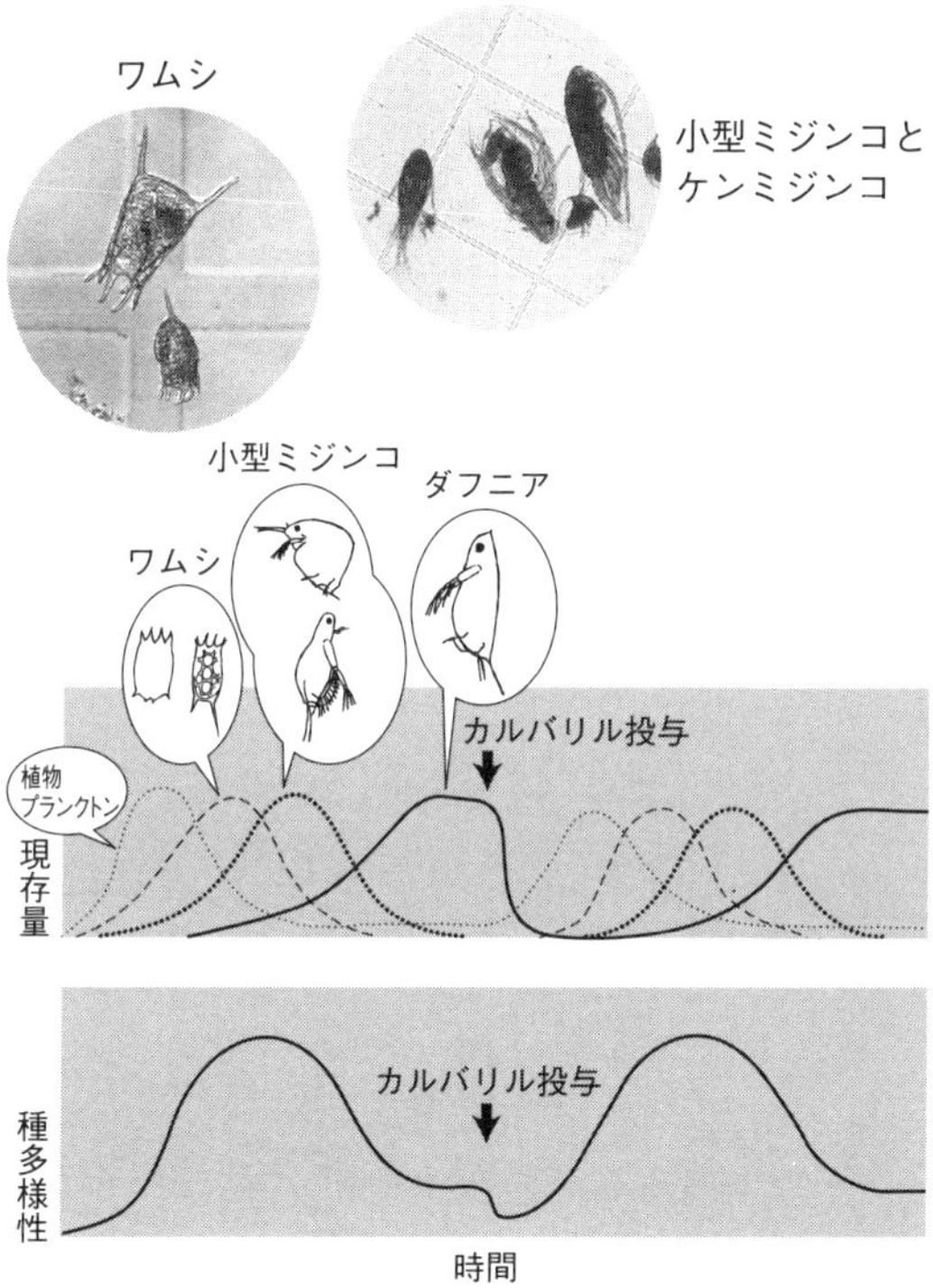

図6-1　殺虫剤カルバリルを投与した屋外水槽における主なプランクトングループの現存量の変化（上）と動物プランクトン群集の種多様性の変化（下）。

もうひとつの実験例を紹介しよう。この実験では水槽にフサカ幼虫（図5-19参照）を入れた。フサカ幼虫は捕食性の動物プランクトンで、ミジンコを好んで食べる。そのため、水槽にはミジンコがほとんどいなくなり、ワムシばかりの水界となった。そして、そこにカルバリルを一〇㎍／ℓ（低濃度区）と一〇〇㎍／ℓ（高濃度区）になるように投与した。カルバリルの影響を長引かせるため、薬の投与を一日おきに一〇回繰り返した。ちなみに、フサカ幼虫は殺虫剤に強いので、この処理では目立った影響を受けなかった。この水槽でワムシの出現種数を調べたところ、低濃度区と殺虫剤を入れなかった対照区では実験開始後一五日目に約一五種になり、その後しだいに減少して五〇日目に二～四種になった（図6-2）。一方、高濃度区では一五日目以後の種数の減少が抑えられ、七～一〇種が五〇日目になっても出現していた。すなわち、出現種数は高濃度区で最も多かったのである。

ワムシの種間でも競争に優劣がある。対照区や低濃度区で出現種数が一五日目以後に減少したのは、競争に強い種がほかの種を抑えたためである。ところが、ミジンコ類と同様に、ワムシ類でも競争に強い種が殺虫剤に弱い傾向がみられた。そして、高濃度区で出現種数が低下しなかったのは、殺虫剤が適度にこの優位競争種の増加を抑えたため、競争に弱い種が競争に強い種と共存できたのが理由と考えられる（図6-3）。

水槽の中から陸上の生物群集をみる

ここで、水槽の中で起きた現象を陸上での現象と比較しながら一般化を試みてみよう。

水槽ではじめに増えたのはワムシだ。ワムシは増殖速度が速く、豊富にある餌資源を真っ先に奪うという戦略を持っている。ところが、競争には弱く、資源が枯渇してくるとすぐに個体群を崩壊させる。これは植

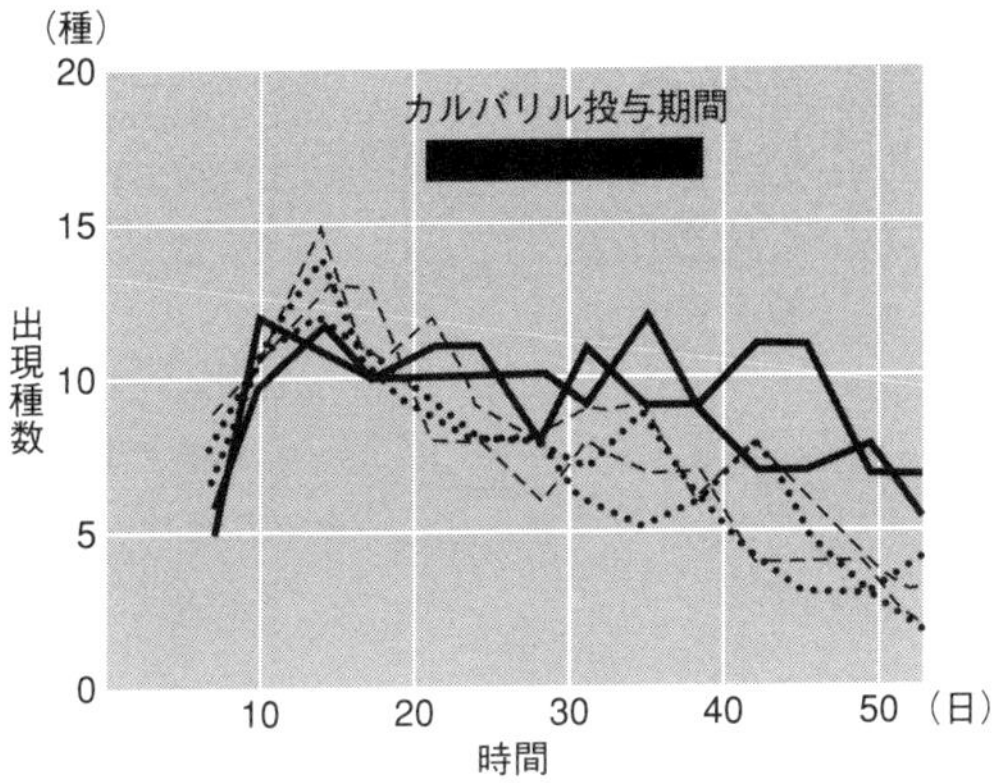

図6-2　屋外水層の高濃度区（実線）、低濃度区（点線）、対照区（破線）におけるワムシの出現種数（密度が1個体/ℓ以上になった種に限った）の変化（Hanazato〈1997〉より改変)。実験では各区に二つの水槽を用意した。図中の線はそれぞれの水層における値を示している。

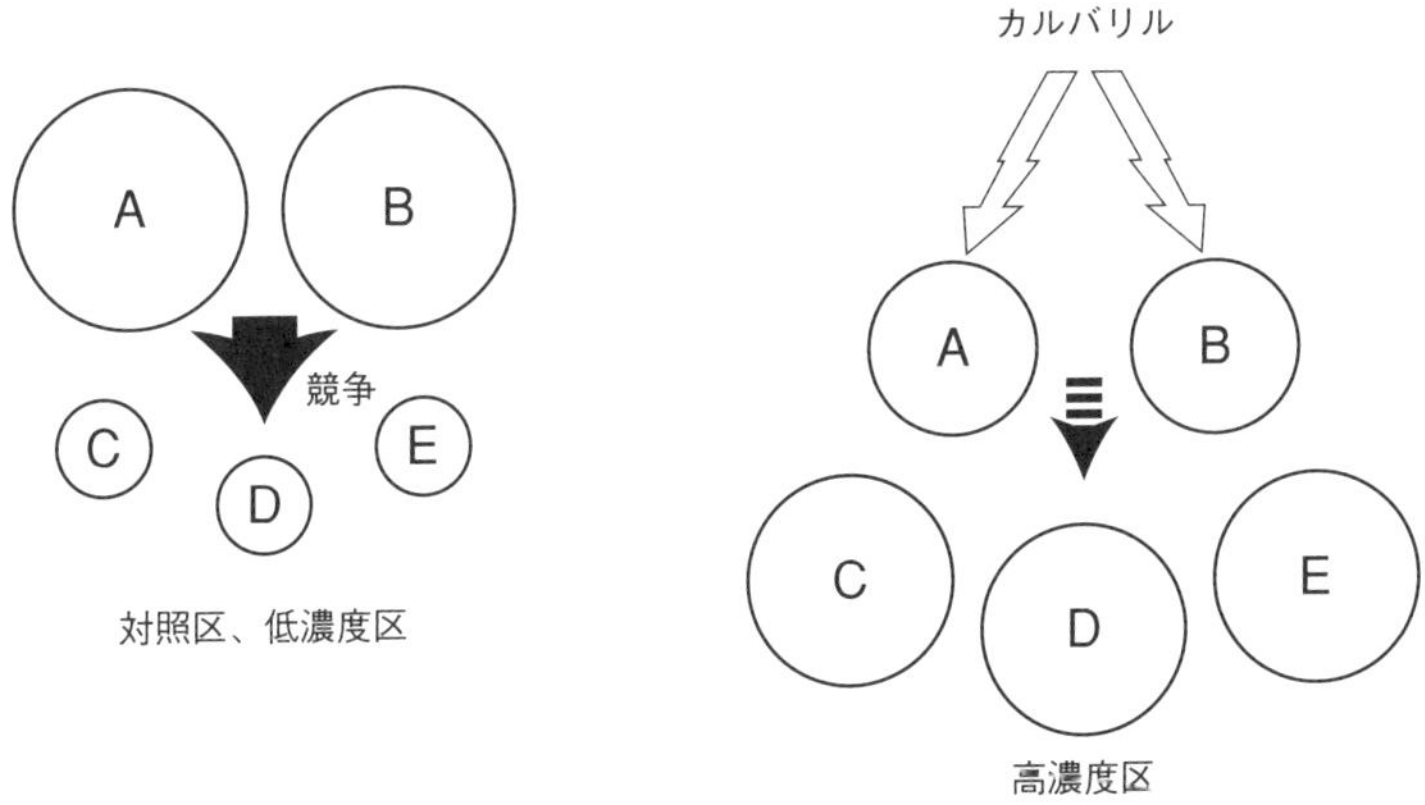

図6-3　屋外水槽の異なった処理区の間でのワムシ群集の違いの模式図。カルバリルの影響がなかった対照区と低濃度区では、競争に強い種Aと種Bが他の種の増加を抑え、種多様性が低下した。一方、高濃度区では、カルバリルが種Aと種Bの増殖を適度に抑えたため、競争に弱い種C、種D、種Eが現存量を増して種A、種Bと共存できるようになり、高い種多様性が維持された。

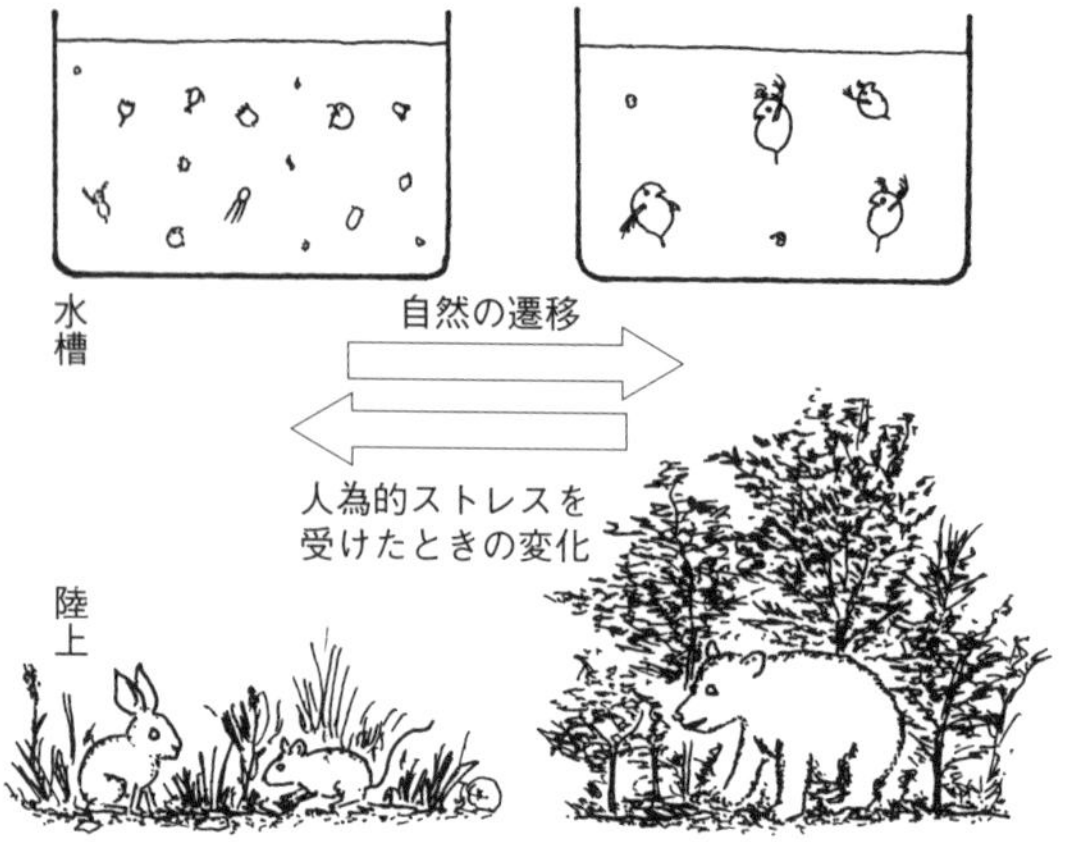

図6-4　水槽の中と陸上での生態系。自然遷移と人為的ストレスを受けたときの変化。

物では草、哺乳動物ではネズミやウサギと似ている。それらは開けた土地で増える生き物で、樹木が生えて森になると優占度を低下させてしまう。一方、ダフニアはプランクトン群集の中では増殖速度が遅いグループであり、そのため水槽では最も遅く現れた。しかし、いったん増えると水槽の中の餌密度が低下しても簡単には個体群を崩壊させず、優占種の地位を保った。これは陸上では安定した極相林をつくっている樹木と同じだ。哺乳類では熊などの大型獣に似ているといえるだろう。

また、人為的ストレスを受けた群集の変化も、プランクトンと陸上生物の間で似ているといえそうだ。水槽では殺虫剤が投与されると増殖の遅いダフニアが強いダメージを受けて減少し、小型で増殖速度の速いワムシが増えたが、陸上では森林破壊が起きると、増殖速度の遅い熊などの大型獣が絶滅の危機に瀕するようになり、ネズミやウサギなどの小型獣が優占度を増す（図6-4）。

生態系への人間影響をどうみるか

それならば、人為的ストレスと生物多様性との関係でも、水槽内と陸上生態系で同じことがいえるかもしれない。水槽では殺虫剤によってプランクトン群集の多様性が増したので、陸上でも人間の影響を受けた生態系では多様性が高くなるのではなかろうか。

生物多様性を問題とするときに注目される生き物は、湖沼では魚や水草であり、陸上では大型獣、鳥、昆虫などである。ここで注意すべきことは、これらは人間の目で容易に認知できる大型の生き物であり、生態系の中のごく一部の生物グループであるということだ。

プランクトン群集が殺虫剤にさらされると、大型種が減って小型種が優占した。そこで、生態系が人間の影響を受けると、普段我々が気にしていない小型の生き物たちが中心的な役割をはたすようになるに違いない。もし、陸上生態系で微生物など小さな生き物も含めたほとんどすべての生物種を調べたならば、人間による環境改変の多くは小型種を増やし、そこでの生物多様性を低下させるどころか、かえって上げていることがわかるのではないだろうか。ただし、それも程度問題で、人間の影響が非常に大きくなれば、多くの生き物が生きていけなくなり、多様性が低下する可能性のあることは否定しない。

したがって、生態系に及ぼす人間活動の影響は、単に種数（多様性）の変化で評価するのではなく、生物群集の構成種がどのように変わり、それにより生態系の機能がどのように変化するのかを考えることが大切ではなかろうか。

生態系については、野外に生息する大型の生き物の様子から語られることが多い。しかし、小さな水槽の中のプランクトン群集の観察からも生態系をみることができる。そして、そこから大きな宇宙観も生まれるのである。

Column

●ミジンコこぼれ話

ミジンコと同じで違うワムシの形態変化

動物プランクトンのワムシは、捕食者が放出する匂い物質にさらされると長い刺を持ち、食われにくくなる。これはミジンコと同じだ。ところが反応様式は異なる。甲殻類であるミジンコは、形態を変える個体それ自身が匂い物質を感知して脱皮の際に形態を変えるが、ワムシでは母親がそれを感知して刺を持つ子供を産む。ワムシは脱皮をしないので、生まれたあとでは形態を変えることができない。そこで、そのような反応様式を進化させたのだろう。

分類学的にまったく異なるミジンコとワムシが、捕食者に対し、それぞれ独自の方法を用いながら同じ戦術を行使するというのはおもしろい。

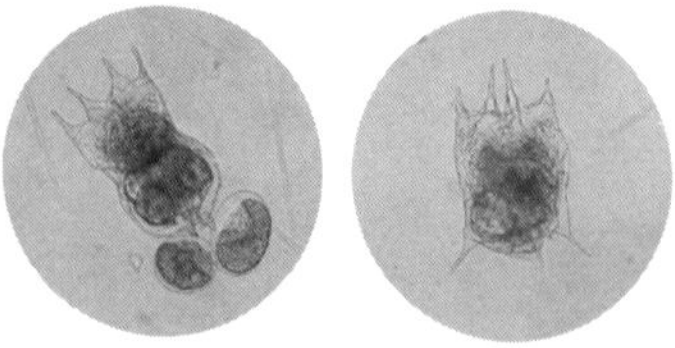

右：長い刺を持ったツボワムシ。左：長い刺を持たないツボワムシ。二つの卵を持っている（写真＝2点とも永田貴丸）。

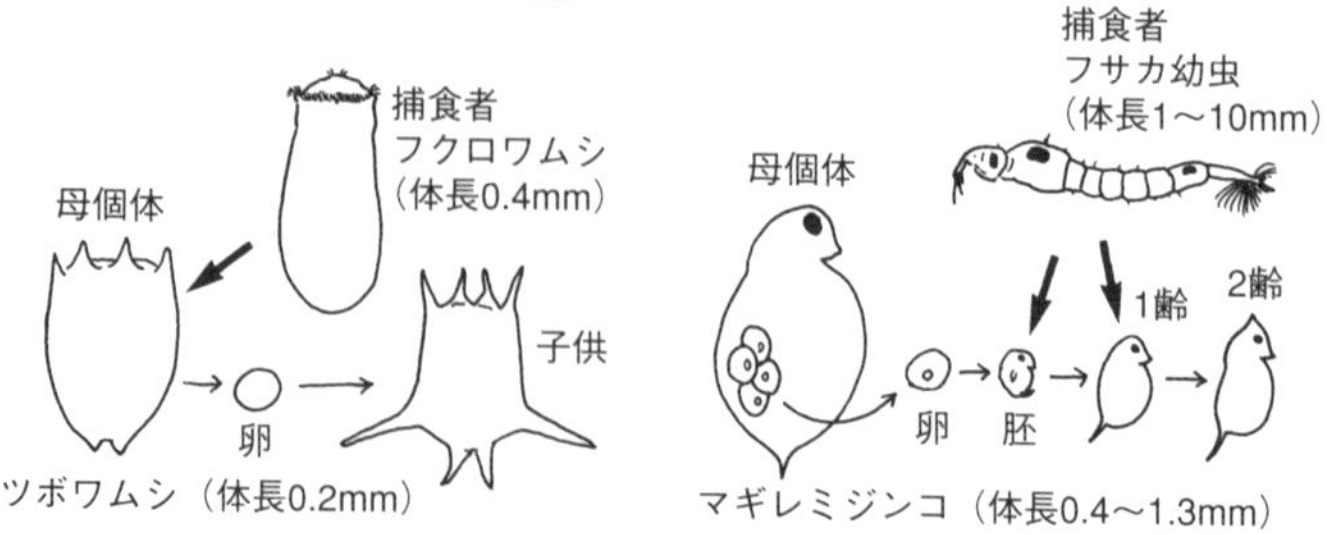

捕食者フクロワムシの匂い物質に反応して長い刺を持つツボワムシと、捕食者フサカ幼虫の匂い物質に反応して頭を尖らせるマギレミジンコ。成長過程において、匂い物質の刺激を受ける時期を太い矢印で示す。

6時限 第2話

生き物たちの生産量を考える

生態系を理解するためのひとつの鍵

目の前に広がる草原ではシカが天敵を警戒しながら草を食べている。また、よくみると、そこかしこにウサギの姿もみえる。彼らは生態系の中で、植物が光合成によってためた太陽エネルギーを食物連鎖を介して肉食動物に受け渡す役割をはたしている。その役割ではどちらの動物がより重要だろうか。個体数が多いウサギだろうか。それとも体重が重いシカであろうか。

軽視できない少ない生き物

個体数や体重（重量）は、その時点でその生き物がどれだけいるのかを表す現存量である。現存量をみるだけではエネルギーの移行量はわからない。移行量は速度で表さなければならないからだ。そのためには、一定時間当たりに生き物によってつくられる有機物量（生き物がためたエネルギー量）、すなわち生産量を知る必要がある。これは一定時間内に増えた生物量（重量）であり、個体群全体の重量の増加分となる。ただし、野外ではその間に多くの個体が捕食者に食べられて死んでいるので、その死亡量を加えなければならない。なぜなら、もしこれらの個体が死なずにいれば、一定時間後の個体群の重量にはそれらの個体の分が含まれていたからである（図6-5）。すると、現存量が増えなかった個体群でも、死亡量が多かったならば、それだけ生産量があったことになる（図6-6）。この個体群は捕食されて失った分を高い生産速度で補って

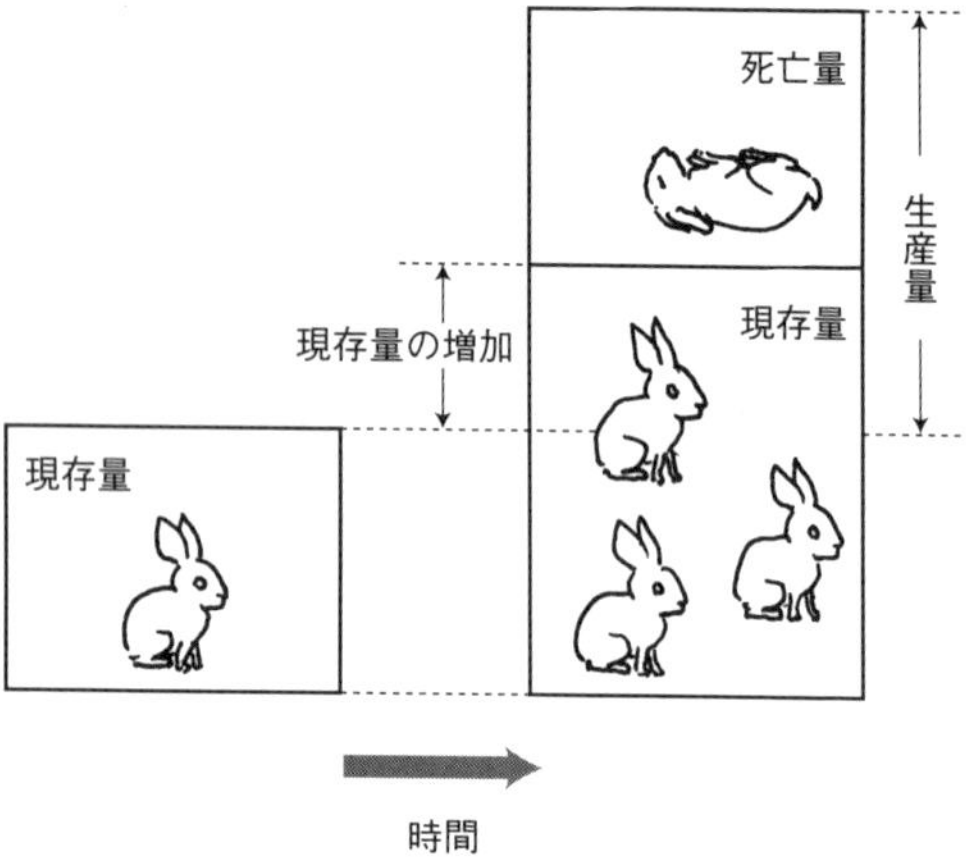

図6-5　生産量は、ある時間内に増加した現存量とその間の死亡量を加えたもの。

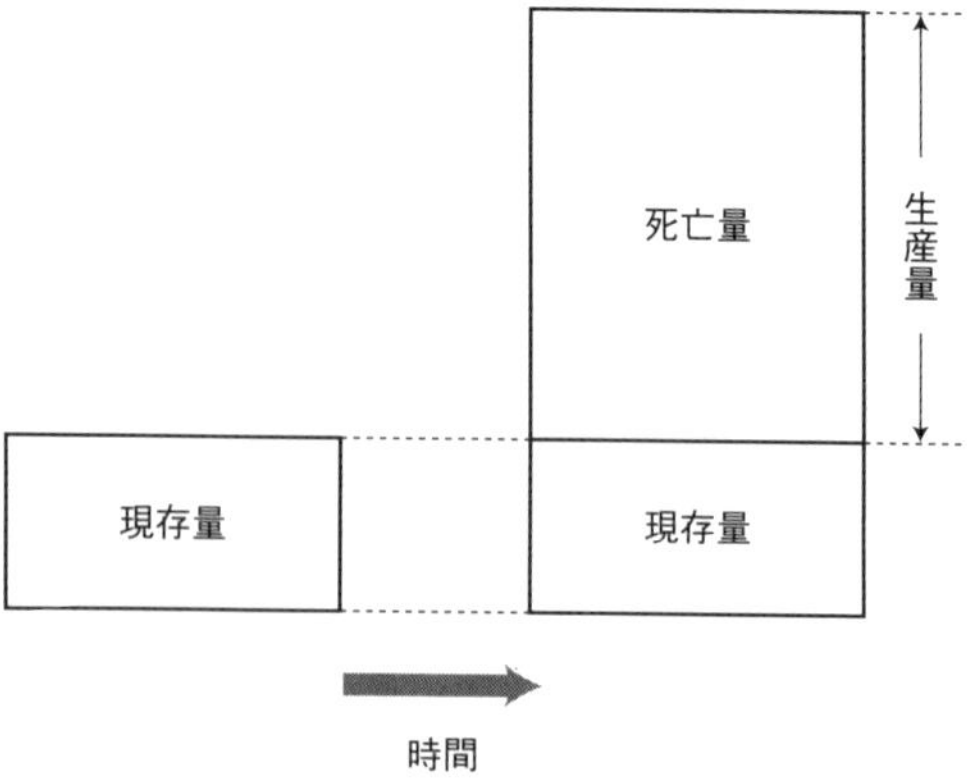

図6-6　ある時間内で現存量に変化がなくても、その間に死亡があった場合には、死亡量が生産量と等しくなる。このような場合、みかけよりもはるかに生産量が多い可能性がある。

おり、餌生物から得た大量のエネルギーを捕食者に渡す役割をはたしていたといえる。現存量が少ないからといってその生き物の存在は必ずしも軽視できないのである。

一般に、大型の生き物よりも小型の生き物のほうが寿命が短くて生産速度が速く、現存量の割に生産量が高い。小型の生き物には目立たないものが多く、人間はその存在を無視しがちであるが、かれらは生態系で予想以上に大きな役割を演じている可能性がある。

生産量からみた生態系の特徴

ここで、現存量と生産量の関係を陸地と水域（海洋）で比較してみよう。そこからそれぞれの生態系の特徴がみえてくる。表6-1には食物連鎖で基盤となる植物の現存量（生物量）と生産量が示されている。

地球上では海洋の面積が陸地の二倍以上と広い。しかし、植物の生物量で比較すると、陸地のほうが圧倒的に多く、海洋では陸地の一％に遙かに及ばない。生産量でも陸地のほうが多い。しかし、その差は大きく縮まって、海洋の全生産量は陸地の二分の一程度に達している。そして、生物量に対する生産量の比をとると、陸地での〇・〇六三に対して海洋では一四・一〇三となり、なんと海洋のほうが陸地の二二五・三倍も高くなった。これは、海の植物の生産効率が非常に高いということを意味している。なぜだろうか。

海の植物は植物プランクトンである。大きさは数μg程度で非常に小さく、生産速度が速い。また、捕食者の動物プランクトンに丸ごと食べられ、効率よく消化される。さらに、水中の捕食者は排泄物とともに水に溶けた状態のリンや窒素を水中に放出するので、それが直接に植物プランクトンの増殖を促すことになる（図6-7）。したがって、植物プランクトンは常に食べられているために現存量が低いが、食べられる分を高い生産力で補っている。それにより、植物プランクトンが有機物としてためた太陽エネルギーが効率よく動物プランクトンに運ばれているのである。これは陸上の止水域、湖でも同じだ。

一方、陸地の植物は大型でプランクトンに比べて生産速度は低い。また、重力に逆らって体を支えるため、木部などの堅い支持組織をつくることを余儀なくされ、それに多くのエネルギーを割いている。そして、そ

表6-1　陸地と海洋の植物の生物量と生産量

	陸地	海洋
面積（10^6km^2）	149	361
1m^{2}当たりの生物量（kg／m^2）	12.3	0.01
世界の生物量（10^9t）	1837	3.9
1m^{2}当たりの年間生産量（g／m^2／年）	773	152
世界の年間生産量（10^9t／年）	115	55
生産量／生物量	0.063	14.1

Whittaker（宝月欣二訳）〈1979〉より

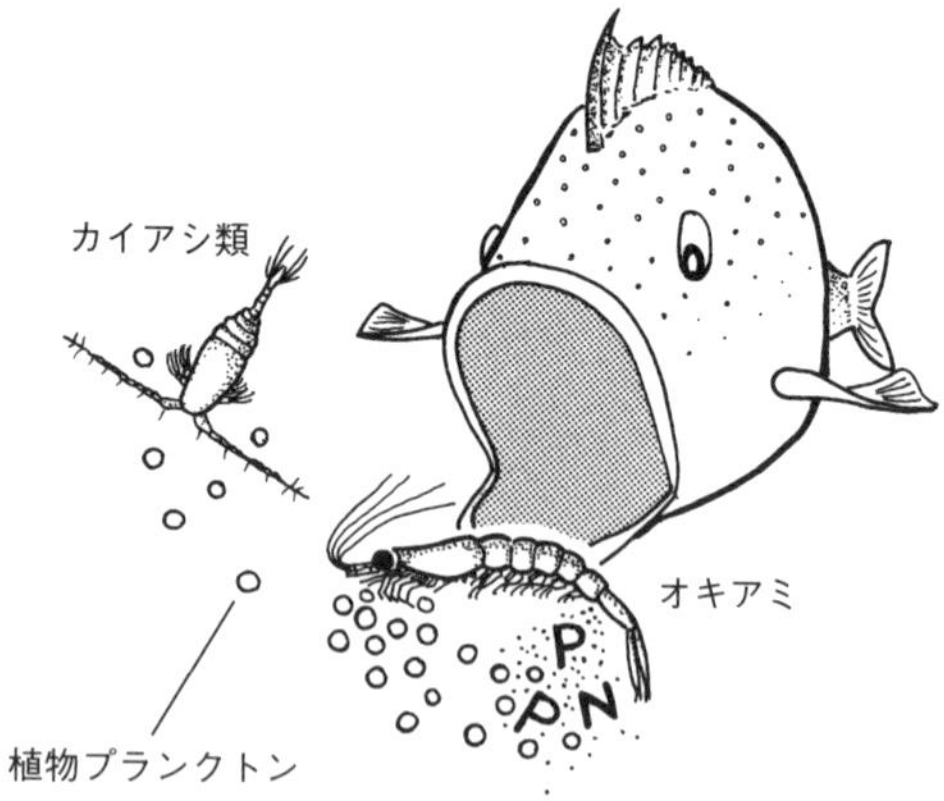

図6-7　効率のよい海の食物連鎖。植物プランクトンは動物プランクトン（オキアミやカイアシ類）に丸ごと食べられる一方で、動物プランクトンの排泄物に含まれるリン（P）や窒素（N）を吸収して増殖力を増している。動物プランクトンもまた、魚などに丸ごと食べられる存在である。

の組織は動物には利用されにくい。このことが植物から動物へのエネルギーの転換効率を低くしている。

ただし、海の面積は陸地のものよりも広いにもかかわらず、海全体の生産量は陸地のものよりも少なかった。これは、外洋の多くの水域が栄養塩不足で植物の生産量が抑制されているためである。

生産効率の比較から考えられること

生き物たちの生産効率は水域のほうが陸域よりも遙かに高いことがわかった。となると、より多くの食糧を得るには、陸域よりも水域、とくに栄養の豊富な水域の生き物を食べたほうがよいといえそうだ。

植物にためられた太陽エネルギーは、食物連鎖に沿って植食動物、そして肉食動物へと運ばれていく。しかし、その過程で多くのエネルギーが呼吸で失われたり糞として捨てられるので、食物連鎖が長くなるほど運ばれるエネルギー量が減ることになる。そのため、上位の生き物になるほど生産量は少なくなる。このことから、より多くのエネルギーを得るには食物連鎖のより下位の生き物を食べたほうがよいということがわかる。

動物を食糧とするとき、人間は陸上ではウサギや牛などの植食動物を食べる。肉食動物は量が少なくて食糧にならなかったのだろう。ところが、その人間が、水界からは肉食動物の魚を食糧として獲っている。これは魚の生産量が多いためで、その生産量はエネルギー転換効率の高い水域の食物連鎖によって支えられている。

それならば、水域の植食性動物を食べれば、もっと大量の食糧を得られるに違いない。その生き物は、海ではオキアミ（体長二〜五㎝）やカイアシ類（一〜三㎜）であり、湖ではミジンコ（〇・五〜五㎜）である。オキアミの現存量は膨大で数十億tにも達すると見積もられており、究極の食糧資源といわれている。水域生態系の生き物たちは、食料不足問題を抱えている人類の救世主となる可能性を持っているのである。

現存する最大の動物は海に棲むシロナガスクジラで、その体重は優に一〇〇tを超す。ところが、このク

図6-8　クジラと人類、どちらが賢い？

ジラは体に似合わず小さなオキアミを食べている。これは、生産量の多いオキアミを餌にしないと、巨大な体を維持するのに必要なエネルギーがまかなえないためだろう。見方を変えると、シロナガスクジラはオキアミを食べるようになったので生き残ることができたといえるのかもしれない。

人類は、今や人口が六〇億を超えて大きな現存量を持ち、大量の食物を消費する大食漢となった。なんだかシロナガスクジラに似ているように思えてきた。もし、このクジラが食物連鎖の上位にある魚ばかりを好んで食べていたなら、腹一杯餌を食べることができずに滅んでしまっただろう。人類はクジラのように賢く生きていけるのだろうか。

Column
●ミジンコこぼれ話

富栄養湖に適応したオナガミジンコ

富栄養湖に多いオナガミジンコは、体長が1mmほどになる中型種で、太い腕のような第二触角を持つ。そのひと掻きごとにピッ、ピッ、とすばやく、そして大きく前進し、ミジンコらしからぬ泳ぎをする。また、胸脚に生えている濾過肢毛の間隔が0.16～0.24μmと極めて細かいのも特徴だ。その泳ぎで魚からすばやく逃げ、細かい肢毛で効率よくバクテリアを集めて食べる。富栄養湖には魚が多くバクテリアも多いので、このミジンコはまさにその湖の環境に適応した種といえよう。

ところが弱点もある。それは殻が柔らかいことだ。それによって捕食性のケンミジンコにたやすく捕えられてしまう。オナガミジンコにも天敵はいる。

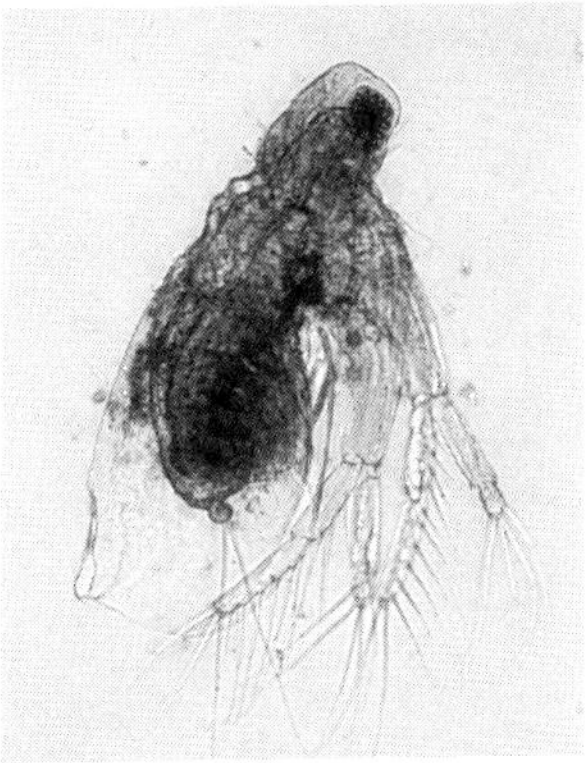
オナガミジンコ（体長0.4～1mm）

プランクトンの増殖速度

湖沼の水質を考える際のキーワード

コイは水を汚すはたらきが強いと私は考えている。底泥をかき回し、そこに生息する動物を食べて糞をすることで、泥の中の栄養塩を水中に溶出させるからである。その影響は、公園の池やお堀などの小さな水界で顕著に現れやすい。このようにいうと、コイがたくさんいても水が澄んでいる池や堀はある、という反論が出されるかもしれない。確かにそのようなところはある。しかし、それはコイが水を汚す生き物でないことを示しているのではなく、池や堀の水の流れに秘密があるのだ。

プランクトンと水の流れ

水の汚れの直接の原因は植物プランクトンにある。太陽からのエネルギーを使い、水中の窒素やリンを栄養源にして水を汚す有機物をつくるからである。汚れた水が濁ってみえるのは、増えた植物プランクトンが光の透過を妨げるためだ。したがって、水が澄んだ池は植物プランクトンの少ない池で、濁った池にはそれが多いということになる。では、なぜ池によって植物プランクトン量に大きな違いがあるのだろうか。池にコイがたくさん生息していれば、植物プランクトンが栄養塩不足で増えられないとは考えにくい。

水中の栄養塩濃度が高くても植物プランクトンがほとんどいない水界がある。それは川だ。遊泳力をほとんど持たない植物プランクトンは川では流されてしまい、生息できない。その水が湖に入ると植物プランク

図6-9　コイがいてもきれいな池。2カ所から多量の水を流し込んでいる。

図6-10　コイが多く生息するお堀。ここには図6-9の池からあふれ出た水が入っており、約3.6日で水が入れ替わっている。

トンが大発生する。湖は水が淀んでいるからである。しかし、それでも湖に流れがまったくないわけではない。たとえば、植物プランクトンが大発生している諏訪湖の場合、四〇日ほどで湖の水は入れ替わっている。ゆっくりではあるが、水は流れているのだ。それならば、流れがあっても速度が遅ければ、植物プランクトンは生息できるといえそうだ。すると、プランクトンにとって生死の境となる流速があることになる。

増殖速度からみた池の環境

それを考えるうえで重要なのがプランクトンの増殖速度だ。たとえば、個体数が一日に二倍になる速度で増殖するプランクトン種が池にいたとすると、池水の流速が速くなってすべての水が一日より短い時間で入れ替わるようになったなら、その種は生存できなくなる。水の流れで失われる個体数のほうが、増殖して増える数を上回るからである。プランクトンが生き残るには、池の水の入れ替わり時間が個体数の倍加時間よりも長くなくてはならない。

ではプランクトンは、どのくらいの増殖速度を持っているのだろうか。

植物プランクトンを十分な栄養塩を与えて培養すると、細胞数の倍加時間は種によって異なり、〇・三〜二・八日といわれている。多くの種がおよそ一日ほどと考えられるだろう。動物プランクトンの培養実験では、個体数が倍になるには、小型のワムシで一・七〜二・五日程度、ミジンコで二・三〜三・五日と報告されている。私が霞ヶ浦で調査をしているとき、マギレミジンコが突然現れて急速に個体群密度を上げたときがある。そのときの密度の倍加時間を計算したところ、三・〇〜三・三日となった。

そうすると、まず、水の入れ替わり時間が一日に満たない池では、ほとんどのプランクトンが生息できず、水は澄んでいるに違いない。その時間が一～二日に延びると、十分な量の栄養塩があれば植物プランクトンは増殖できる。一方で、動物プランクトンの生息にはまだ流速が速いため、天敵のいない環境で植物プランクトンが増えて水が濁るようになるだろう。ところが、入れ替わり時間が三日をかなり超えるようになるとミジンコが増えはじめる。すると植物プランクトンが食べられて減るので、水の透明度は高くなるだろう。池の中では、水の流速に応じてプランクトン群集の様子が大きく変わるといえそうだ（図6-11上）。

ただし、これは魚がいない池の話である。魚が多く生息していると動物プランクトンが食べられてしまうので、水の入れ替わり時間が三日以上になっても池の中は植物プランクトンの天下となる（図6-11下）。

これらのことから考えると、多数のコイが泳いでいても水が澄んでいるという冒頭にあげた池や堀は、水の流入量が多く、水の入れ替わり時間が一日に満たないところだろう。一日程度の入れ替わり時間だと、人間の目には水の流れがみえず、淀んだ池にみえる。しかし、プランクトンにとっては、そこは池で

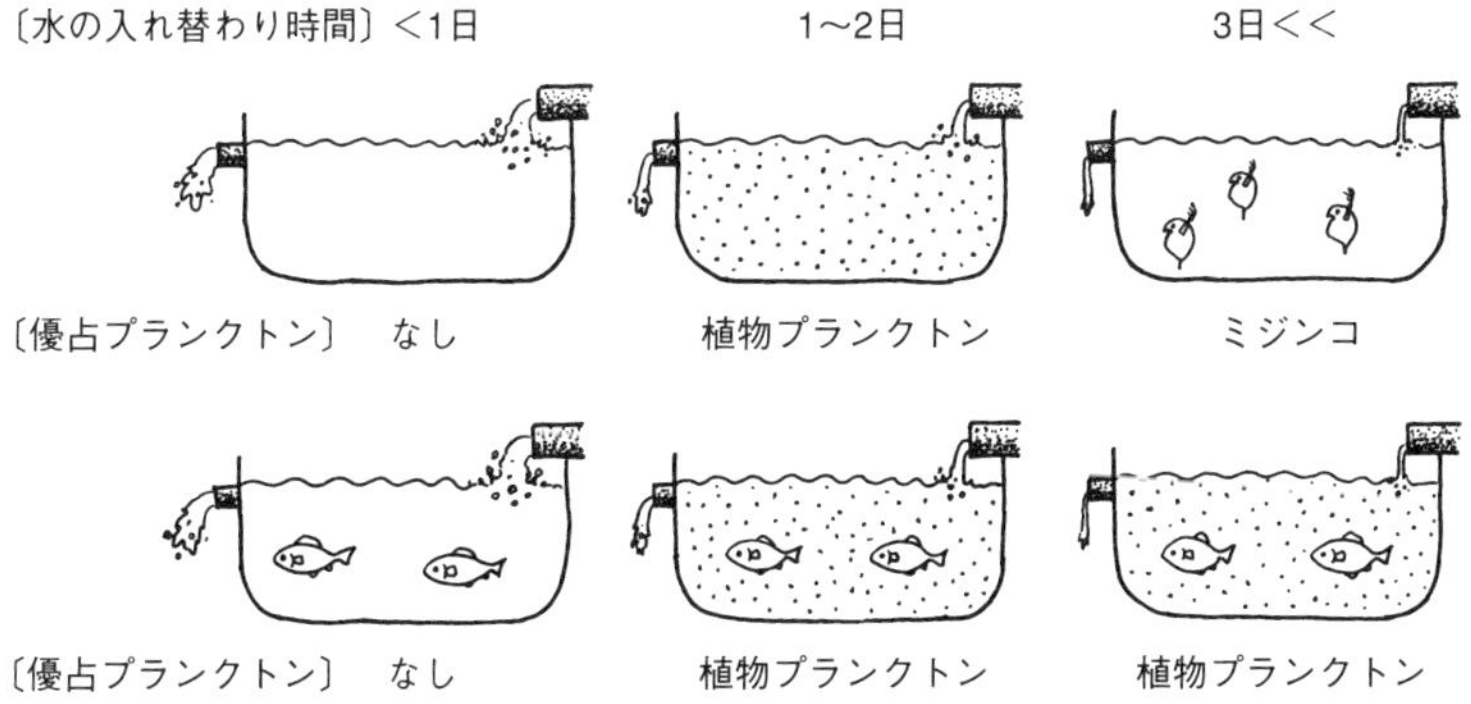

図6-11　魚のいない池（上）と魚が多い池（下）における水の入れ替わり時間とプランクトン群集の関係。

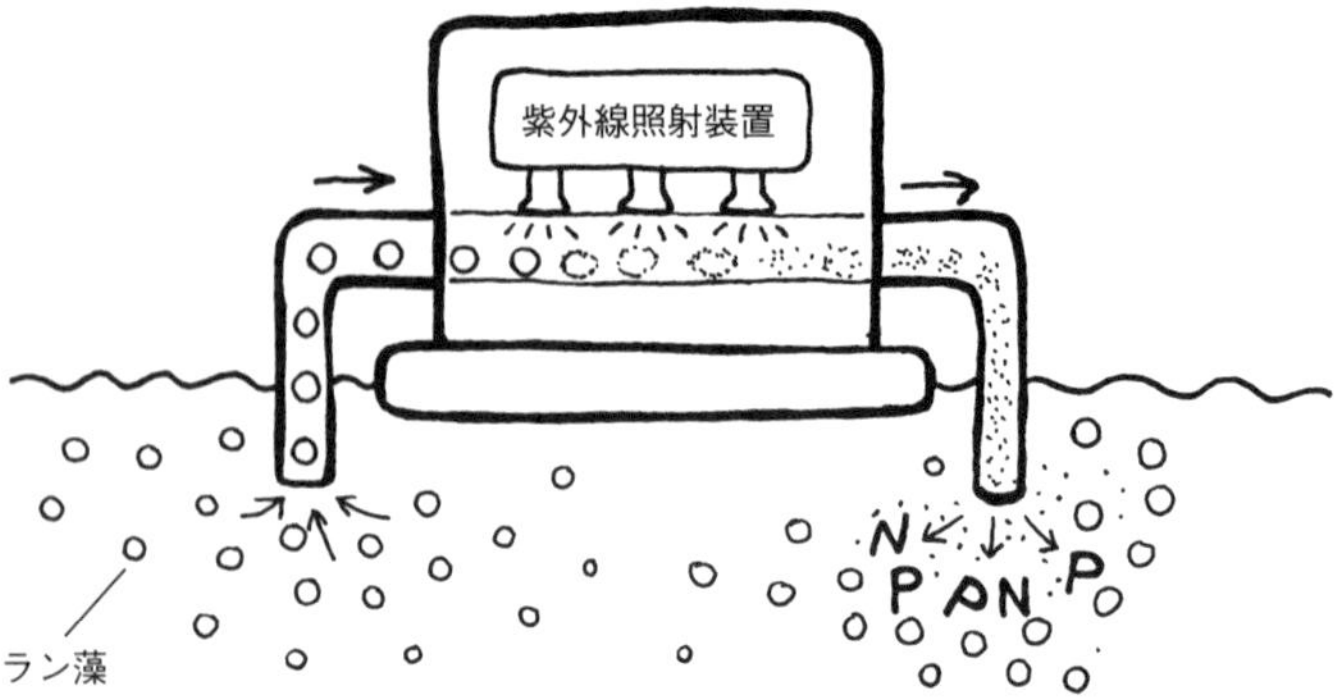

図6-12　紫外線照射によるアオコ退治装置の模式図。湖水中のラン藻細胞を吸い込んで紫外線で殺し、溶け出した窒素（N）とリン（P）を湖水中に戻している。

はなく川なのである。

水質浄化対策を評価する

プランクトンの増殖速度と水の入れ替わり時間は水質浄化を考える際に重要だ。その視点から、ひとつの水質浄化対策について考えてみよう。

富栄養湖では、ラン藻と呼ばれる植物プランクトンの大発生によってつくられるアオコ（図1-7参照）が問題視される。そこで、ラン藻を直接退治する方法が考案されている。そのひとつに、湖水を吸い上げ、その中のラン藻を紫外線などによって殺してから水を湖に戻すという装置の使用がある（図6-12）。

しかし、この方法でのアオコ退治はほとんど期待できないと私は考える。なぜなら、装置による水の処理時間がラン藻の増殖速度に及ばないからである。アオコを退治するには、湖のすべての水をラン藻の倍加時間よりも短時間で処理しなければならないが、それにはとんでもなく大がかりな装置が必要になるだろう。また、紫外線などによってラン藻が死ぬと、細胞内に蓄えられていたリンや窒素が水中に溶け出し、湖水中に戻ることになる。これは湖水中のラン藻に栄養を与えることになり、かえってラン藻の増殖を促してしまう。

このような装置の有効性を確かめるためには、実験室の水槽にアオコを入れて実験することになるだろう。その結果、アオコが消えるかもしれない。これはラン藻の増殖速度を超えるスピードで水槽内の水を処理できたからである。ところが、容量が遥かに大きく、また太陽の下でラン藻が活発に増殖している実際の湖沼ではそうはいかない。

生き物を退治するには、その生き物の増殖速度を考慮しなければならない。小さな生き物ほど増殖速度が速いので、そのことが重要になる。水中の微生物の退治は、大型で、しかも生殖時期が限られるシカやウサギなどの動物の退治とはずいぶんと違うのだ。

Column
●ミジンコこぼれ話

温暖化で小さくなるミジンコ

ミジンコは水温が上がると小さくなる。ダフニアの仲間のカブトミジンコの場合、15℃で飼育したときに1.51mmだった成熟サイズが、25℃では1.12mmになった。10℃の水温上昇で体が26%も小さくなったのである。

体の小型化はミジンコの生活を大きく変える。大型ミジンコの天敵は魚だが、体が小さくなると魚にみつかりにくくなって都合がいい。ところが、フサカ幼虫やケンミジンコなど、小さなミジンコを好む捕食者には逆に食べられやすくなってしまう。これにより食物連鎖が変わり、その影響がさまざまな生き物たちに波及することになる。

温暖化は、ミジンコの大きさを変え、湖の生態系に複雑な影響を及ぼすことになりそうだ。

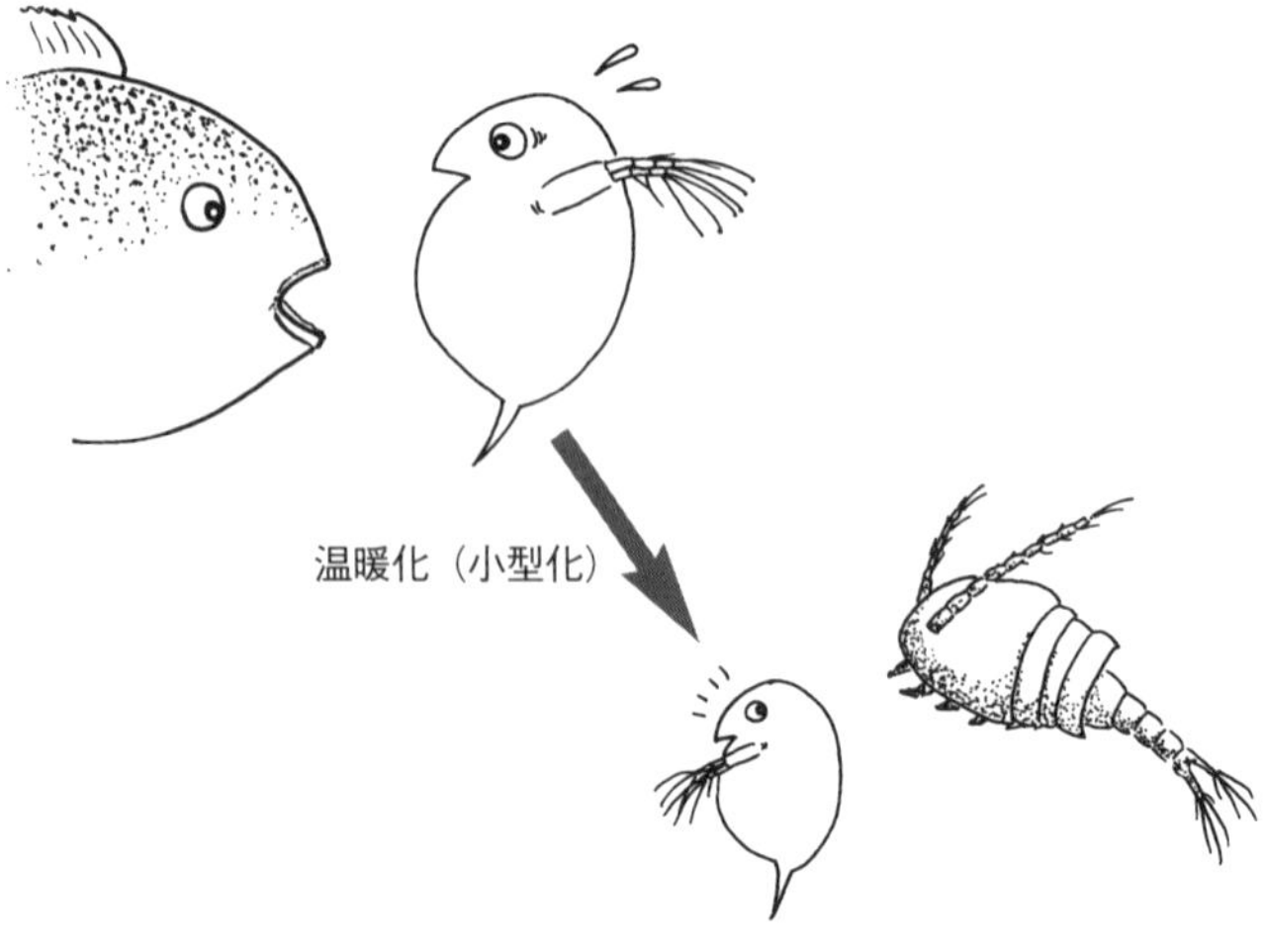

6時限 第4話

川から湖へ、そしてまた川へ

水がつなぐ川と湖の相互関係

大地に降り注いだ水は川に集まり、そこを流れ下る。そして、下流の湖に入って淀む。しかし、そこが水の旅の終点ではなく、湖からあふれ出て再び川を下ることになる。これによって、水は流れと淀みを経験する。このように、川に入った水は途中で大きく流速を変えながら、海をめざしていくのである。

この流速の変化は水の中の生き物たちの世界を変えることになる。流速が速い川では河床に生息する付着藻類やトビケラなどの水生昆虫が水の中の世界をつくり、水が淀む湖ではプランクトンによって世界がつくられる。そして、水は川と湖の間を移動することによって、この異なる生き物たちの世界をつないでいるのだ。

川と湖の生き物たちのつながり

降雨の際に山林や農地などを洗った水は、窒素やリンを含む栄養塩や落ち葉などを川に運び込む。川に入った栄養塩は付着藻類に吸収されて藻類の増殖を助け、落ち葉は水生昆虫の餌となる。ところが、栄養塩は水中に拡散して流れるので、河床の付着藻類に利用されるのはそのごく一部だけで、残りの多くは湖まで運ばれることになる。一方、湖では栄養塩を求めているのは植物プランクトンであり、それは水中に分散しているので効率よく水中の栄養塩を吸収し、活発に増殖する。そして、湖に棲む動物たちの餌となっている。

したがって、湖の生き物たちの生活は川からの栄養塩によって支えられているといえるだろう。

川から湖に入りプランクトンを増やした水は、次にプランクトンを下流の川に運び出す。これが川の水生昆虫群集に影響を与えることになる。

川に棲む水生昆虫は、食性から大きく四つのグループに分けられる。ひとつは河床にたまった落ち葉などを噛み砕いて食べる破砕食者のグループだ。これにはカクツツトビケラなどがいて、森林に囲まれている上流域に多い。二つ目は付着藻類をそぎとって食べるグループで、カゲロウの仲間の多くがこれに入る。陽光が差し込む開けた中流域に多い。三つ目はヒゲナガカワトビケラなどで（図6-13）、上流から流れてきた有機物の粒子を水中に張った網で集めて食べており、濾過採食者と呼ばれている。流下する粒子の多くは、破砕食者が砕いた落ち葉の破片や石から剥がれた付着藻類などである。そして四つ目は、他の昆虫の幼虫を食べるヘビトンボなどの捕食者だ。

このような水生昆虫が棲む川に、湖のプランクトンが流れ

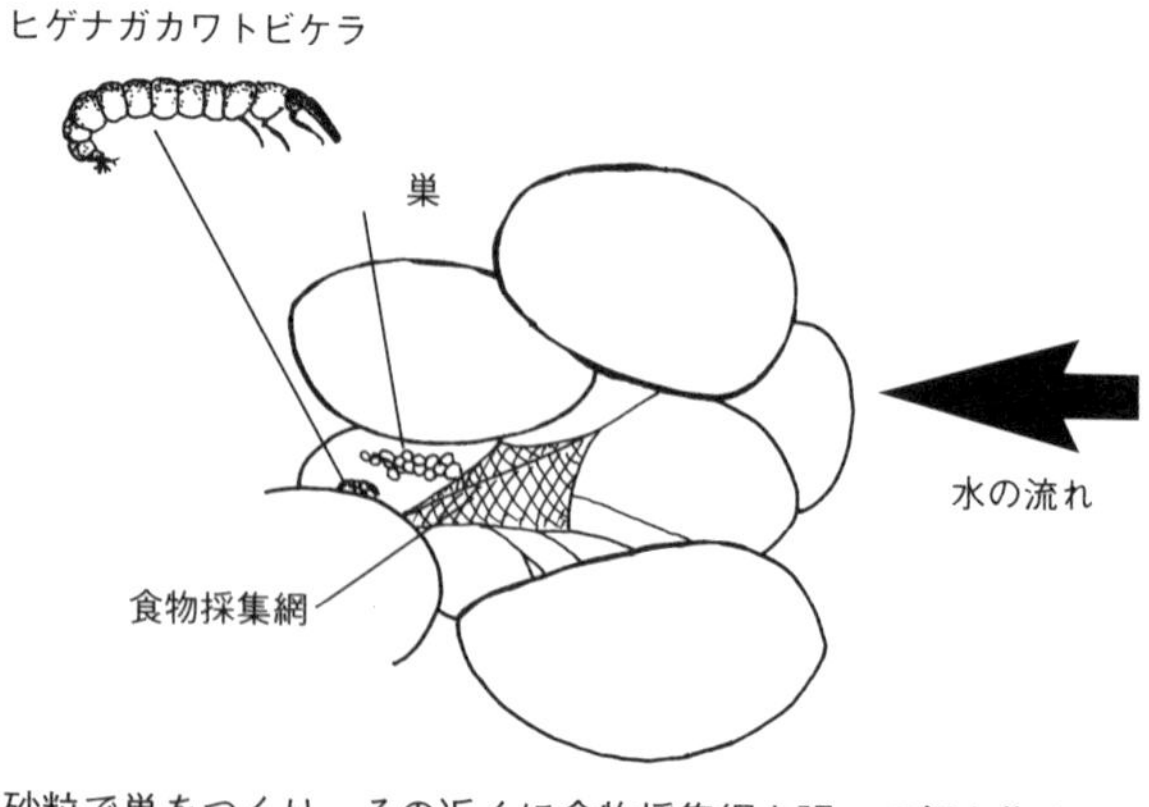

図6-13　砂粒で巣をつくり、その近くに食物採集網を張って餌を集めるヒゲナガカワトビケラ。

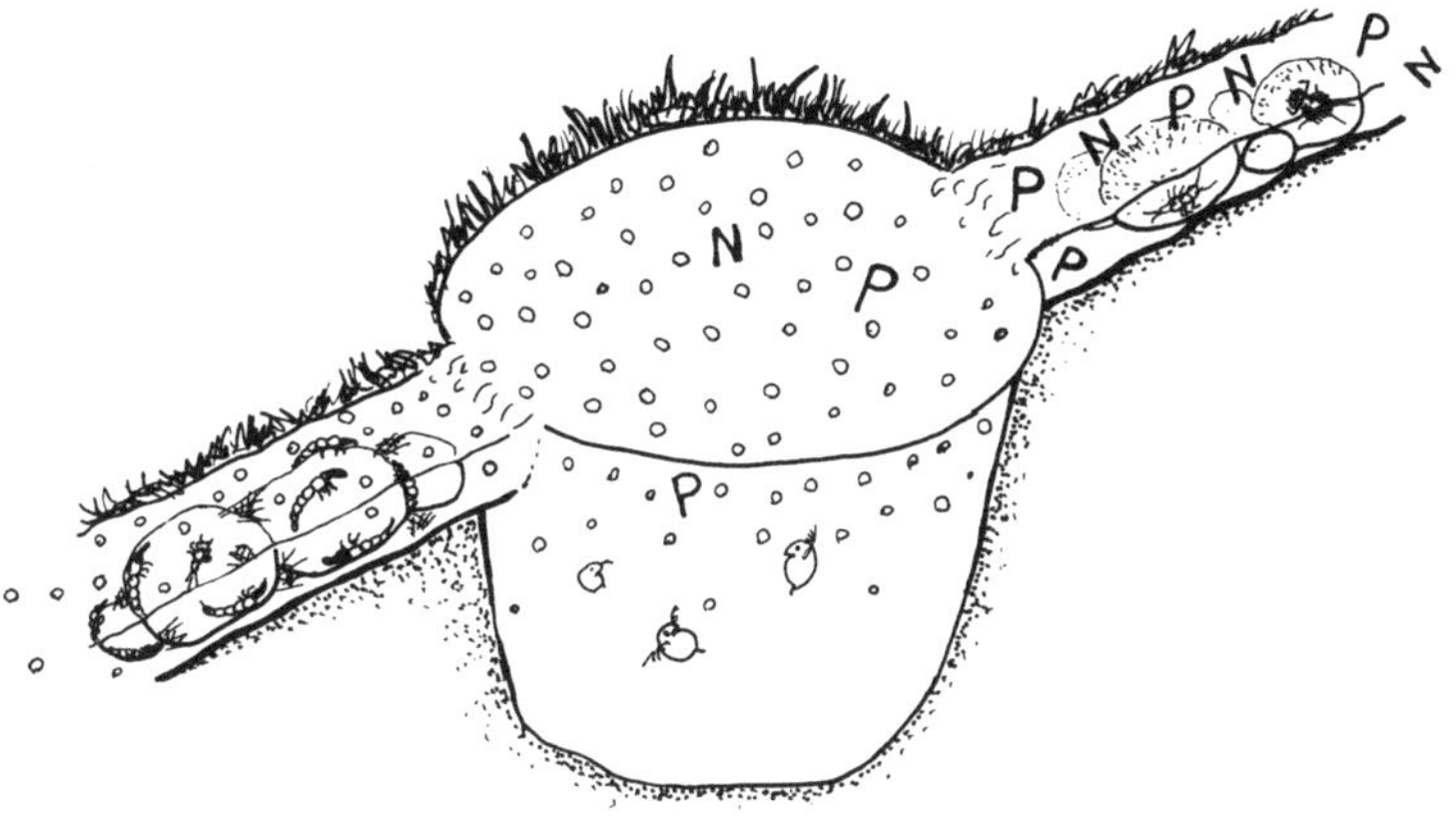

図6-14　川は湖に栄養塩（リン〈P〉、窒素〈N〉）を与え、湖はそれを原料に有機物（植物プランクトン）を生産して下流の川に流し、そこの水生昆虫を養っている。

込めばどうなるであろうか。プランクトンは水中を流れる有機物となるので、第三グループの濾過採食者の餌となり、このグループの昆虫たちを増やすことになる。

　川は湖に栄養塩を運び込むことで植物プランクトンの生産を促し、湖はそこで生産されたプランクトンを下流の川に提供することによって川の生き物たちの生活を支えている。なんだか、川は原料（栄養塩）を集めて運搬するところで、湖はその原料を使って製品（有機物）をつくる工場のように思えてきた。川は、原料は豊富にあるが産業がないために、貧しくて人口の少ない地域のようだ。そこに湖という工場がつくられると、たくさんの生産物がつくられ、人口が増えることになる（図6-14）。

　このことは、川の途中につくられたダム湖と川の関係にもあてはめられるだろう。

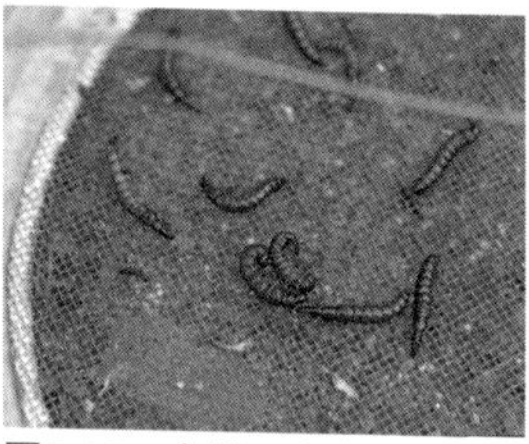

図6-15　大量に生息するトビケラは、天竜川のざざ虫漁を支えている（写真＝2点とも大西成明）。

ざざ虫漁を支えているもの

長野県の天竜川《てんりゅうがわ》上流域にある伊那《いな》地方には、ざざ虫を食べるというユニークな食文化がある。ざざ虫とは川に生息する水生昆虫に対する地元の呼び名で、とくにトビケラ、カワゲラ、ヘビトンボの幼虫を指す。これらの昆虫は春に羽化して成虫になるので、その直前の冬が幼虫として最も大きくなる。そのときにざざ虫を捕らえ、佃煮《つくだに》にして食べるのだ（図6-15）。

ざざ虫は伊那地方の重要な産物となっており、地元の漁協が管理している。漁協が発行する許可証がないと採捕することができない。ざざ虫は、昔はカワゲラが中心であったが、今はほとんどがトビケラ幼虫である。信州大学の片上幸美氏らによる一九九九～二〇〇〇年の調査では、天竜川上流域の水生昆虫ではヒゲナガカワトビケラがとくに多く、現存量は一m^2当たり一〇〇〇個体以上に

図6-16 釜口水門《かまぐちすいもん》から流れ出す緑色をした諏訪湖の水。ここから天竜川がはじまる。

達した。この量は日本の他の河川のトビケラの現存量と比べ、著しく多いという。

なぜ、天竜川にはトビケラが多いのだろうか。そのわけは、天竜川のトビケラが濾過採食者であるということと、この川の起点に諏訪湖があることにある（図6-16）。諏訪湖は、湖面積の四〇倍という広い集水域を流れる三一本の川が運び込んだ栄養塩（人間活動に伴って排出されたものが多い）によって富栄養化が著しく進んだ湖だ。植物プランクトンの大量発生によってアオコがつくられ、それが諏訪湖から流れ出して天竜川を緑色に染めていた。そして、天竜川に流れ込んだ大量の植物プランクトンがトビケラの餌となり、この水生昆虫を増やしていたのである。

天竜川流域の住民は緑色の川をみて、川を汚す諏訪湖のことを困りものと思ってきた。確かに諏訪湖は天竜川を汚す原因になっている。しかし、その諏訪湖がざざ虫漁を支えていたのである。

天竜川の水質を浄化するもの

天竜川は諏訪湖に汚されているが、この川には高い自然浄化能力がある。諏訪湖から天竜川に入った有機物の量は、約三〇km下流の伊那市にたどり着く頃には数十分の一にまで減り、水質はかなり改善される。じつは、この自浄作用の最大の功労者がトビケラなのだ。諏訪湖から多くの餌（有機物）が流れ出してくるのでトビケラが大量に増えたが、そのトビケラが水中の有機物を濾し集めて除去していたのである。川の水が汚れるほどそれを浄化する生き物が増える。自然のしくみはうまくできているものだ。

「ざざ虫は川が清らかでないと棲めない」という人がいる。しかし、本当に清らかな川（有機物の少ない川）ならば、餌が少ないのでざざ虫は多くは棲めない。ざざ虫の多い川が清らかにみえたなら、それはざざ虫が浄化した結果だろう。

Column
●ミジンコこぼれ話

後腹部突起が示す生き残り戦略

ダフニアの後腹部には二つの突起（腹突《ふくとつ》）がある。ひとつは育房内に突き出ており、二つ目のは体の外に向かっている。ひとつ目の突起は卵が育房からこぼれ落ちるのを防いでおり、これはほとんどのミジンコ種が持っている。二つ目の突起はダフニアに特有のもので、卵を盗もうとする敵が育房に侵入するのを防ぐはたらきがあると私は考えている。ダフニアは餌を濾し集めるため、大量の湖水を胸脚に呼び込んでいる。そのために殻の隙間を広くあけているが、それが外敵の侵入を容易にしてしまい、侵入を防ぐ対策が必要になったのだろう。

餌を集めることに努めながら、敵の侵入にも対処しなければならない。ミジンコの形態の解析から、生き残るための彼らの苦労と工夫がみえてきた。

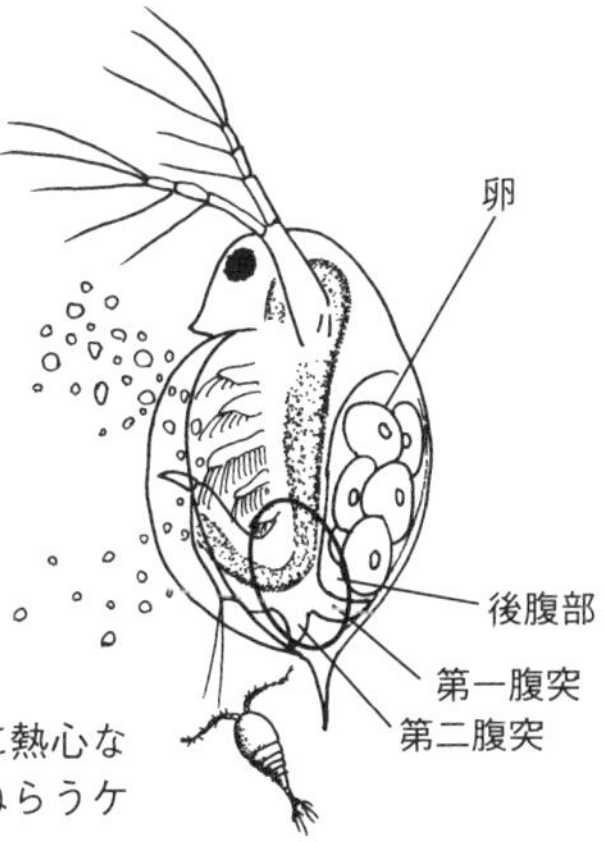

餌を食べることに熱心なミジンコの卵をねらうケンミジンコ

6時限 第5話

利益と代償のバランス

生き物たちの生き方に学ぶ

湖のミジンコは季節に応じて形態を変化させる（図6-17）。この現象を形態輪廻《りんね》と呼んでいる。春には丸い頭と短い殻刺《かくし》を持っているが、夏になると頭を尖らせ殻刺を長くする。そして秋になると春の形態に戻るというものだ。

この現象をみると、「なぜミジンコは頭を尖らせるの？」と誰しも思うだろう。この疑問に対しては、「夏に多くなる捕食者（フサカ幼虫やノロなど）から逃れるため」という答えが与えられている。頭を尖らせると食われにくくなることが明らかになったからである。しかし、これだけでは形態輪廻を説明できない。

生き物たちの生き残り戦略

それにはもうひとつ答えなければならない疑問がある。「なぜ秋になると元の形態に戻るのか」、である。これには「頭を尖らせると困ることがあるから」と説明されている。形態を変えるにはエネルギーを必要とするので、その分、成長速度が落ちてしまうというわけだ。実際に調べた結果、頭を尖らせたミジンコはそうでないミジンコよりも成長が悪かった。すなわち、秋には捕食者が減るので頭を尖らせる必要はなくなり、少しでも成長速度を上げるために頭を尖らせるのをやめたのだ。

頭を尖らせることには捕食者から逃れられるという利益があるが、それには成長速度を低下させてしまう

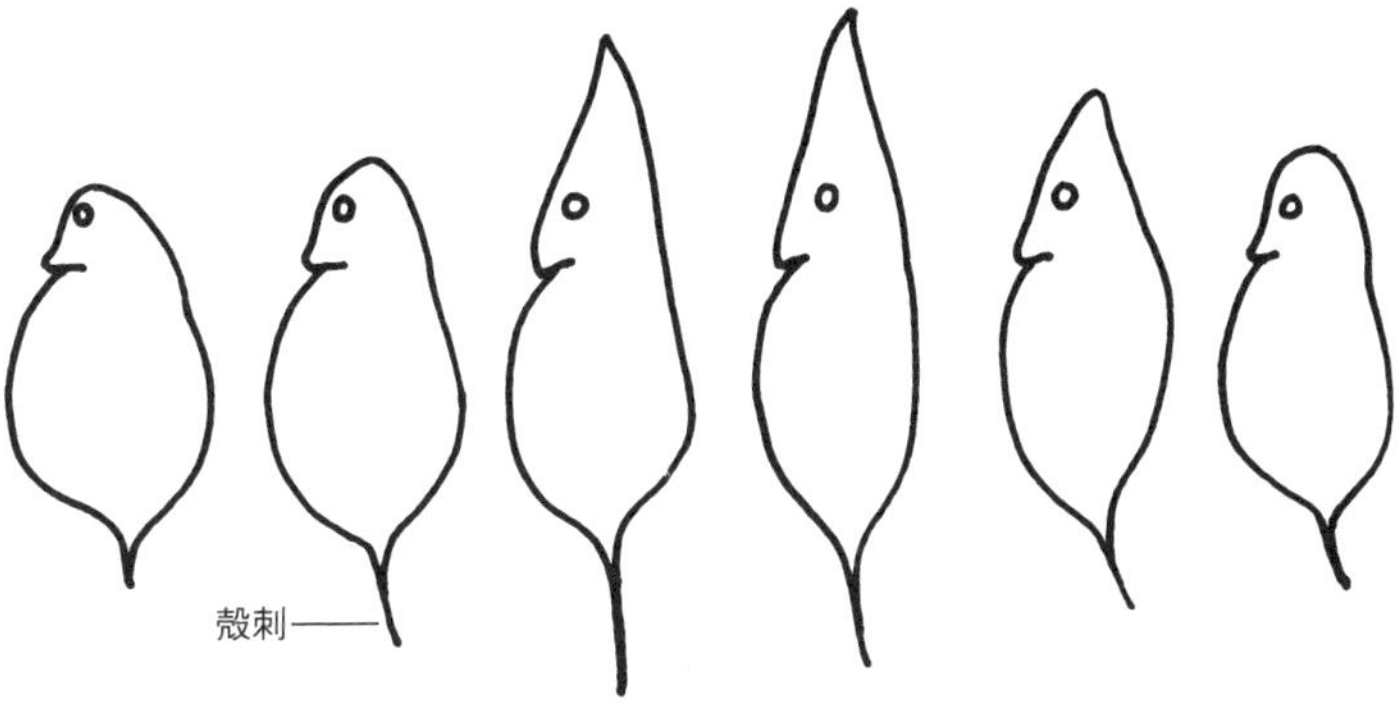

図6-17　デンマークの湖で観察されたダフニアの形態輪廻（Woltereck〈1909〉より再作図）。

という代償が伴っているといえるだろう。夏は頭を尖らせることの利益が代償を上回ったからそうしたが、秋には代償のほうが利益を上回るのでそれをやめたと理解できる。捕食者の個体数が季節的に大きく変化する環境の中で、ミジンコは利益と代償のバランスを計りながら生きていたのである。このように利益と代償を考えると、生き物たちの生き残り戦略がみえてくる。

もっと身近な鳥を例にあげてみよう。鳥には鮮やかな色や派手な形状を持った羽を持っているものが多く、人の目を楽しませてくれる。ところが、そのような羽をもっているのはたいてい雄だけで、雌の羽はかなり地味だ。雄が派手な羽を持つようになったのは、雌の気を引くのに効果的だったためだろう。それにしても、なぜ雌は派手な雄に惹かれるのだろうか。

派手に飾りつけた羽は目立つので、それを身にまとった雄は捕食者に狙われやすくなると考えられる。「俺は敵にみつかりやすい格好をしているのに、敵にやられずに生きている。俺は強いんだぞ！」と雄は訴えているに

図6-18　利益には必ず代償が伴っている。

違いない。雌はその強い雄に惹かれるのだろう。

この場合、派手な飾り付けは雌の獲得を容易にするという利益があるが、敵に襲われやすくなるという代償があることになる。そして、利益が代償を上回っていたので、そのような生き方をするように進化してきたのだろう。もし、鳥をとりまく環境が変わって捕食者が今より多くなったなら、代償のほうが大きくなり、この雌を誘うための雄の作戦は失敗することになる。

人間はどのように生きていくべきか

さて、ここで我々人間の生き方をみてみよう。我々は常に生活を向上させたいと考え、さまざまなものをつくってきた。そして、それにより大きな利益を得てきた。ところが、この場合も常に代償が付随していることを忘れてはならない。

たとえば車を考えてみよう。一七六九年に発明された自動車（当初は蒸気エンジン）は、今では世界中の都市にあふれている。車をもつことによる利益は極めて大きい。それについては説明する必要はないだろう。ところが、たとえば日本では、車が関わる交通事故で年間約八〇〇〇人もの人が死んでいる。これはとても大きな代償である。リスクといい換えてもいいだろう。車の利用にはこれだけ大きなリスクがあるが、車を世の中から排除しろとは誰もいわない。これは利益のほうがリスクよりも大きいと考えているからである。我々の行動もやはり、利益と代償（リスク）のバランスをもとに決められている。

環境問題についてはどうだろうか。

我々の生活を支えている主要なエネルギー源は石油や石炭などの化石燃料である。これには効率よくエネルギーを得られるという利益があり、一九世紀後半から広く使われるようになった。しかし、その後になって大気汚染や温暖化などの環境問題が発生し、大きなリスクを伴っていたことがわかってきた。

化石燃料が環境問題を起こしたため、今ではソーラーパネルを使った太陽光発電など、クリーンなエネルギーの利用が叫ばれている。太陽光発電は装置の設置に費用がかかることを除くと、ほとんど問題がないと思っている人が少なくないのではなかろうか。本当にそうだろうか。

現在、太陽光発電によるエネルギー量は、人間が使っているエネルギー量のうちの、ごくわずかな割合でしかない。もしほとんどのエネルギーを太陽光発電に頼ろうとすると、かなり多くの地表をソーラーパネルで覆わなければならなくなる。そうなると、地面を暖め、植物を育てていた太陽エネルギーが奪われることになり、気温が低下し、生き物たちの生産量が減るだろう。その結果、地球環境が大きく変化し、食糧不足問題が今よりも深刻になるかもしれない。

利益とリスクのバランスを考える

大切なことは、なにかをおこなう際には、むやみに利益を強調したりリスクばかりを注視したりせず、利益とリスクの両方を見積もってそのバランスを考えることである。利益がリスクを上回ればそれをおこなってもよいだろう。ただし、リスクの評価は難しい。後になって思いもよらないリスクの存在が明らかになるかもしれない。そうなると、リスクが利益を上回ることになって問題を起こす可能性がある。リスクの評価は慎重におこなわれなければならない。

生き物たちの生きざまをみていると、人間がとるべき生き方がみえてくる。およそ三八億年という長い歴史を持つ彼らの生き方には学ぶべきものが多い。

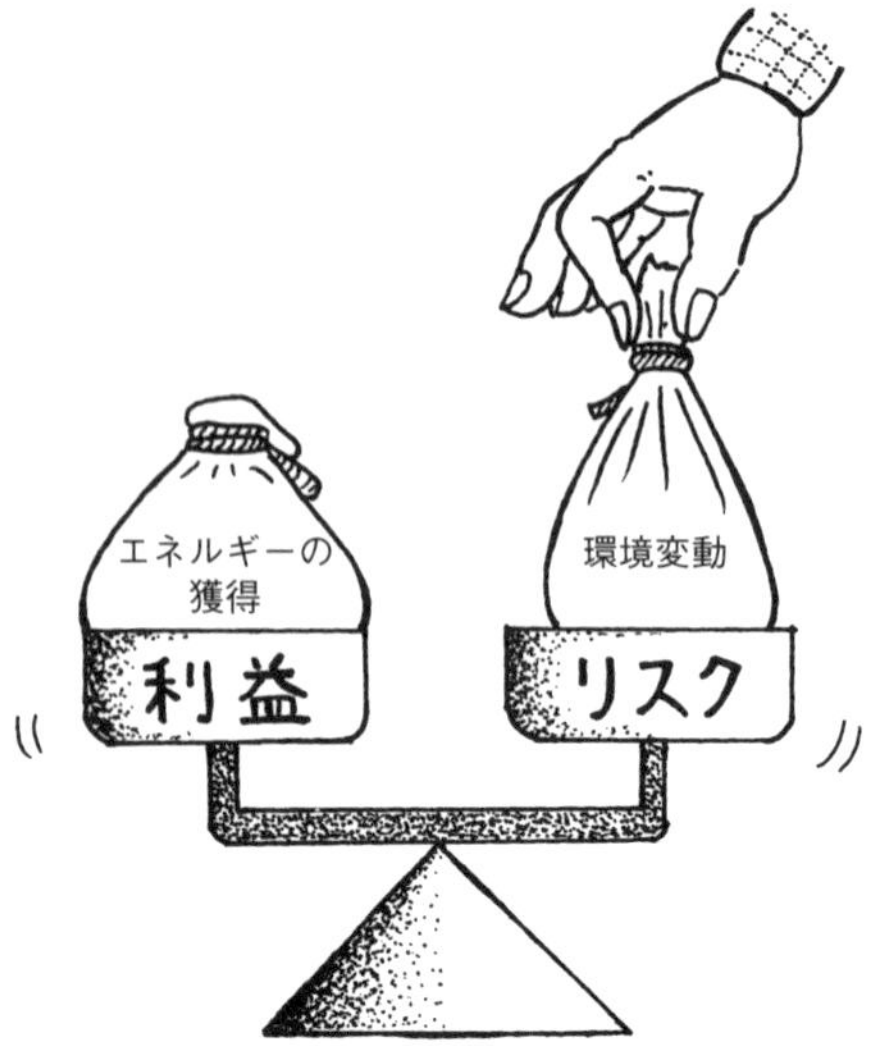

図6-19　利益とリスクのバランスを考えることが大切。

Column
●ミジンコこぼれ話

アオコの謎

多くの富栄養湖でアオコをつくるのはミクロキスティスというラン藻だ。この細胞はゼラチン状の物質に包まれて群体をつくっており、群体の大きさは直径1mmを超えることもある。また、細胞内に毒素をつくるのも特徴だ。

毒素は陸上の植物も持っている。天敵から身を守るのに有効だからだ。ミクロキスティスが毒素を持つ理由も同じと考えられてきた。実際、培養したミクロキスティスを餌として与えるとミジンコが死んでしまう。ところが、実験室内で培養したものは群体をつくらないが、野外のものは大きな群体をつくる。そのため、野外のミジンコはそれを口に入れることができない。それならば、なぜ毒素をつくるのか。大きな謎である。

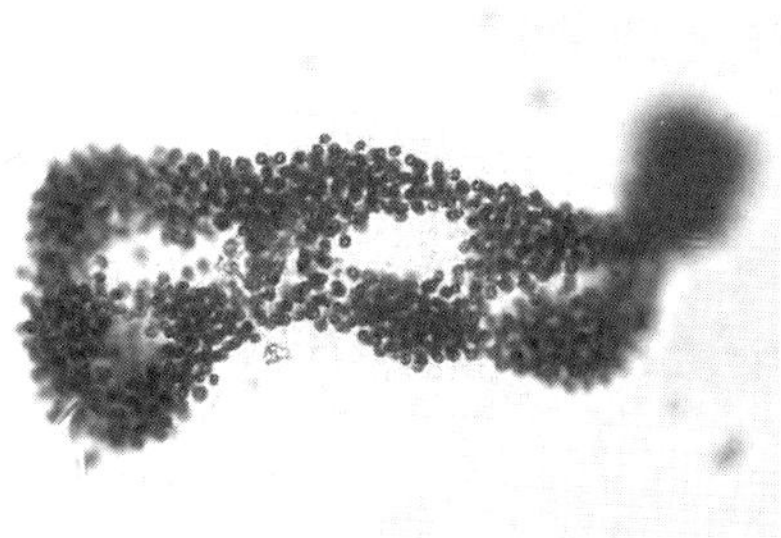

アオコをつくるミクロキスティス。粒々にみえるのが細胞で、透明なゼラチン状の物質に包まれて群体をつくっている。細胞の直径は数μmと小さいが、大きな群体をつくる（写真＝本間隆満）。

6 時限 第6話

蘇りはじめた諏訪湖に学ぶ

水質浄化対策とその効果

一九五〇年代、長野県の諏訪地方は山を背景とした美しい諏訪湖を配し、また精密機械工業が発達していたことから〝東洋のスイス〟と呼ばれていた。その諏訪湖が、一九六〇〜七〇年代に大きく富栄養化が進んでひどいアオコが発生するようになり、汚れた湖として全国的に有名になってしまった。そこで、諏訪湖の水質を蘇らせるためのとり組みがはじまった。

水質の変化と生態系の反応

諏訪湖の水質浄化対策の中心は下水道の普及である。一九七九年に諏訪湖畔に下水処理場がつくられ（図6-20）、その後は下水道の普及率が着実に上昇して二〇〇一年には九一％を超えるまでになった。それに伴って湖水中のリン濃度が減少し、処理場建設の前年には〇・二mg／ℓを超えていたものが、二〇〇一年には環境基準値の〇・〇五mg／ℓを下回るようになった（図6-22の点線）。その間の一九九九年には、それまで毎年発生していたアオコが突然激減するという〝事件〟が起きた。それは奇しくも、下水処理場がつくられてちょうど二〇年目にあたる年だった。このときから諏訪湖の水質浄化が目にみえて進んできたのである。

アオコは夏に発生して湖水の透明度を大きく低下させる。一九七〇年代の諏訪湖では、七月から九月の平均透明度がわずか四〇cmしかなかった。直径三〇cmの白い円盤をたった四〇cm沈めただけでみえなくなった

図6-20　諏訪湖上からみた下水処理場。

のである。その透明度は、下水処理場が稼働しはじめると、およそ七〇㎝にまで上昇した。しかし、その後はほとんど変わらず、アオコが減る兆しはみられなかった（図6-22の実線）。市民の口からは「巨額の費用を投じて下水道をつくってても湖はいっこうにきれいにならないではないか」といった声も聞かれた。それが、二〇年経ってようやくその効果が現れはじめたのである。そして、迷惑害虫だったユスリカが減少し、水草が増加するなど、生態系全体が大きく変わってきた。

ひとつの生態系は一生物個体と似ている、と私は常々感じている。たとえば我々の体が病気になると、嘔吐、下痢、発熱などをしながら体を元に戻し、一定の状態を維持しようとする。これと同じはたらきが生態系にもあるように思える。諏訪湖では下水道の普及によって年々栄養塩濃度が低下していったが、それにもかかわらずアオコをつくるラン藻を中心とした生態系は維持されてきた。

図6-21　透明度の測定。直径30cmの白色円盤を湖水中に沈めていき、みえなくなったところの水深を測る。

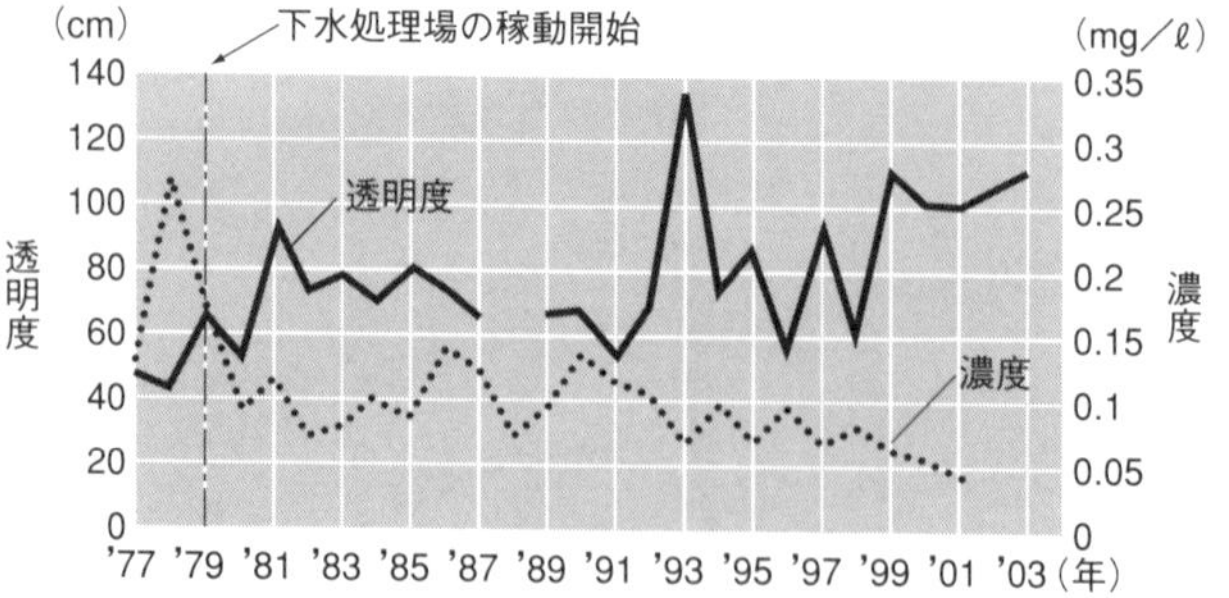

図6-22　諏訪湖における1977～2001年のリン濃度の変遷（長野県諏訪建設事務所, 2003より再作図）と1977～2003年の夏（7～9月）の平均透明度の変遷（沖野・花里〈1997〉；花里ら〈2003〉より作図）。1993年の高い透明度は、異常な冷夏によりアオコの発生が抑えられた結果。アオコが減った1999年からは、安定して1mを超える透明度が維持されている。

ところが、生態系と生物個体で異なる点もある。生物個体の場合、体内の環境がある閾値《いきち》を超えて変化すると、個体は体内機能のバランスを失って死を迎える。しかし、生態系は死なない。閾値を超えて環境が変わると、生態系を構成する生物種が変わる。そしてその生き物たちの間で複雑な関係が築かれ、新たな機能をもった生態系として安定するようになるのである。諏訪湖ではこの変化が一九九九年に起きたと考えられる。

環境問題と生態系の話になると、「生態系が壊れた」ということばをよく耳にする。だが、これはおかしな表現だ。環境の変化に伴って「生態系が変わった」というべきだろう。

諏訪の下水処理場の秘密

日本では社会的に重要な湖の多くが富栄養化問題を抱えているが、水質浄化対策が顕著な功を奏しているところは少ない。その中で、諏訪湖の水質が明らかに浄化されてきた。これはなぜだろうか。

その理由として、諏訪地域の下水道普及率が九〇％を超えるまで高くなったこと、そして、処理場からの排水の放出方法の工夫をあげることができるだろう。

ここで重要なことは、下水処理場で処理された水は湖にとって必ずしも十分にきれいではないということだ。水を汚す原因物質は有機物なので、処理場では下水の中の有機物を微生物に食べさせて除去している。しかし、水に溶けている無機物質としての窒素やリンは除去しにくい。それどころか、有機物が微生物に分解される際に無機の窒素やリンが生じることになる。これが湖に放出されれば植物プランクトンに利用され、有機物（植物プランクトン）を増やして湖水を汚すことになる。そのため、処理水は湖に入れないほうがい

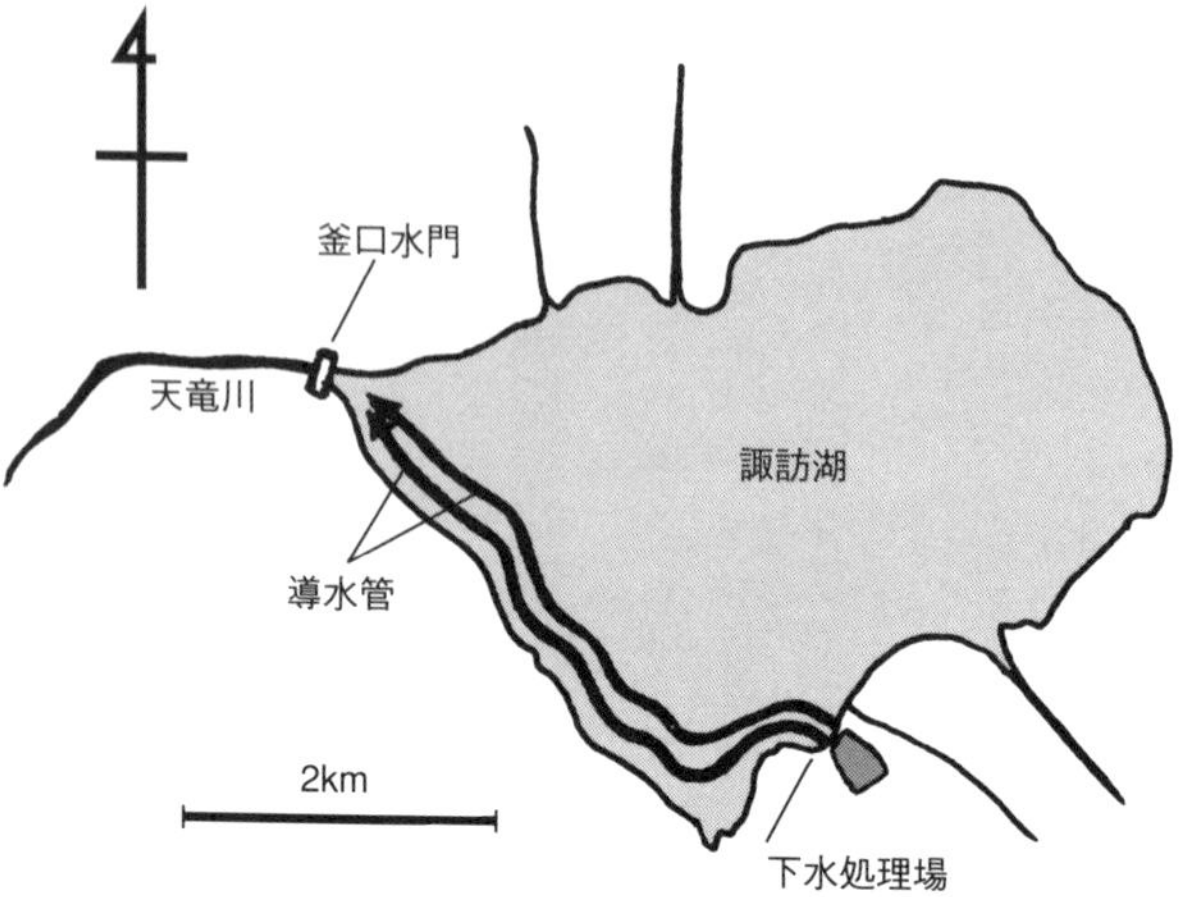

図6-23　諏訪湖畔にある下水処理場と、処理排水を流す2本の導水管。

い。

　そこで、諏訪湖畔に処理場を建設する際には、導水路を通して処理排水を直接下流の天竜川に流す計画があった。ところが、それは天竜川沿いの住民の反対で中止された。「上流域の住民の出した排水を直接天竜川に出すのはけしからん」というわけだ。富栄養湖を持つ多くの地域では、おそらく同様の理由で、下水を処理した排水は湖に入るように放水しているようだ。

　ところが、諏訪では諏訪湖の中に二本の導水管を設置し、それを通して処理排水を天竜川への流出口（釜口水門《かまぐちすいもん》）の近くの諏訪湖内に放水することにした（図6-23）。これならば処理水は天竜川に直接放水していないことになる。ただし、実際には処理水のほとんどは諏訪湖にとどまることなく天竜川に流れ出している。これを聞くと天竜川の住民は怒るかもしれない。ところがよく考えてみると、これはむしろ天竜川の水質にとってもよいことなのかもしれないのだ。

まずは諏訪湖の水質改善を

処理場で処理された水には有機物は少ないが、無機態の窒素やリンが多く含まれている。その排水を諏訪湖に入れると植物プランクトンによって有機物が生産され、その有機物が天竜川に流れ出して川の水質を悪化させることになる。一方、処理排水を直接天竜川に放水した場合、川にはプランクトンが少ないので、処理水中の窒素やリンが有機物生産に大きく寄与することはない。そうなれば天竜川の水質はあまり悪くはならないだろう。天竜川の水質をよくするためには、諏訪湖の水質を改善することが必要なのである。

二一世紀は水の世紀といわれ、淡水資源の不足が深刻な問題になると予測されている。そのため、淡水の貯蔵庫である湖の水質を良好に保つことがますます重要な課題となるだろう。湖は水が淀むところで、かつ閉鎖性の高い場所である。それゆえ汚れがたまりやすく、いったん汚れてしまうと元に戻すには長い時間がかかる。このことを諏訪湖が教えてくれた。

Column
●ミジンコこぼれ話

春の透明期をつくる犯人

多くの湖では、春先に植物プランクトンの珪藻が大量に発生して水が茶色く濁る。ところが、その後突然水が透きとおることがある。この現象がなぜ起きるのか。その謎を解くための研究がなされ、ダフニアが犯人であることがわかった。春の珪藻の発生に遅れて湖に現れたこのミジンコが、急速に個体数を増やして珪藻を食い尽くしたのである。このときダフニアは餌不足に陥り、そして個体数を減らすことになる。ダフニアが減ると、今度は植物プランクトンが増え、湖の透明度が再び低下する。

この、一時的に透明度が大きく上昇する期間を「春の透明期」と呼んでいる。これは、湖の環境に対してミジンコがいかに大きな影響力を持っているのかを物語っている。

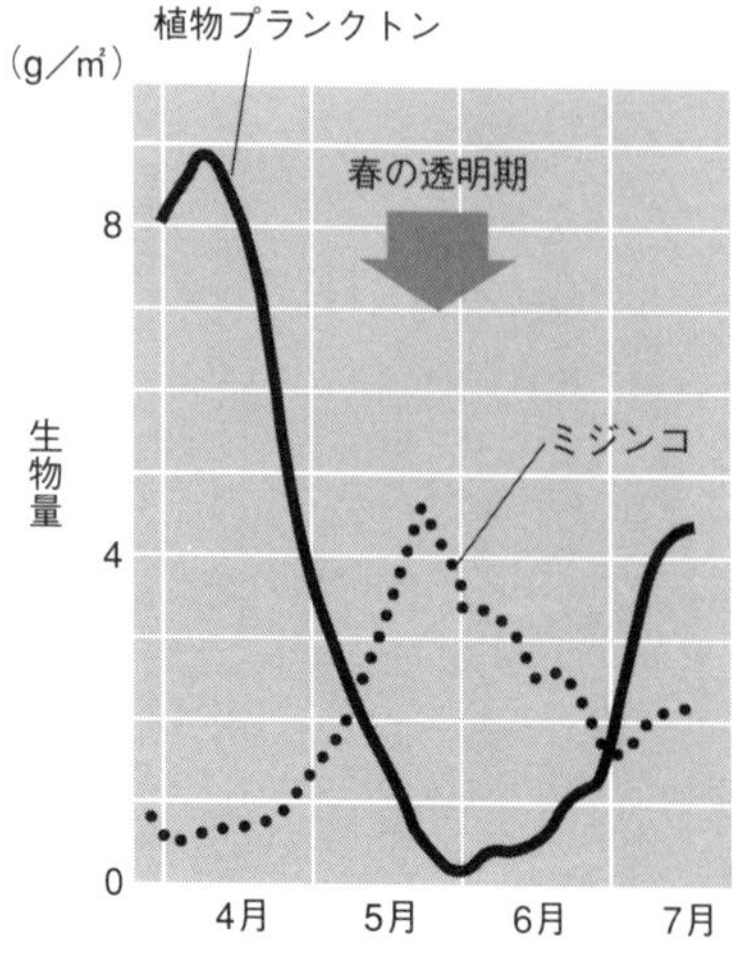

ドイツ北部のプルス湖で観察された、春の植物プランクトンとミジンコの現存量の変動（Lampert〈1988〉より再作図）。植物プランクトンが大きく減少したときに、春の透明期が現れた。

6時限 第7話

湖から環境問題を考える

自ら学び、総合的な視点を

現在、我々はさまざまな環境問題を抱えており、その解決が大きな課題になっている。しかし、環境問題は複雑で、解決は簡単ではない。なぜ難しいのか。湖の富栄養化に伴う水質汚濁問題を例に、そのことを考えてみる。

水質汚濁問題は人間の身勝手

湖の水質汚濁問題は流入してきた窒素やリンからなる栄養塩によって引き起こされる。だが、窒素やリンはもともと自然界にあるもので、すべての生き物の生存に必須の物質だ。本来は、豊かな森林を持つ山から流れ下る川によって供給され、湖の生き物たちの生活を支えてきた。この物質が水質汚濁問題を起こしたのは、人間が排出した大量の栄養塩が湖に流入したのが原因である。

ところが、大量の窒素やリンが与えられても問題を起こしていないところがある。農地である。農地ではこれらの物質を含んだ肥料を積極的に撒いて土地を富栄養化させている。農作物を育てるためだ。ここでは窒素やリンは大切な物質であり、悪者扱いされている湖とはまったく異なる。考えてみればおかしな話だ。窒素とリンが与えられた結果、農地と湖では同じことが起きているのである。畑では地表面に植物、すなわち農作物が繁茂するが、湖でも植物であるプランクトンのラン藻が大量に増えて水面にアオコが発生する

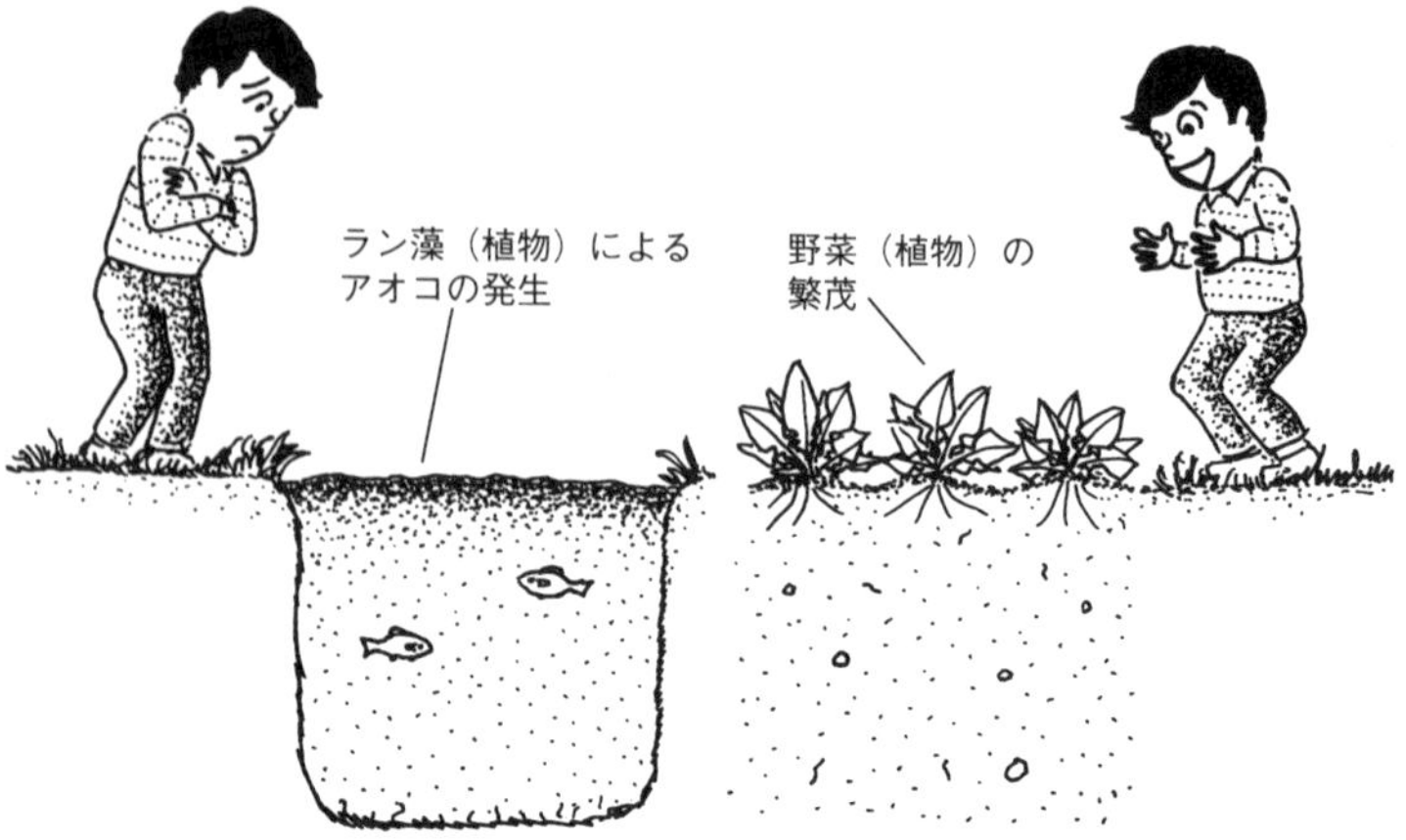

図6-24　農地と湖。富栄養化で同じことが起きているが、人間の評価は正反対。

(図6-24)。

では、なぜ湖では問題となるのか。これは、人間が農地と湖に対して求めているものが違うからである。畑では、人間は地上の植物の生長を求めており、その下にある地中の土そのものには構っていない。それに対し、湖に求めているものは水面下の水の質である。水面にアオコが発生すると水がくさくなり、増えた有機物の分解によって深水層が酸欠状態になるのが困るのである。

畑でも土の質を重視する。たとえばよい土の条件として、水もち水はけがよく、腐食質を含んで有用微生物の多いことがあげられる。しかし、それはあくまでも地上の作物がよく育つか否かを基準とした評価である。もし湖面に発生するアオコを求めるのならば、かびくさくて酸欠になる水が望ましい水質ということになるだろう。

農地と湖。窒素とリンはどちらでも同じはたらきをしているのに正反対の評価が下される。これは人間の身勝手によるものだ。

湖が澄むと困る人もいる

湖の富栄養化はとにかく悪いことで、水質を浄化することがどこの湖でも必要であると多くの人は考えているように思われる。確かに透きとおった水をたたえた湖は観光客が求めているものであるし、湖水を水道水源として利用する場合には澄んだ水が必要である。しかし、それを歓迎しない人たちもいる。漁業関係者である。なぜなら、水質浄化は植物プランクトンを減らすことであり、そうなるとそれを餌とする動物プランクトンが減り、さらにその捕食者である魚が減ることになるからである。最近になって水質浄化が進んでアオコの発生量が大きく減った諏訪湖では、湖底に生息するユスリカ幼虫が減少し、それを餌としていた魚の成長が悪くなり問題となった（図1-13参照）。

また、水草は水質浄化の効果があり、多様な生き物たちの生息場となることから、多くの湖でそれを増やすとり組みがなされている。しかし、船の航行の障害になるため、水草の増加は漁師には必ずしも歓迎されない。諏訪湖では水質浄化が進んで湖水の透明度が上がった結果、水草が大量に増えはじめたが（図6-25）、漁業関係者は困惑している（図6-26）。

ここで考えなければならないことは、すべての人が同じ環境を望んでいるわけではないということだ。立場が異なれば、湖に求めている環境も異なるのである。いい換えれば、湖は異なった目的をもったさまざまな人々によって利用されているということだ。このことが湖の管理を難しくしている。

ではどうしたらよいのだろうか。「とにかく澄んだ水を求める」ということが必ずしもよいこととは限らないことを理解し、それぞれの湖で多くの人が受け入れられる環境・生態系の姿を決め、それに向かって湖

図6-25　水質浄化が進み、水草（ヒシ）の大群落が出現した諏訪湖（2003年）。

浄化の証しも 漁師は喜べず

諏訪湖の表面覆うヒシ

下諏訪町の諏訪湖で、今年も水草のヒシが湖面を広く覆い始めた。諏訪湖の透明度が高くなってきた五年ほど前から増え始めた「浄化の証し」。

今年も諏訪湖に出現したヒシの群落。水質浄化の証しだが、舟の妨げになっている

だが、長くて強い茎が舟のスクリューに絡まり、漁師を困らせている。

ヒシは湖底から茎を伸ばして水面に葉を広げ、夏に白い花が咲く。県水産試験場諏訪支場によると、泥地や透明度が比較的低い場所でも育ち、諏訪湖でも二十年ほど前から群落が見られた。透明度が増し、繁殖域が広がっているという。

ただ、漁が盛んなこの時期、エビやコイ、フナを捕る仕掛けを舟で設置するにも、二㍍近く伸びた茎が舟のスクリューに絡みつく。沿岸部のヒシを自主的に刈り取る漁師もいるが、町の漁協関係者は「枯れて腐ると網にひっつく」と困惑顔だ。

同支場は「水質浄化や小魚の餌場としては役立っている。できれば、腐り始めたころに刈り取って陸に揚げた方がいい」と話している。

図6-26　信濃毎日新聞2004年6月16日付。

の管理を進めるのがよいと私は考える。そのためには、環境を変えたときに生態系がどのように変わるのか、それを予測することが必要だ。

漁業者も負荷を与える立場

水質浄化が進むと魚が減ることからわかるように、湖の水質が変われば生態系が変わり、我々の生活に影響が及ぶことになる。また逆に、生態系が変われればそれが水質を変え、やはり我々の生活に影響する。

近年の研究で、魚が増えると湖の水質汚濁が進むことが明らかになってきた。魚が大型ミジンコのダフニアを食べてしまい、天敵のミジンコが減ったことで汚濁の原因となる植物プランクトンが増えるのである。また、コイなどの底生魚は、湖底の泥をかき回して泥の中の栄養塩を水中に回帰させて水質汚濁を助長する。したがって、漁業活動で魚を放流することは、生態系を攪乱して水質に影響を及ぼす可能性がある。

農業や漁業は、本来は自然の恵みを利用した経済活動である。ところが、現代では、生産性を上げるために肥料を撒いたり魚の放流をするなど、自然に対して積極的なはたらきかけをしている。これにより自然に負荷を与えているのである。したがって、農業や漁業の関係者は、自らが自然の恵みを受ける立場であるとともに自然に負荷を与える立場であることを認識し、その場や地域で求められている環境と共存できる農業や漁業のありかたを考えるべきであろう。これは、すべての人にあてはまることでもある。

環境問題は人間活動が引き起こしたものであり、その評価は人間の価値観に基づいている。ところが、その価値観は人によって異なる。これが環境問題を複雑にし、解決を難しくしているといえるだろう。その解決のためには、市民それぞれが環境問題に対する正しい認識を持つことが必要だ。それぞれが自ら学び、価値観の異なる人の考えも考慮した総合的な視点を持たなければならない。我々をとりまく環境をどうするのか。それを決めるのは我々自身であり、それだけに一人ひとりが大きな責任を持っているのである。

図6-27　漁業活動も湖の水質に影響を与える。
（写真提供＝國井秀伸）

図6-28　1950年頃の諏訪湖での漁業風景。この湖で有名なワカサギは、1914年に霞ヶ浦から移入された。
（写真提供＝平林英也）

Column

●ミジンコこぼれ話

ミジンコ採集と砂糖ホルマリン

湖で採集したミジンコはホルマリンに浸けて保存する。その後、顕微鏡を用いて個体数を数え、さらに体長と抱卵数も調べる。体長を測ることで個体群の齢組成を知ることができる。抱卵数は個体群の増殖速度を知るのに必要だが、湖でのミジンコの餌環境を知る手がかりにもなる。餌が多ければたくさんの卵を産むからである。

ところが、多くのミジンコはホルマリンに浸けられると殻を反り返らせてしまい、体長が測れなくなる。また、卵が育房からこぼれてしまうので抱卵数もわからない。そこで、それを防ぐために砂糖を加えたホルマリンを使う。理由は不明だが、ミジンコの形が崩れずに固定されるのだ。保存方法にも研究者のちょっとした工夫がある。

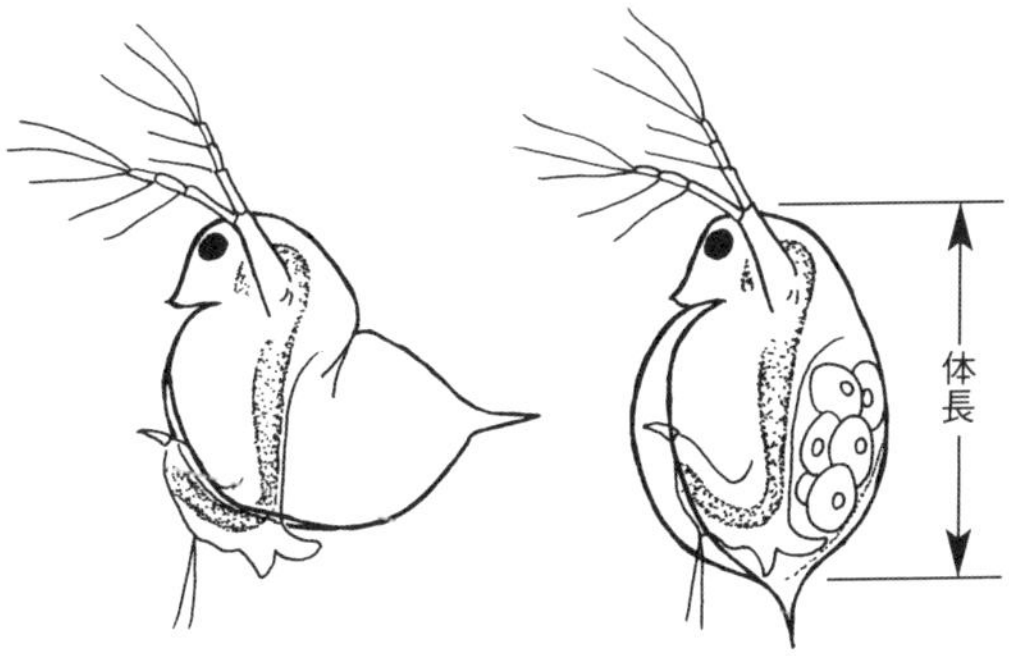

ホルマリン（左）と砂糖ホルマリン（右）に浸けられたミジンコ

あとがき

私は大学を卒業してすぐ、つくば市にある国立公害研究所（現在の国立環境研究所）の研究員となり、水質汚濁問題を抱えていた霞ヶ浦の動物プランクトン群集の研究をはじめた。

湖の動物プランクトンを対象にすると、必然的にそこで中心的な役割を果たしているミジンコに注目することになる。そこで湖水中のミジンコを調べていると、ミジンコが他の生き物たちと密接で複雑な関わりを持っている様子がみえてくる。そして、その関係が生態系の維持に重要な役割を果たしていることを理解するようになるのである。すると、直接みることができない湖水中の小さな生き物たちの世界が、頭の中に現れるようになった。それがとてもおもしろく、私はしだいにミジンコの研究に魅了されていったのである。

一方、私は湖の生物群集に及ぼす農薬影響についても研究をしていた。プランクトン群集をつくった水槽に殺虫剤を投与すると、一部の生物種は強いダメージを受けて増殖が抑えられるが、かえって個体数を増やす生物種が現れることを観察した。そこから、人間が必ずしもすべての生物にマイナスの影響を与えるわけではないことを学んだ。そして、生態系に及ぼす人間の影響を考えるときには、一部の悪影響ばかりを注視するのではなく、総合的な視点が大切であると考えるようになった。

一九九五年一二月、一六年近く過ごしたつくばを去り、諏訪湖畔にある信州大学理学部附属臨湖実験所（現在の信州大学山地水環境教育研究センター）に赴任した。つくばでは研究漬けの毎日であったが、諏訪では学生の教育という仕事に大きなウエイトが置かれるようになった。それによって、学生と議論する機会が生まれ、生態系や環境に対する彼らの考え方を知ることができた。また、諏訪では、地域のシンボル的な存在となっている諏訪湖が大きな水質汚濁問題を抱えていたことから、地域住民や行政関係者が諏訪湖の水環境に高い関心を持っており、さまざまな環境保全活動が活発におこなわれていた。私が諏訪に来て、それらの人々との対話を頻繁に持つようになり、多くの人の考え方を知ることになった。それには私自身が学ばされることが多かったが、一方で、市民のさまざまな考えの中には正しくない知識に基づいたものも少なくないことがわかった。そこで、私が研究を通して得た知識や水環境についての考え方を多くの人に伝え、環境保全に少しでも貢献できればありがたいと考えるようになったのである。

そんなとき、ミジンコ愛好家として知られるサックス奏者、坂田明さんの仕事のコーディネーションをされていた二川祐子さんに出会った。彼女は生態系に対する私の考え方を理解し、私を雑誌『FRONT』編集長の山畑泰子さんに紹介してくださった。二〇〇一年夏のことである。山畑さんは科学的な視点から水環境を語る記事の執筆者を探していたそうである。そして、二〇〇二年四月から『FRONT』での私の記事の連載が始まった。当初は一年間の予定だったが、結局、二〇〇五年三月まで、三年間にわたって連載が続くことになった。原稿の執筆では、毎月締め切り日がやってきて、限られた文字数の中に伝えたいことを要領よくまとめることが求められた。これは私にとって初めての経験であり、苦労することが多かった。しかし、山畑さんによる暖かいお力添えはもとより、二川さんにも助けていただき、ゴールにまでたどり着くことができた。新しいことへのチャレンジは、自分の視界を広げることになる。今から思うと、この経験は大変によい勉強になった。

連載が終わりに近づいた頃、この連載が比較的好評であったことを聞き、「この記事を一冊の本にまとめられたらいいなぁ」と思うようになった。しかし、それを引き受けてくださる出版社をみつけることは私には簡単なことではない。そんな折り、ある会議で東京大学の鷲谷いづみ先生にお目にかかった。鷲谷先生は多くの著書を出されているので、先生に記事の出版化について相談してみた。すると、私の記事を読んで好意的に評価していただき、「よい本を作っている方を紹介します」とおっしゃって、地人書館の塩坂比奈子さんに引き合わせてくださったのである。そして本書が生まれることになった。本書は『FRONT』に掲載されたものの構成を変え、また、よりわかりやすくするために文章にも手を加えている。その作業は集中力と細かい注意力を必要とするもので、それには塩坂さんの力がとても大きかった。

以上、本書の誕生までの経緯を長々と書いたが、振り返ってみると多くの方々に支えられてきたことがわかる。しかも、その人たちはみな女性であった。考えてみると、私におもしろい研究をさせてくれたミジンコも普段は雌ばかりである。多くの女性に支えられたということは、私がミジンコを研究対象にしてきたことと無縁ではなかったのではなかろうか。ここに、私を支えてくださった女性たち、そしてミジンコたちに心から感謝するしだいである。

ところで、私が子どもの頃に夢みた職業は、野球選手、漫画家、そして科学者であった。小学生の私は、放課後になると校庭でグラブを持ってボールを追いかけ、休日には机に向かって漫画を描いていた。野球選手という夢は早いうちに消えたが、漫画家という夢はその後も比較的長いこと持ち続けていた。自分でストーリーを考え、自作の漫画本を何冊もつくった。しかし、高校生になって受験という言葉が口に出るようになると、しだいに漫画を描かなくなり、漫画家の夢もいつのまにか消えていった。

生態学の研究者となった今、三番目の夢がかなったわけだが、漫画を描くことの楽しさは忘れられないでいた。そんな私が描いたイラストが、雑誌『FRONT』に掲載されることになり、それは本書にも使われている。さらに本書では表紙に私のイラストが採用された。自分の描いたイラストが本の表紙を飾るなんて、なんだか子どもの頃の夢がかなったようでとてもうれしく思った。ミジンコはものを言わないが、目の表情、手や腕の形や位置、体の傾きなどを工夫することで、ミジンコの感情を表すことができる。それがうまくいったときが幸せを感じるときである。

本書の読者には、文章を読むだけでなく、イラストをみることでも楽しんでいただけたなら、それは望外の喜びである。

最後に、ここまで読み続けてくださった読者にクイズを出させていただこう。本書の内容は六時限に分かれており、各時限の話のタイトル字の上にそれぞれ別々の動物プランクトンの影絵が入っていることに気づかれたことと思う。これは、本書の中で出てきた動物プランクトンたちだ。

さて、そこでクイズである。それぞれの影絵はどの動物プランクトンのものか当ててみていただきたい。答えは、本文最後の著者紹介の後に書かれている。楽しんでいただければ幸いである。おわかりになるかな。

二〇〇六年二月

花里孝幸

Whittaker, R. H.（宝月欣二訳）（1979）生態学概説（第 2 版）．培風館．pp.205.

Woltereck, R.（1909）Weitere experimentelle Untersuchungen uber Artveranderung, speziell uber das Wesen quantitativer Artunterschiede bei Daphniden. *Verh. D. Tsch. Zool. Ges.*, **1909**: 110-172.

Hessen, D. O. and E. Van Donk（1993）Morphological changes in *Scenedesmus* induced by substances released from *Daphnia*. *Arch. Hydrobiol.*, **127**: 129-140.
村岡浩爾・平田健正（1984）中禅寺湖の内部波（２）．第28回水理講演会論文集，327-332.
Sato, Y.（1986）A study on thermal regime of Lake Ikeda. *Sci. Rept., Inst. Geosci., Univ. Tsukuba*, **7**: 55-93.
Schindler, D. W. and G. W. Comita（1972）The dependence of primary production upon physical and chemical factors in a small, senescing lake, including the effects of complete winter oxygen depletion. *Arch. Hydrobiol.*, **69**: 413-451.

5時限

Chang, K.-H. and T. Hanazato（2004）Diel vertical migration of invertebrate predators（*Leptodora kindtii*, *Thermocyclops taihokuensis*, and *Mesocyclops* sp.）in a shallow, eutrophic lake. *Hydrobiologia*, **528**: 249-259.
Gliwicz, Z. M. and H. Stibor（1993）Egg predation by copepods in *Daphnia* brood cavities. *Oecologia*, **95**: 295-298.
Hanazato, T. and M. Yasuno（1989）Zooplankton community structure driven by vertebrate and invertebrate predators. *Oecologia*, **81**: 450-458.
Lynch, M.（1979）Predation, competition, and zooplankton community structure: An experimental study. *Limnol. Oceanogr.*, **24**: 253-272.
中野伸一（2000）湖沼有機物動態における微生物ループでの原生動物の役割．日本生態学会誌，**50**: 41-54.

6時限

Hanazato, T.（1997）Moderate impact by an insecticide increases species richness in a zooplankton community: results obtained in experimental ponds. *J. Fac. Sci. Shinshu Univ.*, **32**: 37-46.
花里孝幸・小河原誠・宮原裕一（2003）諏訪湖定期調査（1997～2001）の結果．信州大学山地水環境教育研究センター研究報告，**1**: 109-174.
Lampert, W.（1988）The relationship between zooplankton biomass and grazing: A review. *Limnoligica*, **19** :1-20.
長野県諏訪建設事務所（2003）みんなで知ろう「諏訪湖のあゆみ」．pp.10.
沖野外輝夫・花里孝幸（1997）諏訪湖定期調査：20年間の結果．信州大学理学部附属諏訪臨湖実験所報告，**10**: 7-249.

引 用 文 献

本文で引用したデータや図の出典を各時限ごとにまとめた（アルファベット順）。

1時限

Brooks, J. L. and S. I. Dodson（1965）Predation, body size, and composition of plankton. *Science*, **150**: 28-35.

農林水産省統計情報部（2001）平成11年漁業・養殖業生産統計年報. pp.226-227.

上田旅也（2002）お堀の水質に及ぼす魚の影響. 信州大学理学部物質循環学科平成13年度卒業研究.

山本雅道・沖野外輝夫（2001）諏訪湖の漁業群集：漁業統計からみた変遷. 陸水学雑誌, **62**: 249-259.

3時限

印旛沼環境基金（1988）印旛沼白書（昭和62年版）. pp.65.

倉田亮（1990）日本の湖沼. 滋賀県琵琶湖研究所所報, **8**: 65-83.

三宝伸一郎（1997）木崎湖におけるカブトミジンコの成長に伴う日周期鉛直移動パターンの変化. 信州大学理学部生物学科平成８年度卒業研究.

沖野外輝夫・花里孝幸（1997）諏訪湖定期調査：20年間の結果, 信州大学理学部附属諏訪臨湖実験所報告, **10**: 7-249.

Welch, P. S.（1952）Limnology（2nd ed.), McGraw-Hill Book Company. New York. pp.50.

4時限

新井正（2000）地球温暖化と陸水水温. 陸水学雑誌, **61**: 25-34.

Boucherle, M.M. and H. Zullig（1983）Cladoceran remains as evidence of change in trophic state in three Swiss lakes. *Hydrobiologia*, **103**: 141-146.

Flower, R. J. and R. W. Battarbee（1983）Diatom evidence for recent acidification of two Scottich lochs. *Nature*, **305**: 130-133.

【ま行】

【や行】

【ら行】

【わ行】

【た行】

【な行】

【は行】

【さ行】

事項索引

【あ行】

【か行】

【ハ行】

【マ行】

【ヤ行】

【ラ行】

【ワ行】

生物名索引

著者紹介

花里孝幸（はなざと・たかゆき）

1957年に東京都江東区の埋め立て地で生まれ、10歳まで東京湾（当時はくさかった）の畔で育つ。毎年夏休みになると長野県佐久市にある両親の実家で過ごし、虫採りをしたり農作業を手伝ったのが生物に興味を持つきっかけになったように思われる。

その後、家族と共に千葉県船橋市に移住。千葉大学理学部生物学科を卒業、1980年国立公害研究所（現：国立環境研究所）研究員となる。

1995年に、信州大学教授として諏訪湖畔にある理学部附属諏訪臨湖実験所に赴任。目の前に湖があるという、研究には最適の場所で仕事ができるようになった。実験所は2001年に信州大学山地水環境教育研究センターに改組され、現在はセンター長を務める。

専門は陸水生態学。特に、湖沼の動物プランクトンの生態研究が中心。そして、生態毒性学。動物プランクトンを中心とした生物群集における生物間相互作用の解明に取り組んでいる。有害化学物質汚染、温暖化、酸性雨、水質汚濁などが湖沼生態系に及ぼす影響の解明も重要な研究課題。研究室の学生と共に、ミジンコのおもしろい世界を解き明かすことが楽しみ。

ストレス解消のため、学生時代にやっていた合唱を諏訪に来て再開。今は諏訪合唱団の団員。

●あとがきで出したクイズの答え……（　）の中は本文の写真掲載箇所、カバー前袖の写真も参照

1時限：ダフニア（p.15：マギレミジンコのほか、オオミジンコ、カブトミジンコなどもこの仲間）
2時限：ツボワムシ（p.197）
3時限：ゾウミジンコ（p.119の図3-14）
4時限：シダ（p.41）
5時限：ホロミジンコ（p.61）
6時限：ネコゼミジンコ（p.77）

本書は、月刊誌『ＦＲＯＮＴ』(発行：財団法人リバーフロント整備センター）の連載記事「ミジンコ先生の水環境ゼミ」に加筆修正を加え、再編集したものです。

〈初出一覧〉
1時限　2002年４月号～2002年11月号
2時限　2002年12月号～2003年３月号
3時限　2003年４月号～2003年９月号
4時限　2003年10月号～2004年３月号
5時限　2004年４月号～2004年８月号
6時限　2004年９月号～2005年３月号

ミジンコ先生の水環境ゼミ
生態学から環境問題を視る

2006年3月31日　初版第１刷

著　者　花里孝幸
発行者　上條　宰
発行所　株式会社 地人書館
〒162-0835　東京都新宿区中町15番地
電話　03-3235-4422
FAX　03-3235-8984
郵便振替　00160-6-1532
URL　http://www.chijinshokan.co.jp/
e-mail　chijinshokan@nifty.com

編集協力　株式会社 童夢『ＦＲＯＮＴ』編集部
本文レイアウト　小玉和男
印刷所　モリモト印刷
製本所　イマキ製本

ISBN4-8052-0772-8 C3045

●野生生物との付き合い方や自然保護を考える

ムササビの里親ひきうけます
野生動物・傷病鳥獣の保護ボランティア
藤丸京子 著
四六判／一六〇頁／本体一二〇〇円（税別）

巣から落ちた野鳥のヒナ，病気やケガや迷子などで保護された野生動物を「傷病鳥獣」と言います．本書は，ただ動物が好きという理由で傷病鳥獣の保護ボランティアになった著者が，ムクドリやムササビの里親となって奮闘し，「野生動物とのつきあい方」について考えていくようすを描きます．

クウとサルが鳴くとき
下北のサルから学んだこと
松岡史朗 著
A5判／二四〇頁／本体二二〇〇円（税別）

「世界最北限のサル」の生息地・青森県下北郡脇野沢村に移り住み，野生ザルの撮影・観察をライフワークとする著者が，豊富な写真と温かい文章で綴る群れ社会のドラマ．サルの世界の子育てや介護，ハナレザル，障害をもつサルの生き方など，新しいニホンザル像を描き出し，人間と野生動物の共存について問いかける．

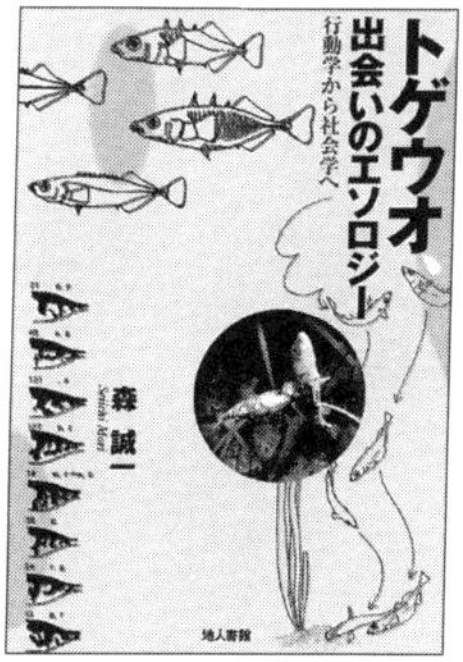

トゲウオ、出会いのエソロジー
行動学から社会学へ
森 誠一 著
四六判／二二四頁／本体二三〇〇円（税別）

幼い頃の川遊びで出会ったトゲウオに魅せられて研究者となった著者は，ひたすら観察を積み重ね，その分布や生活史，生態，繁殖期の個体間関係などを明らかにしてきた．本書はその総まとめであるとともに，生息環境の悪化により減少の一途を辿るトゲウオ類の喘ぎ声に応えようと，実践してきた保護活動について熱く語る．

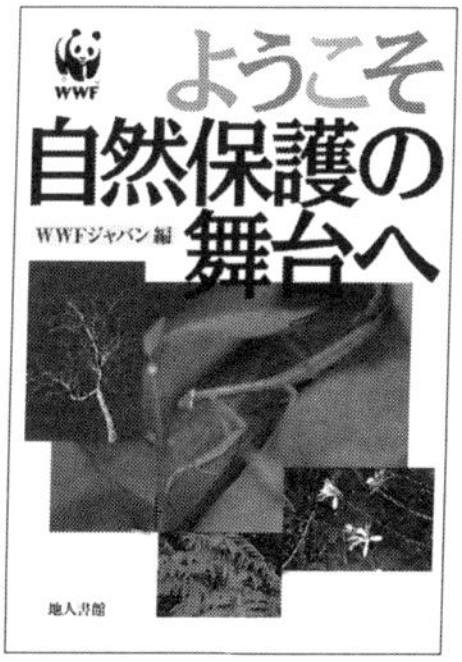

ようこそ自然保護の舞台へ
WWFジャパン 編
四六判／二四〇頁／本体一八〇〇円（税別）

国際的な自然保護団体WWFジャパンの助成により全国で展開されている自然保護活動を紹介し，さらにWWFジャパンのみならず，様々な自然保護活動を網羅して，その活動のノウハウをまとめた．イベントへの参加と告知，情報公開・署名・申請などの方法，各種助成金の申請法などが解説されている．

●ご注文は全国の書店、あるいは直接小社まで

㈱地人書館　〒162-0835 東京都新宿区中町15　TEL 03-3235-4422　FAX 03-3235-8984
E-mail=chijinshokan@nifty.com　URL=http://www.chijinshokan.co.jp

●好評既刊

生物多様性緑化ハンドブック
豊かな環境と生態系を保全・創出するための計画と技術
亀山章 監修／小林達明・倉本宣 編集
A5判／三四〇頁／本体三八〇〇円（税別）

外来生物法が施行され，外国産緑化植物の取扱いについて検討が進んでいる．本書は日本緑化工学会気鋭の執筆陣が，従来の緑化がはらむ問題点を克服し生物多様性豊かな緑化を実現するための理論と，その具現化のための植物の供給体制，計画・設計・施工のあり方，これまで各地で行われてきた先進的事例を多数紹介する．

これだけは知っておきたい
人獣共通感染症
ヒトと動物がよりよい関係を築くために
神山恒夫 著
A5判／一六〇頁／本体一八〇〇円（税別）

近年，BSEやSARS，鳥インフルエンザなど，動物から人間にうつる病気「人獣共通感染症（動物由来感染症）」が頻発している．なぜこれら感染症が急増してきたのか，病原体は何か，どういう病気が何の動物からどんなルートで感染し，その伝播を防ぐためにどう対処したらよいのか．最新の話題と共にわかりやすく解説する．

ルポ・日本の生物多様性
保全と再生に挑む人びと
平田剛士 著
四六判／二三二頁／本体一八〇〇円（税別）

「21世紀は環境の世紀」と言われる．行政や立法機関も，過去に損なわれた自然環境を取り戻すべく方向転換を始めた．改修工事で直線化した川を再び蛇行させる試みや，野生動物と人間の共存のためのワイルドライフマネジメントなど，保全と復元を目指し全国各地で芽生えつつある活動を追い，成果や課題を描き出す．

「クマの畑」をつくりました
素人、クマ問題に挑戦中
板垣悟 著
四六判／一八四頁／本体一六〇〇円（税別）

一向に減らない農業被害とそれに伴うクマの駆除．人も助かりクマも助かる方法はないものか．考えに考え，クマが荒らし被害が出ている作物デントコーンを山裾の休耕地につくり，そこから里に降りるクマを食い止めようとする「クマの畑」の活動を始めた．「これは餌付けだ」という批判を覚悟でクマ問題を世に問いただす．

●ご注文は全国の書店、あるいは直接小社まで

㈱地人書館
〒162-0835 東京都新宿区中町15　TEL 03-3235-4422　FAX 03-3235-8984
E-mail=chijinshokan@nifty.com　URL=http://www.chijinshokan.co.jp